U0175670

负责任创新（RRI）译丛

译丛主编：陈凡　副主编：曹东溟　姜小慧

卷四

Precautionary Principle, Pluralism and Deliberation
Science and Ethics

预防原则、多元主义和商议

科学与伦理学

【法】

伯纳德·雷伯

Bernard Reber

赵亮　王杨鹏　李浩煜

辽宁人民出版社

版权合同登记号06-2020年第99号

图书在版编目（CIP）数据

预防原则、多元主义和商议：科学与伦理学 /（法）伯纳德·雷伯（Bernard Reber）著；赵亮，王杨鹏，李浩煜译. —沈阳：辽宁人民出版社，2023.1
（负责任创新（RRI）译丛 / 陈凡主编）

书名原文：Precautionary Principle, Pluralism and Deliberation: Science and Ethics by Bernard Reber, ISBN 9781786301000

ISBN 978-7-205-10563-1

Ⅰ. ①预… Ⅱ. ①伯… ②赵… ③王… ④李… Ⅲ. ①科学哲学—伦理学—研究 Ⅳ. ①N02

中国版本图书馆 CIP 数据核字（2022）第 165920 号

出版发行：辽宁人民出版社
地址：沈阳市和平区十一纬路 25 号　邮编：110003
电话：024-23284321（邮　购）　024-23284324（发行部）
传真：024-23284191（发行部）　024-23284304（办公室）
http://www.lnpph.com.cn
印　　刷：辽宁新华印务有限公司
幅面尺寸：145mm × 210mm
印　　张：11.5
字　　数：260千字
出版时间：2023 年 1 月第 1 版
印刷时间：2023 年 1 月第 1 次印刷
责任编辑：阎伟萍　孙　雯
装帧设计：留白文化
责任校对：冯　莹
书　　号：ISBN 978-7-205-10563-1
定　　价：98.00元

序 言

责任应当成为负责任研究与创新（Responsible Research and Innovation, RRI）战略设计的核心所在。然而在实践层面，情况却并非总是如此。研究工作和实践应用，通常聚焦于涉及负责任研究与创新的个别要素或限制条件，或去追踪那些能够拿来作为样板的以往项目，而不愿去探索基于道德责任之丰富性的研究和解决方案。对该领域的探究可以是经验主义的或是规范化的，或最好是兼采这两种互补方法之精华。

该“负责任研究与创新”系列丛书中前面的卷册，已经从多种角度认真而稳妥地对责任议题进行了展开，展示出责任这一概念的广度和深度。这种多样性不应被视为某种出于怠惰的伦理相对主义形式，伦理相对主义通常晦暗不明，并使责任概念显得遥不可及。就像拉封丹寓言中的狐狸[①]，去嘲笑够不到的葡萄一样，这种遥不可及的假象可能致使我们轻视了负责任研究与创新思想的关键组成部分——责任的概念。除了模糊掉一项研究项目的特

① 在拉·封丹的寓言《狐狸与葡萄》中，一只饥饿的狐狸试图吃到树上的葡萄，却够不到，于是不想认输的狐狸便说，葡萄还没有熟，“只有傻子才会吃”。这就是英语中“酸葡萄”的由来。

定初衷之外，这类错误认知还利用围绕责任概念存在的解释多样化作为借口，以此全然拒斥责任概念，或由片面观点出发对概念进行武断曲解。实际上，解释的多样性展现了源自伦理层面的高水平创新活动。而责任解释的灵活性实际上也为偶然性和效用性[1]保留了适度的自由空间[2]，它理应被创造性地加以开发，以响应新出现的情况、环境和引发它们的技术创新。道德责任不应仅被视为服从、遵守、恪守或教条使用的同义词。

责任的内在本质并非总是如此轻易便被忘却，也不（如通常那样）局限于节目、平台或媒体当中出现的那种片面而苍白的辞令表达。责任已被用作一种政治实践的原则，因其潜在具有的创新性和未来价值在国际舞台上的充分展示。经过欧盟的推动和捍卫，责任概念被以预防原则的形式加以体现。这个囊括了其他几个原则在内的基本原则，呈现出一个重要优势，即它能够被应用和运用于联结范围广阔的各种领域，如科学、伦理学、政治学、经济学等。随着该原则的应用和发展，它受到了种种出自解释层面的争议和攻击，这应归于它颠覆既有运作模式的方式以及在某些情况下建立新秩序的方式。预防原则的对立面，包括很多将类似世界贸易组织这样的场合作为战场来攻击预防原则的国家，包括一些反对将预防原则做批判性应用的哲学家，具有讽刺意味的是，还包括某些预防原则的拥趸，他们由于对预防原则教条不当的使用而损害了预防原则的声誉。

鉴于预防原则在研究和创新领域当中焕发责任概念的巨大潜能，本书的目的就在于提供一种对预防原则透彻而公正的考察。

---

① 参见爱维吉尔·克里斯蒂安·勒努瓦［LEN 15］。

② 参见罗伯特·詹尼［GIA 16］。

预防原则在面对大多数颠覆式创新时，能够发挥关键性作用。实践责任概念以响应围绕环境保护或新兴技术产生的全新恐惧，正是最具创造性的创新之一。这也构成了欧盟最原初的和达成普遍共识的建议之一。负责任研究与创新活动于此受益良多，并且仍有很多资源可从预防原则中汲取[①]。在这本著作当中，我们将主要考察此责任原则的伦理维度。

本书的目标又不仅仅在于完善预防原则这一基本原则。我们还将考察预防原则与伦理多元主义之间的交互关系，以及预防原则与特定语境下的伦理协商、政治协商、论辩之间的交互关系，乃至在具有不确定性的环境当中，预防原则与采取跨学科方法[②]所带来的挑战之间的交互关系。单独拿出其中任何一个问题进行拓展，都会使本书的目标超出负责任研究与创新的范围之外。同样，这些问题也都需要在任何相关的实践应用被着手之前，从理论上得到解决。当然，有益的互动存在于实践考察和理论考察二者的双向之间，然而，如果这些问题在最初没有从理论视角出发被认真加以研究，那么无论是在研究领域抑或是在创新领域，实践应用以及紧随其后的规范化问题，都将难以得到实现。

在这本书里，我们将会围绕创新与技术的协同选择来研究很多议题，而创新与技术的协同选择将会重新定义我们的未来世界。又由于伦理多元主义的存在，在科学层面的不确定性与伦理层面的不确定性这一现实语境之下，创新与技术的协同选择也将

---

① 见另一部即将出版的著作，在那里将重提预防原则并采取一种不同方法加以研究。见德拉特瓦 [DRA XX]。

② 在此系列丛书当中，阿明·格伦瓦尔德 [GRU 17] 将提出一种不同方法结合伦理维度来解决科际整合问题。这个问题还被爱维吉尔·克里斯蒂安·勒努瓦 [LEN 15] 提及并加以讨论。

决定未来这些被不断重新定义的新世界加以评估的方式。我们将以考察就新大陆殖民化展开的著名的巴利亚多利德辩论为始。而在当下，我们必须要加以考察的是一种区别于其原始形式的“全新领域中的殖民化”，这种殖民化并非根据对实际领土的占领来定义，而是根据对我们共同生活的地球未来的种种可能性的控制来定义。因此也可以用“关于世界最佳前景之协商”作为本书的副标题。

负责任研究与创新的这些核心层面必须被认真加以对待。经过参与式技术评估（Participatory Technology Assessment, PTA）[①] 领域超过30年的实践，已经是时候建立起一种更加有效的技术评估体系了，对于负责任研究与创新而言，情况同样如此，因为在某种程度上，负责任研究与创新同参与式技术评估一脉相承。参与式技术评估概念的存在令人欣慰，它为负责任研究与创新理性谨慎的发展提供了潜在的理论视角。

在负责任研究与创新促动有利益相关的团体或群众参与前摄伦理治理[②] 和伦理审议的同时，一些理论方面和实践方面的问题仍然有待解决。虽然这些问题中有些已经在参与式技术评估的语境中被加以研究，但尚未取得令人满意的结果。

这一系列问题，囊括了科学、伦理、政治、经济等各个方面，可以被归纳为以下问题的形式：

---

① 可参见雷伯［REB 11b］著作中提供的完备的参考文献及这类论争的分析。该书还提供了描述同参与式技术评估的实施有关的问题的方法，及评估和实验的具体方法，可以被视为当前著作的配套参考书，其中阐述了与参与式技术评估及负责任研究与创新相关的特定理论问题。该书试图推动某种形式的制度设计，并为伦理学习提供模块要素。

② 马克·马斯查尔克在即将出版的一本同属“负责任研究与创新丛书”的著作中，将会就治理问题的细节展开深入研究。同时这块内容也被罗伯特·詹尼［GIA 16］和苏菲·佩尔［PEL 16］等加以讨论。

> 基于吸纳了大量具有不同甚至相反的技能和专长的参与者（由于我们囊括了一般公众、专家和利益相关者的参与）的前摄评估，通过采纳各种民主理论的指引，面对以兼具创新性和争议性、可能造成严重和/或不可逆损害的技术为中心的诸多问题，我们如何进行共同协商？

如果运用更多的哲学术语，对该问题可以做如下表达：

> 运用不同的道德论据（从应用伦理学、伦理学理论及元伦理选择等诸多方面加以考察）和不同的政治学理论，并参考自然科学和工程学及其相关学科，借助不同领域的关联性（同时注意其内隐的互斥性），及其提供论证和处理不确定性的模式，进行协商。

在本书中，我们将会考察同判断的负担、伦理争议及科学与伦理的互斥共生相关的种种难题，以找到作为政治决策基础的最佳平衡点。一致与分歧的几种类型以及冲突解决的路径，也应被加以研究。这些路径区别于那些被大多数哲学家、政治社会学家、经济学家所采用的路径，他们倾向于采取一种宏观社会学的一般性方法。我们旨在为预测原则的深入研究输送一种新的贡献，作为一种在跨学科语境中构建决策的工具，以收获一个与阿道司·赫胥黎的反乌托邦小说《美丽新世界》[①] 中所描述的截然不同的崭新世界。

---

① [HXU 06]。

在上篇里，我们会引用苏格拉底在柏拉图《游叙弗伦》（*Euthyphron*）中使用的假说，即科学世界是稳定的，伦理学世界则不同，因为伦理会因人而异并使人反目成仇。这一古老的假说放在今天仍然有效，特别是针对伦理学领域内的专家意见常常意味着去合法性的情况。我们希望对这种状况加以修正。我们致力于超越在大多数当代政治理论中都会遇到的“认知去势”，并以罗尔斯理论学说中判断的负担作为基准进行校正，因为相对论证的要求而言，这些政治理论绝非不证自明。这种研究进路的典型包括哈贝马斯的研究成果和协商民主理论的主要原则。

我们将捍卫迥异于相对主义和一元论的“第三条路”——一种伦理多元主义。我们将提供一幅伦理多元主义理论的全景图，而非仅仅停留在多元主义的价值观。这些多元主义理论将被置于对话式的、跨学科的理论交锋当中。

在本书的下篇当中，从防止转向预防，我们的研究进路始终遵循着理性主义[①]，在其中科学远不如我们想象的那么“确定”。之前讨论过的问题将结合新的议题被重新加以考量，如不确定性环境中的决策方法，评估情境中的诸科学和认知价值与道德价值间差异的共存，避免在二者之间进行简单割裂，而是代之以推动二者共存共生的方式，以终结科学假说与其所包含的伦理争议之间的对抗。

预防原则以何种方式描述不同来源的不确定性，在一般的科学活动中对这种不确定性以何种方法做出响应，也都将得到详细探讨。预防原则将被用于为技术评估建立一套责任制度，在专家和科学家之间做出明确区分，以保障学科内部和跨学科的认知多元主

---

① 参见圣塞尔南［SAI 07］。

义。为实现这一目标，特定的条件，包括专家的独立性、对特定义务论规范和矛盾冲突原则的运用等，都是必要的，但还不够充分。

我们的方法路径是基于包容性技术评估（或称参与式技术评估）领域超过20年的理论与实证成果。很多研究者和实践者都已经参与到这一领域的工作中来，其中有些人将负责任研究与创新视为参与式技术评估的一种拓展，特别是考虑到负责任研究与创新中参与性要素（作为首要根基）的重要性。在本书中，我们将会重新考察存在于参与式技术评估领域当中的很多理论问题，并经由通向负责任研究与创新的路径对其展开新的探索。

在写作本书的过程中，我们利用到了来自道德、政治及科学哲学等诸多不同领域的文献。我们讨论和比较这些其作者之间通常毫无交集和相互借鉴的文献，从柏拉图到亚里士多德、苏格拉底、卡根、卡维尔、罗尔斯、哈贝马斯、图尔明、佩雷尔曼、凯克斯、拉图尔、库恩、施腾格、雷舍尔、摩根、昂里翁、贝克尔、奥吉恩、普特南、罗斯、史蒂文森、皮尔斯、杜威、德勒兹，以及围绕着他们的其他知名度稍低的作者。

本书的间架结构力求尽可能清晰明了，在每一节及每一章的结论部分都有章节内容的要点总结。为了捍卫一种多元化的伦理学元理论，其重要性与争议性技术的力量和它们所带来的环境挑战处于同等地位，我们已经踏出了负责任研究与创新的边界。因此本书在某些方面甚至超越了胆识过人的汉斯·乔纳斯的著名伦理学说，特别是在伦理多元主义和公共政策发展等方面。

伯纳德·雷伯
2016年10月

致　谢

本书极大受益于理查德·贝拉米、皮埃尔·德默勒纳尔、让－米歇尔·贝尼耶、尤格·斯坦纳、彼得·肯普、维吉尔·克里斯蒂安·勒努瓦和马里恩·德维尔的详细审阅。本书的几个部分已经以主题发言的形式在一些国际会议上宣读，这极大促进了本书写作方向的确定与调整，具体之处不胜枚举。这些主题发言还在各种各样的研讨会中被加以讨论，而这些研讨会则由杰出的研究单位巴黎第五大学法国国家科学研究院“意义、伦理与社会研究中心”（CERSES）在关闭之前所主办。感谢还要献给生态伦理学研讨会和我在法国巴黎科学研究中心政治研究室的同事们，因其对这项工作的大力支持，以及我在斯特拉斯堡欧洲伦理学教学与研究中心伦理学硕士班上的学生们。我还要感谢同简·曼斯布里奇、约翰·德雷泽克、罗伯特·古丁、伊曼纽尔·皮卡韦、丹尼斯·格里森、菲利普·巴尔迪、玛利亚－海伦·帕里佐、玛利亚－乔·蒂尔、查尔斯·吉拉德、卡洛琳娜·拉法耶、菲利普·德康、克里斯托弗·柯楠、西蒙·乔斯、皮埃尔－安托万·沙代尔等进行的很多卓有成效的讨论。

我同样希望对欧洲负责任创新治理项目的成员们致以谢意，

特别是索菲·佩尔、罗伯特·詹尼和菲利普·古戎。在针对负责任研究与创新这一宏大主题的讨论之中，“伦理学与公共政策制定：以人类增强为例”项目和联合国教科文组织“科学技术伦理”委员会提供了热情而体贴的工作环境，来检验这本书中所表达的一些思想。

还要感谢美国国际教育技术协会的工作团队，感谢他们在将法语研究成果传播到英语世界当中所贡献出的天赋和热情，以及对社会科学同人文科学乃至其他科学领域之间广泛沟通的促进，感觉仿佛回到了人为藩篱尚未对各领域加以限定的哲学大一统时代一样。

最后，我想要向这本书的最初一稿的第一位读者德谟克利特·伊莎贝尔·雷伯，表达我的不胜感激之情。

目　录

下篇：预防语境中的伦理多元主义和政治多元主义

绪　论

无论是从地理学的角度，还是从人类学的角度，地球上的每一寸土地都已经以各种形式被发现、考察、绘成地图、占领和开发。透过伸出超低空飞行的直升机窗外的镜头，一些区域甚至被航拍，就像在电影《家园》[①]中那样，在其备受期待的国际发行版本中，使观众甚至能够熟悉到地球上最遥远的角落。那么，我们所谓的“新世界”还会出现在哪里？对某些人而言，他们的新世界设定在其他星球上，在描写黑洞和反物质的文学作品当中。而事实上，经过不断的“框架化”[②]和日益严峻的技术殖民，当下我们置身其中的这个世界的流变及其未来，才是与我们所有人息息相关的“新世界”。在某种程度上，上述发展变化才真正影响了一个“新世界”的诞生。

然而，到达这个“新世界”的航程，就如同当年坚信自己已经到达印度群岛的哥伦布的航程一样的不确定。工程师和实业家通常致力于不断创新和完善微观世界，政治决策者在其持续追求创新的过程中，也在不断采纳和传播这些关于更新的、更好的世

① [ART 16]。

② 参见海德格尔的“座架”概念，用以指涉技术及其对现实的控制程度。

界的愿景。而其他科学家、社会团体或政治人物则反对这种对被许诺为是“最好的”新世界的不懈追求，认为它是危险的，希望在维持现状或探寻第三条路中间做出选择。二者通常都有问题：哥伦布眼中的“印度群岛”事实上是美洲，那里不仅有数不尽的危险和财富，更重要的是还承载着对一个脆弱世界的不可逆转的颠覆。本书如果还有其他合适的标题，那就应该是“关于世界的最佳可能性的协商”。

“新世界”这个头衔首先被授予“大航海时代”——当然它同样适用于现代社会，并同样可以成为辩论的主题。“辩论”这个词本身最初开始流行便是在这一时期，在政治争端以及更大程度上是神学争端的背景之下，在那个时代这两个领域的联系要比今天紧密得多。那时大多数关于“辩论”一词的文字记录都具有神学性质，与导致基督教社会从内部分裂的争端有关，也与在欧洲各城市传播的宗教改革（和反宗教改革）思想有关。

那个时代最著名的辩论——发生在天主教领域内部的巴利亚多利德大辩论，就与新世界问题直接相关。当然这里并非想要具体涉猎那场历史上的辩论，但略加深入地思考这一独特的事件，去触及一些鲜为人知的视角，仍然是有益的，因为这与我们眼下所研究的辩论有关。在 1550 年，查理五世皇帝面临着一个问题，在他之前，1549 年 7 月 3 日，印度群岛上的议会也面临着同样的问题，即价值能够在多大程度上被“正义而道德”地传播到另一种文明中去。当时，皇帝的皇家史官、科尔多瓦教士希内斯·德·塞普尔韦达，和他的对手，恰帕斯前主教巴托洛梅·德·拉斯·卡萨斯，都加入到预示着后来的人权和道德安全（ethical security）概念的最初论辩之一当中，台下的观众是 15 位

“专家和圣贤”，地点在瓦拉多利德的圣格雷戈里学院的教堂里。这场论辩中的一种观点[①]被历史学家让·杜蒙特所记录[②]。显然，今天当我们置身事外去思考这段历史情节，或通过由让－丹尼尔·韦哈吉根据让－克洛德·卡里尔写作的历史小说改编的电影（于 1992 年上映）的镜头视角去考察，辩论中的道德安全方面内容都不会是被首先想到的内容。更令人难忘的方面包括西班牙和葡萄牙帝国的贪婪，以及他们对印第安人的黄金的渴求，通过使用貌似更高尚的诡辩去论证，比如为“纠正”允许以婴儿作为牺牲献祭的野蛮行为，来证明殖民的合理性。征服者们创造出了一种种族之间的等级划分，杰出的亚里士多德学派哲学家、于论辩的两年之前翻译完成了亚里士多德的《政治学》、创作了《民主主义者（变革者）或关于向印第安人开战的正义事业》[③]的希内斯·德·塞普尔韦达通过对之加以具体化而捍卫了这一划分。

一个皇帝[④]就能够掌控与征服一块领土有关的道德问题，这样的时代已经一去不复返了。同样不可想象的是，关于这个主题的一场论辩，会在超过八个月的时间里，通常是以书信的形式进

① 参见比较这场辩论与公众科学辩论的文献［REB 06d］。在贝克打下的研究基础之上，布鲁诺·拉图尔进一步讨论了这个问题。然而，这两位学者都忽略了该种维度和论题［LAT 07，pp.70］。

② ［DUM 95］。

③ ［DUM 95，pp.158–159］。塞普尔韦达写的这本书可以说是激发这场辩论的起因。第一个版本意图削弱博洛尼亚圣克莱门特学院的西班牙学生对查理五世在欧洲和地中海周围的帝国战争出于良心上的反对，其主要焦点是“土耳其人”。在第一个和第二个版本中，塞普尔韦达都使用了民主主义者这个名字，在想象的对话中用以指代他自己。

④ 路易斯·汉克支持杜蒙特的论点，对此他重申：“……就在西班牙达到其实力巅峰的那一年。很有可能从那之前或之后，一个强大的皇帝就再也没有由于难以确定这种征服是否正义而停止过征服”［HAN 71］。

行到底[1]。现代的领导人在作出一个决定之前也不会请求两位神学家或哲学家的建议。现在，进行终局讨论的地点可能是联合国安理会，在那里，基于政治考量的冷战对决策更具影响力，有时会以牺牲专家意见为代价。这一点在第二次海湾战争前夕有关伊拉克存在大规模杀伤性武器的错误“论证”当中体现得尤为明显，而“论证”的生发者、第五十六任美国国务卿本人就是一名高级军事官员，也是第一次海湾战争的英雄[2]。

那么，如果要就未来世界从最好的情况到最坏的情况反复加以评估，当下的协商将以什么形式进行？在不同的情况之下，在知识和技能方面，我们急需怎样的道德安全保障，又如何才能获得这种保障？

我们虽然知道可能需要勇气、韧性和创造力，但实际行动更加重要，尤其是在理论有限而实践行得通的情况下。所有的道德辩论都受制于这些困难。对付这些问题所采用的战略各不相同，可能涉及来自传统参考资源的要素、宗教或思想体系、社会习俗和规范、主观直觉和尽可能符合逻辑的推理。

争议性的或者所谓“新的”技术必须满足这两个相互独立而又相互关联的要求。一种技术解决方案通常是为了响应一个问题或改良使用旧有技术来完成一项任务所面临的条件而提出的。例如，在转基因生物（Genetically Modified Organism, GMO）领域工作的科学家就很可能会把自己视为“改良者”[3]。我们正面临着必

① 在双方参与者都宣布自己已精疲力竭之后，特别是由于读过拉斯·卡萨斯持续五天的《致歉》之后，这场辩论于 1550 年的 9 月下旬暂时停止。

② 科林·路德·鲍威尔后来指出，这是他职业生涯中最黑暗的一天。

③ 法国国家农艺研究所的一名培训人员，在受邀参加的“法国公民关于农业和食品链中的转基因问题会议”（1998 年）上，多次用到“改良”一词。

须同时满足来自科学和伦理两方面需求的改良要求。

以这个要求来考量，如果采用一种传统的辩论形式，就某个技术解决方案的价值性问题或规范性问题，在科学团体提供的各种事实与各种伦理学说双方之间展开论辩交锋，这个问题定然无法被完全解决。因此，一种所谓“对比式改良”（competing improvements）的套路便出现了。所谓对比存在于若干层级当中。首先，会拿被允诺的总体前景同当下的基本景况进行对比。对不同景况进行描述，做出各种预测，这样，各种对照性的甚或有时是冲突性的场景便浮现出来。其次，随着各式技术解决方案或改良方案的提出，出现的各种境况也会被拿来争论。这些争论涉及为了选择最佳方案而对各种改良进行比较以及对每一种改良可能带来的不良的、负面的影响进行讨论。

由于种种技术的不断侵入所造就的这一个个新世界，它们的拒斥甚或它们的改变[①]，都是辩论的主题，辩论在种种可能的、未来导向的可能性（具有未来价值的）之间展开，在存在极大不确定性因素的情况下，这些可能性呈现出差异性或等价性。

这些辩论至少涉及三点：

（1）在可接受的世界和不可接受的世界之间做出确定而稳妥的选择；

（2）在类似意外事件这样的情况发生之后，基于概率或预测，某种特定状态（更好的或灾难性的）将会在特定世界中出现的可能性；

（3）秩序化，即创建这些世界之间的最佳秩序，以这样一种

---

① 这是建构式技术评估（Constructive Technology Assessment，CTA）所要解决的问题，建构式技术评估是参与式技术评估的功能之一，参见 [RIP 95]。

方式尽可能使这些世界相互兼容（可以共存），从而使最大多数世界——也包括当下这个我们共享的世界——之间的不和逆转因素最小化。[①]

这三类难题是相互关联并且在信息上提供相互支撑的。风险评估的具体范围主要集中在第二个方面，不过风险评估并没有为这些难题中单独的哪一个提供充分的答案。某些新兴技术已经催生出了对真正"面向未来的伦理学"和处理这些问题的新政治科学的迫切需求。

这三类问题在参与式技术评估的背景下，乃至在面向研究领域和私营企业的负责任研究与创新活动中，都会在口头交流中一点一滴地以复杂多样的面貌呈现出来。

这些讨论是关于对争议性技术进行集体性和跨学科性评估的一种社会政治创新，是巴利亚多利德大辩论的现代等价物。尽管讨论必然会比发生在 16 世纪 50 年代中间的那些讨论更加简短，但召集对象的范围却要广泛得多，包括了专业人士和普通市民，并且在这种新型辩论中有专家[②]进行辅助，有时还加入了制度设计。

---

① 这一点比另外两点更加抽象，在两种决策之间直接对抗的情况下尤其重要——比如一种决策内容涉及产品介绍，该产品可能造成严重和 / 或不可逆的损害，而另一种决策内容包括等待新的科研结果，然后再进行介绍。这里的问题不仅仅涉及不可逆性，从经济学的意义上说，是指为达到一个明确结果而做出选择，而这种选择的做出使其他办法不再适用。选择确实会涉及金钱，一般以投入疑难产品的开发或资助进一步研究等形式。然而，重要的是要考虑这些世界可能存在的连续性，在其他世界高度不可逆的情况下，这是不具有等价性的。例如，可以考虑大规模引入转基因作物对有机农业的影响。

② 组织者的能力存在很大差异。与评估的交互、程序及二次评估、评估的预期作用等有关的问题，可参见雷伯文献［REB 11，pp.330］，下文中将其与本书中之前出现的佩尔同雷伯的文献［PEL 16］共同缩写为 DGM。

当前的辩论不仅会涉及个人选择，更重要的是，还会涉及具有长期性和在时空维度上影响深远的集体选择。在某些情况下，这些选择是不可逆的。存在讨论必要的社会技术应用可能涉及个别实践、批量产品和集体效应。例如，可以去思考因特网的“千层饼”技术，它就涉及硬件要素、属于Web2.0阶段的多种应用和对私人生活的影响，以及程序、协议和治理模式。

1. 从新世界之辩到最佳世界的评估

那么，我们是怎样走到这一步的呢？对于作为伟大发现的新世界而言，创新意味着对创建更美好世界的参与，而在当下，创新的效果和创新所指向的计划目标，却变得饱受质疑，这之间到底发生了什么？类似进步、新颖和创新这样的概念的地位，不再毋庸置疑。虽然因为创新与经济蓬勃发展、保障就业市场和福利的正相关关系，以及创新在某些研究领域作为一种刺激因素的潜力作用，使创新仍然享有某种程度的隐含的正当性，然而，这种正当性也不再是不证自明的。例如某些研究人员已经开发出的新技术，如允许转基因生物投放生产的转基因技术，但他们发现自己面对的是激进的反对派团体，后者引用伦理学和社会学的论据反对，还动手摧毁庄稼，哪怕戒备无比森严。以这种方式进行创新，使他们打破了科学活动必要的论证过程。同样，在不同地区之间和不同议题之间，这些争议性实验也会引发关于合法性的争论。市长们以预防原则的名义颁布的、在未被科学证明是安全的情况下停止这类试验的法令已被法国行政法庭宣布为无效，与此同时，作为全民公投的结果，瑞士的所有行政区都禁止了对转基因动物或转基因蔬菜的使用[①]。旨在支持创新活动的改进措施和推动措施，眼下都被蒙上了一层怀疑色彩。创新本身就在经受着考验，有时甚至会遭遇猛烈的抵制。对“更好的”世界的承诺可能会掩盖掉一些更糟糕的事情。汉斯·乔纳斯是少有的哲学家之一，以其《责任原则：技术文明的伦理》[②]吸引了广泛的读者，借用他在其中的说法，“世界改良论”也许是危险的：“现代技术的承诺已经转变为威胁，或者更确切地说……这两者是内在关联的……”用乔纳斯的话说，科技文明形成了一块尚未被道德所发现的地带，或者说是一块可供踏勘的土地，由此可以以技术为中介，在眼前各种错综复杂的关系——乔纳斯称之为“蔓延的预警”[③]——和关于存疑技术的影响的长期预测中，实现对当下人际伦理的超越。

类似这种评论并不新鲜，崇尚保守观点的人可以证明这一点。很多关于新技术的争论，以其一般形式，都能被套用到已属古老的旧技术上。在罗伊·刘易斯写作的《进化人：我如何吃掉了我的父亲》中所虚构的“火的发现”，就是一个很好的例子。在不同的时空之中穿梭，从发现骨头能作为武器使用到遥远未来的机器，我们大概会想到斯坦利·库布里克的电影《2001：太空漫游》。

那么，围绕这些争议性话题的辩论该如何被加以组织？为了基于责任原则得出符合伦理道德的结论，我们可以尝试制定什么样的公共政策？

---

① 参见雷伯文献［REB 11］，特别是其第四章。

② 参见乔纳斯文献［JON 79］，及其译本［JON 84、91］。

③ 参见乔纳斯文献［JON 98，p. 101］。

技术评估机构已经通过开发涉及公民参与的种种新式程序，致力于对“新”的争议性技术进行评估[①]，如转基因生物技术或某些医疗技术（着床前诊断、异种移植、大脑研究、纳米技术）。这就是所谓参与式技术评估。这些评价机构[②]负责为复杂的科学和技术问题的讨论提供基础性材料，而这些讨论关系到政治决策或经济决策的制定，有时他们也为公共资讯提供材料。技术评估（Technology assessment, TA）亦有其局限性，特别是在面对公众的反对和恐惧时，以及在涉及落入人文和社会科学范畴的合规合法性、标准化、价值及其他方面的问题时。不幸的是，这些领域的代表通常又处于缺席状态。对于某些存在争议的科学和技术决策，专家的单方面建议[③]即使有不同意见，并经过政策专家和经济专家的深思熟虑，对一般公众进行简单科学普及的资源，或为使工业项目和技术项目被公众接受所进行的调停[④]涉及的沟通过程，都显得不够充分。如果最后是由政治代表做出最终决定，他们有时会表示希望让更广泛的参与者加入关于争议性技术对象的辩论当中。需要注意，在法国，2002 年 2 月 27 日关于地方民主的法律[⑤]可能适用于这种情况。实验已经在小范围内展开，表明采取技术评估的形式在不同的科学和技术世界之间实现衔接是可能的。不同的方法，利用多种多样的沟通机制（叙述、

---

① 有关使用这种方法讨论的主要科学和技术问题的列表，可以参见 www.loka.org 上相关内容。“loka”取自古梵文词汇“lokasamagraha”，意为“统一的世界”，或意指这些世界相互关联的事实。

② 关于在美国成立的第一个此类部门的历史，参见雷伯文献［REB 11］和/或［REB 06a］中的介绍。

③ 也是技术评估类型之一。

④ 参见文献［DZI 98］。

⑤ 即 2002-276 号法则，编号 27.02.02。

解释、辩论和重构)[①]，为具有广泛能力的各种角色之间的讨论创造了不同的空间。

这个新的带有创新性的政治实验领域、负责任研究与创新的基础，可以被认为是一个“社会政治实验室”，它已经为我们提供了一定数量的论辩，其中夹杂了科学专业知识的不确定性，或至少是其应对某些问题的不力，这些问题与同这些“新兴”争议性技术[②]和多元化视角相关的潜在风险有关，有时还包括一些根深蒂固的反对立场，它们存在于这些相关方面之间，也同样存在于各学科和科学团体或利益相关者当中。常规化的不确定性被附加到现有的认知上的[③]和实践上的[④]不确定性之上。[⑤]这种三位一体的特征在参与式技术评估领域及负责任研究与创新领域当中具有典型性。然而，这些领域的理论原则并没有深入到科学的不确定性的细节当中去，以致无法获得更大的精确性，这种情况将在第 4 章进行讨论。此外，在对争议性技术进行科学和伦理双重评估的情况下，参与式技术评估和负责任研究与创新中的不确定性还受到多元化、客观性和合法性上的限制。

---

① 这种分类由费里文献 [FER 91] 提出。费里认为，这些能力都与围绕身份概念的问题有关。对参与式技术评估及负责任研究与创新的研究需要更加注重信息“战利品”的内容，去分析“嵌入”这些程序当中的 ITC 元素，去分析图像是否被投射到屏幕、地图或复杂的模拟程序中。需要注意的是，就像由查塔洛伊诺和托尔尼所推动的“感知社会学”项目 [CHA 99] 中那样，其他作者也用到了“战利品”这个概念。

② 汉斯·乔纳斯以不同形式提出的“比较未来学”观点似乎超出了他们能力所及的范围。参见乔纳斯文献 [JON 91，p. 48]。

③ 特别是关于事实、知识和风险。

④ 涉及处理这些复杂的社会和科学问题的手段。

⑤ 参见亨嫩文献 [HEN 99]。在分析了科学与政治之间的联系后，这个问题在霍布斯看来已经很明显了，他讨论了确定性的等级划分的必要性，以便对不同的确定性要素进行排序。参见沙宾和谢弗的文献 [SHA 85]。

2. 预防与多元主义

正如我们看到的，就技术创新对社会和环境的影响提出质疑，并不是今天才有的事。50 多年前，汉斯·乔纳斯借由理论与实践之间的转化①，就已经在进行这种思考。它导致了哲学方法的激进化。在这一领域中，困难在于构建规模极大、纵深极长的复杂的因果链和概率链，这种构建工作也许尚有一线希望，已经引起了诸如休谟②或最近的齐美尔③这样的哲学家的关注。穆勒的一系列观点也与此相关④。

至于康德，一个创建了三大重要基本问题的框架的顶级哲学家，也对我们的现代背景表现出过分的乐观。“我可以希望什么？”“我能够认识什么？”这些问题在类似转基因生物这样的议题所处的语境当中，难以找到明确的答案，至于第三个问题——“我必须做什么？”——答案就更难得出。

---

① 参见乔纳斯文献［JON 91，p. 16］。其中乔纳斯提及了 20 年前的一次名为“理论的实际应用”的会议。

② ［HUM 96］。

③ 引用布登文献［BOU 99，p.182］。“齐美尔强调了一个事实，即我们倾向于只去理解论点的一部分”。布登本身认为“就像实际的信仰一样，价值论信仰是建立在论辩系统的复杂网络之上的”，而“实践伦理的确定性，就像一种知性理论性质的判断一样”，是建立在多重的、松散互联的推理系统之上的，参见［BOU 99，p.64］。布登以其源于实证主义的观点替代了二元观点，基于纯粹形式的标准，以一种连续的、开放的论辩观点，认为论辩的过程是不可能被完全条文化的，参见［BOU 95，pp.197］。在这本书中，布登引用了格里兹的文献［GRI 82］，根据文献中的观点，推理的经典义务论逻辑，以及试图将自然逻辑条文化的尝试，应该被视为一个群岛上的几个小岛，而这些小岛尚未被充分探索。

④ 布登文献［BOU 95］中的题词就是 J. S. 穆勒在《论自由》中所作的一个断言：“在任何可能的意见分歧上，真相都取决于两套相互冲突的理由之间的平衡。”［MIL］

那么，我们是否应该仅仅采取一种最低限度的道德标准，即乔纳斯将其称为“填鸭”的做法呢？我们是否不得不简单地把关于“可生物降解”的法律法规，稍作变化即应用在每一项技术革新上，以避免新的可能性的实现被妨碍？技术会像乔纳斯认为的那样，成为政治的变数吗？进步的政治是否应该受制于不同游说团体的压力，而去支持或反对某项特定技术呢？我们是否有可能设想出某种形式的公民或民间公益辩论？

要拒绝屈服于恐惧，我们可能希望把乔纳斯的戏剧性陈述合理化，他的陈述用康德的说法，带有点“天启的和优越的”味道，并由德里达进一步发展[①]。诚然，乔纳斯关于传统伦理道德或者说他认为仅仅被用于在面对感知到的威胁时来“填鸭”的伦理道德之不足的论述，是正确的。亚里士多德、康德、海德格尔和勒维纳斯等人的哲学，在彼得·坎普最近的一本关于技术伦理的著作《技术伦理的不可替代性》[②]中，也已受到了公正的批判。这些伦理学说，作为哲学史上的重要贡献，适用于同时代人之间的主体间关系，这种关系通常是实存的，局限于小范围内的、效果有限的微观活动，而不是通过技术对象为媒介。此外，这些伦理学说不考虑社会技术互动关系及其发展变化。我们还必须考虑这样一个事实:技术已经发生了变化[③]，正如具有创始性的技术哲学家吉尔伯特·西蒙栋所证明的那样，他将技术进化周期分为四个阶段[④]，每个阶段都导致了相应的相位变化和进化节奏

---

① 参见德里达受康德文献［KAN 96］及［KAN 75，p.76］启发的文献［DER 83］。

② 参见［KEM 97］。另有一次重要的演讲，参见雷伯文献［REB 04a］。

③ 参见圣－塞尔南文献［SAI 07］，特别是第三部分，及与“新理性主义的认识论基础”相关的内容，分别在 pp.194–260 和 pp.239。

④［REB 08c］。

变化。西蒙栋持乐观态度，期望会发生一种再平衡。然而，乔纳斯在他对技术、权力、知识和责任之间的关系史的反思当中，并没有采纳这种观点。对乔纳斯来说，分子生物学代表了一场革命（就革命这个词汇的原初意义而言），虽然技术在此之前已经成为人类对抗自然的盟友，但这一发展将人类带入了与技术的冲突当中，使人类成为潜在的操纵对象。

乔纳斯在《责任的绝对律令》中为之辩护的一个论点凸显出一些问题，这些问题在今天仍然不无重要性：此论点是关于技术的伦理需要，面向未来，它将尚未发生的事物纳入考量范围，在此技术成为从热烈支持到悲观预警的分歧判断的对象。乔纳斯还认为未来学对科学家来说是不可能被接受的，这使得这项任务更加复杂。

另一种可以采取的观点立场是文明灾变说，如让－皮埃尔·杜佩等人在其部分灵感引发自乔纳斯的、对预防原则的批判中所描述的[①]。然而，这种路径并非不可避免。如果正确加以理解，尤其是在选择最完善的原理上，那么经过长时间的协商后由法定机关所确认的预防原则，如 2000 年 2 月 2 日《委员会关于预防原则的来文》所载，为我们提供了一种可以用来拓展乔纳斯的思路的框架。该原则还允许动用一定的政治手段，而这即便相较于乔纳斯以往的过激理念，仍被认为是太过不恰当[②]。一些评论人士给乔纳斯贴上了反民主的标签。例如，哲学家玛丽－海伦娜·帕里佐就写道："在政治层面上，他的选择支持了专家们提

---

① [DUP 01]。

② [JON 91，p.31]。

出的治理概念，而非民主。”[①] 在最好的情况下，乔纳斯认为权力仅应被赋予专家，他们是唯一能够做出必要决定的人，而不是受民主规则和短暂的“预期寿命”（如其任期）约束的政客。选举人也倾向于基于短期有利的观点，带着他们极其受限的全球视野做出评估，而无法从超越眼前的有限未来处着眼。

另一方面，预防原则的根源在于希望避免任何严重和/或不可逆的损害，这种损害发生于时间更久的窗口期内。预防原则显示出了在具有高度不确定性、通过概率预测已无可能的情况下，将做出决策的政治世界同构建事实的科学世界联系起来的好处。它促进了具备应对新兴技术挑战能力的公共机构的创立，并构成了欧洲政治的“支柱”之一。自 2005 年以来，它已成为附加于法国宪法的环境宪章的一部分。预防原则也在某些机构的创立中成为一个关键性的激发要素，例如国家公共辩论委员会，该机构参与公共政策的革新，并越来越多地参与由负责任研究与创新推动的活动，还参与探索新的民主形式。该委员会直接从预防原则中获得其合法性[②]，并首先在 1995 年由巴尼耶法律创建。这些法律同时还涉及大型工程项目[③]中的公共信息原则和公众参与原则。这类工程的一个特例就是雄心勃勃的 ITER 工程，即 2006 年启动的“国际热核实验反应堆”[④]，这是一个关于核聚变的研究项目，指定地点在法国南部的卡达拉舍，而周围城镇就此展开了地方一级的讨论，指定地点的最终选定经过了漫长而细致的国际

① [PAR 96]。

② 预防原则实际上并没有尽其所能地发挥出全面指导该委员会实践的作用，这一点或许令人遗憾 [REB 07]。

③ 如高速公路、核废料储存设施和机场。

④ 参见 http://www.debatpublic-iter.org/（该项目于 2016 年 11 月 3 日重新启动）。

性协商。

预防原则不同于预防，因为前者对事实的构建具有不确定性，但又对严重的和/或不可逆的损害发生的可能性存有强烈的疑虑。预防原则消解了在采取行动之前等待确凿的科学证据的必要，或者更准确地说，正如我们将在第4章中所看到的，预防原则消解了在决定采取一连串行动前为其制定深入透彻的考察计划的必要。考虑到构建客观事实及可能性的复杂程度，我们将进入到认知多元主义领域和与理解存疑现象相关的假说领域。这种多元主义既涉及保证存疑认识可靠性的认知价值，也涉及被可能性的构建所囊括或排除的因素，以及当可能性无法被确定时所指向的存疑场景[①]。

参与式技术评估和负责任研究与创新面临的另一个问题是关于如何对待多元主义。多元化在我们的社会生活中日益重要，随之而来的是知识的高度专业化。正如《民主的转基因》[②]中所讨论的那样，这种多元化直接关系到参与式技术评估乃至负责任研究与创新当中所使用的可靠性标准与评估标准，而在其中“多元主义”一词的使用方式并不准确。在标准学中，多元主义（规范性的）往往被等同于多元化（描述性的），而非就其自身被加以考量，这便导致了一种对待多元化的特定方式。多元化应是被用来指涉客观事实，而多元主义则指涉一种既反对相对主义又反对一元论的观念体系，正如我们将在第1章和第2章中看到的那样。虽然过度的多元化或激进的多元主义都会对一个社会的稳定

① 参见本负责任研究与创新主题系列丛书中的后续专著：格伦沃尔德文献[GRU 17]。

② 参见文献[REB 07]。同在这一系列丛书当中，参见佩尔和雷伯文献[PEL 16]。

性造成威胁，但多元主义和多元化这两个概念又都会在不同层面上形成一个民主社会的保障和要求[①]。伦理多元主义通常表现为一种价值观念的多元主义（见第1章），不过，我们还应该关注它在实践判断中的作用，以及在规范伦理学理论中的作用，它可以对评估活动进行指导或论辩（见第2章）。评估的主体可能是个人或公众，评估可能在事后或事前进行。

到目前为止，我们已经讨论了伦理多元主义的概念。然而，“道德多元主义”一词在关于这一主题的出版文献中出现得更为普遍，很多哲学家习惯用“道德”这个词来代替“符合伦理的”和“伦理”。某些哲学家甚至拒绝在二者之间进行区分，并声称二者无法以令人满意的方式被区分开来[②]。如前述文献DGM中所论述的那样，基于已发表的文献和道德哲学中的论辩，我们的立场保持不变。词源学在这种情况下没有帮助，因为这两个词的词根在希腊语中和拉丁语中直接等同。哲学当中的习惯用法也有派不上用场的时候，因为不同的哲学家分别以不同的方式使用过“道德”和“伦理”这两个词，而其中有些用法又直接与其他用法相矛盾。在法国存在一种倾向，即通过偏好选择“伦理”一词来规避一种道德主义的内涵，但是这两个词都可以被用来表示同一对象或研究领域，它们又经由选择的困境、生命的意义、判断的规则、原则的定义乃至道德情操的定义，与形式各异并常自相矛盾的事物、与正义或其他规范性概念[③]相关联。然而，无论使

① [REB 06e]。

② “我们不应该把道德和伦理区分开来，我们认为大概不可能为道德领域和伦理领域的划分提出一致可接受的标准”，出自题为《奥根和塔普勒》的讽刺作品，参见[OGI 08，p.23]。

③ 正如我们将在第2章中详见的那样。

用“伦理”一词还是使用“道德”一词，在不同层面之间都存在一种用法上的普遍性区分，这些层面包括：（1）看上去更直接的习俗层面。（2）或多或少被普遍共享的参照的秩序层面。（3）适用于特定领域的问题层面。（4）道德理论层面。（5）元伦理学层面。上述层面（4）和（5）在本质上更具有思辨性。而更一般的做法是，区分可以在（a）应用伦理学、（b）规范伦理学（道德理论）和（c）元伦理学之间做出，不过这种区分并不一定绝对严格。

例如，运用上述最后三个层面的区分方法，在考量某一种转基因玉米的伦理合法性问题（属于应用伦理学层面）时，就应该在致力于构建证明的必要条件（属于元伦理学层面）的同时，考虑到论辩个人立场的多种方法（运用各种规范理论）。

在很多情况下，尤其是内在驱动的语境当中，我们的道德直觉足以确立一套正确的行动方案，特别是在非常有限的时间范围内。在其他情况下，直觉则可能是不稳定的，或者可能需要更深入的反思。在复杂的和有争议的案例中尤其如此，下意识的判断和直觉可能会使我们陷入不确定、困惑和/或同他人的意见相左[①]。例如，就争议性技术而言，一些人的道德直觉得到了教训，而另一些人则认为问题微不足道或甚至根本不存在。

在这些情境中，我们超越了道德的初始状态，进入伦理学的领域，目的是为了论辩问题。参与式技术评估和负责任研究与创新几乎专门关注这一如果以多元主义方式进行建构就可能趋于激进的语境。在这项工作当中，我们将会聚焦于上述（b）层面和

① [KAG 98，p.19]。

(c) 层面，即道德论层面和元伦理学层面。

3. 知情决定和塑造决定

在科学、伦理和政治领域，参与式技术评估和负责任研究与创新关注的是信息和决策之间的关系这一敏感问题。让我们考虑一下在参与式技术评估中使用的一种典型的形式，有时也考虑到负责任研究与创新的情况：协商一致或公民会议[①]。公民小组在统计学意义上或法律层面并不是具有代表性的实体，与会者也不是充分和合法意义上的决策者。因此，这群公民并没有作出最终的决定[②]。但是，它必须在与专家讨论的基础上编写一份报告，从而至少为了完成报告的编写而作出某些决定。协商一致会议的规格要求注意对问题的答复以及小组的建议。请注意，这项任务被认真对待，尽管事实上它不像法院陪审团那样受到精确的监管，某些分析家仍认为它是一个类似陪审团的实体[③]。

哈贝马斯很早就在“专家知识与政治”之间关系的框架[④]之下考察过信息与决定之间关系这一问题，那时他正被技术问题语境所深深吸引[⑤]。这些关系被以三种模型作为形式加以呈现。作为分析工具它们仍然有效，并且常常隐晦地出现在同参与式技术

① 关于这一程序的说明，见 Reber B.，DGM。

② 与某些政治家的观点相反，这些议会不应被视为对代议制民主的威胁。

③ Ferejohn [FER 00] 指出，正当理由的发展与决策相关是有问题的，而决策是在法庭陪审团的情况下秘密进行的。因此，与协商一致意见会议的比较并不完全有效；在 PTA 程序的范围内，证明是显而易见的。

④ [HAB 73，p.107]。

⑤ [HAB 73]。

评估及负责任研究与创新相关的工作当中。

如果运用第一种**技术官僚**模式，则主动权的职责被移交给科学分析和技术规划，这样政治权威会被架空，从而沦为单纯的“执行机构”①。

第二种模式，被称为**霍布斯模式，也称为韦伯模式**②，与第一种模式相反，它明确区分了专家的职能和政治家的职能③。决定可以不受以公开讨论形式提出的论证要求的限制。因此，这种模式是决定论式的，大体上是韦伯式的④；民主人士最终将由某些精英人士组成，他们的权力是按他们的喜好加权。因此，统治的非理性本质可以合法化，但不能合理化。政治行动将构成一种“在某些价值秩序和某些宗教信仰之间的选择”⑤，这种选择是相互竞争的，不需要有理性的基础。在这种情况下，选择方法所涉及的合理性将与在价值观、目标和要求方面所采取的立场所宣称的不合理性同时存在。

第三种是实用主义模式，它受到约翰·杜威（John Dewey）的启发，在专家和政治家的职能之间建立了一种关键的相互关系，拒绝对事实和价值观的决策主义分离⑥。哈贝马斯对价值体系的对抗、对社会利益和技术可能性的反映以及满足这些体系所

---

① 在这里，哈贝马斯的工作是基于埃鲁尔的批评［ELL 54］。

② 对韦伯的这种决定论的解读似乎很大程度上要归功于列奥·斯特劳斯（Leo Strauss）的一种解读，后来被雷蒙德·阿隆（Raymond Aron）重复使用。

③［HAB 73，pp.107］。

④ 令人惊讶的是，哈贝马斯与他的对手之一卡尔·施密特（Carl Schmitt）有共同之处。参见 Reber［REB 01b］。

在技术评估的整个历史中，都出现了同样的决策主义。“技术是工具，政治是实现社会价值的决策实体”，见 Bechmann［BEC 92b］。

⑤［HAB 73，p.99］。

⑥［HAB 73，pp.105–106］。

需的战略方法采取了务实的态度。他为翻译结合技术知识和实践知识的必要性辩护，确立了他的交际行为理论的线条，比起杜威，他采取了更多的解释学方法。哈贝马斯认为杜威过于天真，对善意和常识的存在过于自信，据此，以“与某些价值观有关的利益”为标志的不同社会群体的技术、战略和方向将为它们的共同利益而努力。哈贝马斯也不同意杜威的观点，即公众舆论并不过于复杂[①]。

我们认为，哈贝马斯在这一点上的批评是不必要的。对杜威来说，必要的公开表达是一个漫长的过程，需要足够的时间来充分认识其他群体的活动的可能后果。杜威试图构建一个基于受技术后果影响的清晰现实的公众场域。杜威还提出了一种重要的探究理论[②]，用于识别和评估这些意料之外的结果。为此目的，社会调查必须像自然科学和工程科学的实验那样，具有献身精神和精确性，以便查明后果，并设法预防或计划这些后果；在杜威对国家的定义中，由合格的公务员进行的观察活动也是必要的。

因此，在技术后果和某些公众之间建立的关系并不是新的，而是实用主义理论的核心，这是1927年约翰·杜威提出的社会科学中的一个重要理论。

哈贝马斯倾向于第三种也是最后一种信息和决定之间的关系。他的理想是将技术知识有控制地转化为实用知识[③]，这是使个人能够以自己的语言重新掌握知识并有可能产生某些后果的唯一可能性。

---

① 对于有关PTA的问题，杜威的分析仍然是完全相关的，我们将看到 [DEW 12]。
② [DEW 38]。
③ [HAB 73，p.132]。

参与式技术评估和负责任研究与创新的分析人士仍在使用这一点，尤其是在科学技术社会学和公共政策分析中，隐含地使用了第三条开放路径。

尽管如此，哈贝马斯的主张仍然过于笼统，对于参与式技术评估和负责任研究与创新来说还不够完善。在第三个版本中更清楚地了解从信息到决定的过程是有益的。哈贝马斯在其《交往行为理论》中[①]，并以某些信条所指的协商民主理论，为论证的重要性进行了辩护。然而，自相矛盾的是，他对论点的定义，就像这一理论的大多数支持者一样，是不完整的[②]。那么，在实践中并根据实际案例，如何能够声称最好的论点已经“获胜”，特别是在面对不同学科和论点的不同性质时？这些问题将在第 3 章和第 6 章中进行详细讨论。

虽然它没有解决决策问题，但哈贝马斯的战略可能有助于使分歧公开化，并有助于设想科学、政治和（在较小程度上）伦理领域之间的三种关系[③]。第一种是还原主义，它倾向于科学。相反，第二种方式则有利于政治领域。第三，在翻译过程中，强调常识。因此，哈贝马斯没有利用道德哲学的资源；在这种情况下，道德哲学资源将在本书中广泛使用。

那种杜威和哈贝马斯梦寐以求的、作为信息与决策间关系之第三种形式的“控制室”模式，其实已经在参与式技术评估语境中运用了超过 30 年，并且应当继续成为负责任研究与创新的现

---

① [HAB 84] 和 [HAB 87a]。

② 政治机构也是如此，需要在其组织的辩论中由代表团进行辩论 [REB 07]。

③ 有关起源于不同领域的逻辑之间的相互作用或约简问题，请参见维吉尔・克里斯蒂安・勒努瓦对本系列的精彩贡献 [LEN 15]。

成工具。我们认为，在面对特定的技术选择时，为了应对其他两种解决办法的局限，这些具体的交互工具已经得到开发。

令人惊讶的是，在对这些试验进行分析的背景下，由于更加重视风险评估，公民最初倾向于表达一种形式的“怀旧”，即技术和决定之间关系的第一种形式所产生的简单的技术性反应，而政治上中立的决定则由专家作出。如今，人们习惯于知识的专门化和某种形式的科学。

伦理考虑引起的冲突也是如此。对于某些人来说，他们的伦理标准或道德观构成了排斥某些技术的基本理由或根据。因此，专家和公民都希望作出简单的道德反应，特别是如果他们没有机会从这个角度充分理解问题的复杂性和规模。

目前的情况导致了某些变化，使事实描述合理性的界限进一步复杂化，放弃了评价和处方问题，转而采用决策原则，并进一步降低了应当适用的理性能力[①]。例如，在公民会议中，需要在技术与实践之间进行双向解释的哈贝马斯难题还并非是唯一的问题。技术专家意见本身现在也不再那么确定无疑了。矛盾的是，非科学家越来越倾向于做出强有力的强制性断言，而科学家则越来越谨慎。

我们还必须考虑到由于需求和技术反应之间出现的部分预期而造成的紧张局势。因此，除了哈贝马斯所描述的方法之外，我们还需要将对一个问题的理解转化为以概率术语表达的、学科之间的或学科内理论之间的理解。因此，公民和专家面临着科学上的不确定性，而这种不确定性又与冲突有关；更罕见的是，这些

① 例如，请参见 Rescher [RES 88]。

问题还会引发需要制定和解决的伦理困境。

因此，我们需要从信息和决策之间的关系转移到更彻底的形成决策，在伦理和科学之间进行双向交流，以更严格和更精确的方式组织各个部件，如同组织有机体[①]或论据（第 6 章）。

4. 对评估的评估

参与式技术评估和负责任研究与创新本身即可成为评估的对象，因为上面讨论的问题存在不同的解决办法需要抉择。需要解决的问题通常难以预料。参与式评估是复杂的，很少以透明的方式进行[②]；因此对评估本身进行评估就更为重要。作为一个整体的评估是一个复杂的过程，它可能涉及：

（1）标准（或模板或模型）与对象（或现象或事件）之间的**相关性、兼容性、适应性**或**同一性**。默认情况下可以测量记录的差异。在这种情况下，我们可以谈论**核查或监测**。

（2）以某个在一段时间内开展的项目作为背景，该对象（现象、事件）对参与者可能具有的**意义、影响**或**价值**。

（3）随机或同时涉及以上两种情况。

根据主要的方向，评估可能主要是**估计性**的，使用程序性的测量或量化方法，或主要是**欣赏性**的。在“基于工具”的评估实践方面，这些不是主观的或微不足道的，这些区别可以进一步细化：

（1）注意、确定或证明项目内与模型有关的行为、知识水

① 此象征借用自图尔明 [TOU 58]。
② 比较分析见 [REB 05b]。

平、进展的一致性，或在不存在这种一致性的情况下，获得对差异的衡量估计。

（2）更根本的是，思考这些现象所包含和表达的各种意义和内涵。

可以使用不同的、经过调整的工具来实现这些区别。这些方法可能包括指标、审计、分析网格和 / 或各种收集和倾听方法。

上文已经提及评估在认知层面涉及的两个维度：技术—科学维度和伦理维度。在伦理维度上，评估的概念在最近的研究当中出人意料地欠缺。例如，连续数版的《道德哲学词典》[①]（*Dictionnaire de philosophie morale*）中都没有收录"评估"这一词条，《道德手册》[②]（*Companion to Ethics*）中同样没有。

在伦理学中，评估最初是用来确定某一特定存在或抽象实体的道德价值的一种程序。然而，人们可能想知道，"价值本身是导致评价的结果，还是评价产生了价值"，就像勒内在其《道德的一般规定》[③]（*Traité de morale générale*）一书中所说的那样。有些人认为伦理价值具有一种客观的存在，就好像它们存在于我们之外，而不需要我们的干预。

在不对这一问题作出明确答复的情况下，我们将认为，在需要正当理由的情形下，伦理和伦理理论也可用作评估的"工具"或基础。可以在元伦理学领域找到资源，以确定我们所说的伦理评估的含义，并为其可能或不可能创造条件。

---

① [OGI 03a]。

② Singer [SIN 91]，用于术语评估或评估。

③ [LE 42，pp.553–556，692]。

这个问题是根据尤西弗罗的一句引证提出的，这句话被拉尔顿 · P 修改过："是好事是因为我们喜欢它，还是我们喜欢它是因为它是好的？"参见 Railton [RAI 06]。

鉴于评估所涉及的因素，不仅在本文所述的具体案例中，而且在人文和社会科学领域的任何研究项目中，第二层级的评估都是困难的，这也可以理解[①]。它在参与式技术评估和负责任研究与创新更有限的领域内提出了不同的问题。

第一，二次评估包括不同类型的评价和判断，从基于直觉或意见的非正式评价到更明确、结构化和系统化的研究[②]。

第二，在判断这类实验的成败方面，并没有被广泛接受的标准。

第三，对任何概念的评估，例如在大多数关于参与式技术评估和负责任研究与创新的研究中使意见两极分化的参与概念，都是复杂的，特别是因为它“充满价值”[③]。

第四，没有统一的评估方法[④]。

第五，缺乏可靠的衡量工具；那些认为需要一项关于这一主题的研究议程的分析人员只是暂时性地这样做[⑤]。

有时，这些问题并不代表评估的主要障碍。组织者可能不希望继续进行或公布参与式技术评估实验的评估结果。这种趋势在实验没有达到预期或没有产生预期结果的情况下似乎更强。一些分析人士声称，某些实验或过程可能会被延长，因为它们吸引了公众，或者因为它们允许组织者声称进行了公众咨询。组织者还声称，在进行任何形式的评估之前，这类实验已经取得了

① 关于这一主题的文献非常少，特别是考虑到它经常出现在日常情况和社会或认知活动中。评价的概念似乎在教学和教育领域受到了最广泛的关注。

② 有关某些问题的说明，请参见 Joss [JOS 95，p.89]。

③ 参见 Reber B.，DGM，特别是第 6 章。

④ 例如，参见 Rosener [ROS 75] 和 [ROS 78]。

⑤ 参见，值得注意的是，Rowe 和 Frewer [ROW 04]。

成功[1]。

第一次法国公民大会（1998 年）关于农业和食品工业中的转基因问题的标志性案例至少在两个层面上令人困惑。首先，进行了一次非正式的评价，但这项评价[2]是由一些自己制定程序的成员进行的。第二，在巴黎的维莱特博物馆（Cité des Sciences et de l'Industrie）举行的一次公开会议上，一场旨在允许对这一经验提出批评意见的辩论被活动人士向与会者扔臭鸡蛋打断。

正如我们所预料的，这些涉及大量个人和学科的参与式技术评估的罕见例子进一步使中等研究复杂化。对参与式技术评估试验的所有方面的任何认真评价，甚至是更温和的负责任研究与创新情况，都必须是一项合作努力，至少涉及与协商一致会议本身同样多的学科、技能和观点，以便继续进行这一程序。这个团队将有义务把人文社会科学、自然科学和工程科学的研究人员聚集在一起。哲学家将不能再像莱布尼茨那样，从宏观的角度来考虑形而上学和概率问题，像康德那样，从地理和知识哲学的角度来考虑问题。这些哲学家和黑格尔一样，对广泛的知识类型持包容的观点；他们对哲学领域之外的知识的理解受到了批评[3]。最好的情况是，我们可以认为这些知识已经进化，部分或全部地否定了他们的推理。因此，本书的范围是有限的，我们不打算涵盖所有涉及的技能集。此外，据我们所知，目前还没有跨学科小组考虑参与式技术评估实验的二次评价问题。

---

① 例如，见法国第一批生物伦理学概况。Pellé 和 Reber [PEL 16] 或 Reber [REB 10a]。请参阅：http://www.etatsgenerauxdelabioethique.fr/（2016 年 11 月 3 日检索）。

② [BOY 00]。

③ 例如，黑格尔对气候理论的使用——参见 Reber [REB 16b]。

这一限制对于确保本书的可行性和可读性也很重要。它不是一个借口，允许使用舒适的、过度限制的框架和过度简化的推理，这在应用伦理学领域是很常见的[①]。

在这些创新的讨论空间中讨论的问题的各个方面是相互关联的。用德勒兹和伽塔利的话说，这些联系可以说是“根茎状的”，具有多种观点。科学背景中的一个新的事实因素，或一个需要考虑的新论点，可能导致对讨论所涉及的所有领域的修改，从而重新安排评价。因此，伦理评估与这些变化有关；如果建立方法的事实发生了变化，那么需要重新考虑整个方法。这一问题并不限于辩护人所认为的行为发生的情况[②]。

这种对不同知识领域之间的联系的考虑不仅促进了哲学与其他社会科学和人文学科之间的和解，而且也促进了与自然科学和机械科学之间的和解。这种跨学科的集合在不同的参与式技术评估或负责任研究与创新类型配置中是固有的。

5. 寻求知识和伦理的一致性

除了对参与式技术评估和负责任研究与创新进行论证所需要

① 例如，在生物伦理学中，某些道德社会学家提出了哲学家需要考虑的要素清单，但由于哲学中使用的框架过于严格，这些要素遭到了抵制。

② 托马斯・阿奎那（Thomas Aquinas）曾考虑过这类问题：“人类行为必须根据不同的连续、时间和其他环境而变化［……］这就是整个伦理问题”，见托马斯・阿奎那文献［DAQ 96］及 *Summa Theologica*，I－II，q. 18，aa.10—11；*Quaestiones Disputatae de Malo*，q. 2，a. 4 ad 13；*IV Sententiarum* 33，1，2. 对应的法文文献为 *Somme théologique*，4 tomes，Cerf，Paris，1996；*Commentaires des Sentences. Livre quatre*，trans. J. Ménard，digital document：
http：//docteurangelique.free.fr/bibliotheque/sommes/SENTENCES4.htm
晚近的研究上，可参见伟大的 Azor 的文献［AZO 02］。

的精力之外，我们还应该记住，从政治立场出发所期望的结果并不总是在实践中得到的。在法国，虽然民主得到了更好的确立，但民选官员有时仍被秩序力量所推翻。最近几年的一个值得注意的例子是，在马赛附近发生了反对安装焚烧炉的示威活动。众所周知，某些议会代表、高级公务员和法国政府内更强大的力量对参与式技术评估持怀疑态度[①]，支持负责任研究与创新的可能性很小。

这些实验的存在是值得称赞的，但需要作出努力使它们更加连贯，特别是自从负责任研究与创新进入欧洲以来。虽然近年来参与性实验有所增加，但就公众参与的多样性和这类实验的复杂性而言，参与式技术评估仍只能处于边缘状态。这些新的实践造成了一种不平衡，一方面实验活动增加了，但针对这些实验的相应的有力分析却没有能够跟上。在大多数情况下，实验是在涉及敏感讨论的时间过短的情况下进行的。在法国，作为重要部分组成第一届“生物伦理公民代表大会”（Etats Généraux de la Bioéthique）[②]的各种会议被迅速组织起来，结果大量机制缺陷暴露无遗，问题没有得到精准解决。这种经验可以看作是至少三种具有精确规范的程序的混合[③]，考虑到时间问题，这些程序不能完全得到尊重；这些程序包括成立一个公民小组、组织协商一致意见会议[④]以及经典法国式的“三级会议”（Etats Généraux）。

---

① 在 Reber 中讨论［REB 11b］。

② 参见 http：//www.etatsgenerauxdelabioethique.fr/.

③ 无论如何，对于前两种类型，第三种更灵活的类型已经用于卫生保健和营养食品。有关更详细的介绍，请参见 Reber［REB 11b］；Slocum［SLO 03］；Joly［JOL 02］。

④ 或公民会议。

例如，不同的行为者，包括前政府官员，都有资格不明确的受邀公民担任陪审员。更令人惊讶的是，没有计划对实验进行外部评估。一些应邀的教员希望以正面和负面观点的非正式清单的形式提供反馈，他们被要求审查其被认为过于苛刻的初次报告。

从理论的角度来看，DGM 的结论谈到了政治或社会科学哲学家所表现出的怀疑主义，或政治或社会科学对这些混合实验的距离。这种怀疑也可能适用于负责任研究与创新。请注意，对协商民主理论的第一次强有力的实证研究，侧重于在一个高度稳定的程序中，在国家议会中进行语言交流，这项研究直到 2004 年才发表[①]。在这一理论的启发下，这一理论在中间几年中的实证研究的增加是很有希望的。然而，这些研究在方法论和对这一理论的研究方法上的高度差异，提出了一些问题。在这项工作中，我们旨在涵盖必须解决的理论问题，以建立在参与式技术评估和负责任研究与创新的一致性，以多种方式，采取明确的立场，对现有的辩论和在某些情况下的理论争议。

我们的目的是超越阻碍协商民主的经验和理论工作的政治审议，探索与伦理审议和科学探究的联系。在 DGM 中，我们还强调了参与式技术评估过程中的模棱两可之处，以及在法国和整个欧洲对其归还和比较评估所固有的困难。对第三方判断的分析和对制度设计选择的评价迫使我们发明了新的评价社会学形式，这种形式适合于研究语言交流以及设计和创造程序所涉及的选择。我们的研究包括讨论片段和程序的研究，以及评价标准的研究。它强调了在参与式技术评估中表达的道德判断的高度异质性。然

① [STE 04]。

而，它也表明所涉及的多元化形式数量有限，而且这些形式不会在每次评价中继续无限期地分裂。

对目标的选择和用于实现这些目标的程序迅速限制了可能性。它避免了重复的例子。如果建立一个协商一致的会议，并且必须在进程结束时产生一个共同的案文，且有义务在公开场合提供支持所选择的立场的论据，那么到进程结束时，两个在转基因生物问题上持截然相反的对抗观点的个体之间的道德多元性将不可能得到维护。

同样，在更大范围内，我们评估了欧洲集体研究小组制定的参与式技术评估过程和程序的质量标准清单，强调了它们的局限性。我们还提出了一些需要考虑的额外标准：在承认不确定性的同时，尊重伦理和认识上的多元性。

我们的思考延伸到这些罕见的社会政治实验的预期作用。有些实验看起来有些肤浅。无论是在选择适当的程序时，还是在考虑所需的协议类型时，这一点都很重要。这些问题也应适用于负责任研究与创新[①]。

在政治学层面我们可以说需要培养模糊性和某种程度的暧昧性，并且我们不应妄图预测一切理论问题及其实际影响，而应选择采取一种**不干涉主义**的做法，并密切注意可能出现的情况。然而，在这种情况下，我们可能会面临与沙维尔·高尔斯（Xavier Gorce）的著名卡通漫画《不可饶恕的人》（*Les indégivrables*）中相似的情形，在这幅漫画中，一群企鹅的首领向人群讲话，敦促他们采取行动，以便“使我们团结在一起的谎言仍然比使我们与

---

① 一个简短的总结（BR Q. 不是一个过失？）可以在 Pellé 和 Reber [PEL 16] 中找到。

众不同的真理更强大”。

如果将这一推理应用于自然科学或工程科学中进行的实验，那么由此产生的模糊和不精确程度将是不可接受的。在大量的经验和理论研究工作的基础上，我们尽可能地讨论在参与式技术评估或负责任研究与创新概念中可以被分析分解的问题。

除了实施“社会政治实验”之外，我们研究的创新之处还在于将“评价”“技术”和“参与”这三个丰富领域的逻辑和验证程序加以伸缩。一旦努力详细解释这些领域，它们可能会以不同的方式联系在一起，从而产生讨论的需要。这三个术语中的每一个都带来了包含大量问题的文献，讨论时使用的是一系列学科的不同风格和参照基准，而且往往是孤立于其他学科进行的。学科的制度化也对评价条件产生重大影响。参与式技术评估的二级评价标准和正在为负责任研究与创新[①]制定的标准要求我们面对这些困难。

某些分析人士或思想家呼吁“技术民主”[②]，或使用其他术语试图“把民主带到科学中”[③]。“技术民主”[④]一词似乎代表在参与式技术评估甚至负责任研究与创新领域内举行的会议；然而，它却走了某些弯路。

首先，民主和技术的结合只对科学和社会领域提供了非常片面的报道。其次，在讨论这两个概念时，当考虑哪个因素影响什么和如何影响时，它很快变得模棱两可。

---

① [PEL 16]。

② Sclove [SCL 95] , Kleinman [KLE 00] , Fischer [FIS 00] , Callon et al., [CAL 01] ; de Cheveigné S et al.. [DE 02]。

③ Cf. Latour [LAT 99] or the first Habermas [HAB 73]。

④ 除了 Callon 等人，[CAL 01]，见 R.Sclove [SCL 95]; Kleinman，[KLE 00]。

考察这种结合关系的详细情况，我们会看到，凭借对部分形成于主要涉及民主的某些方面的不同规范理论的标准的运用，来进行进一步的二次评价是可行的。研究者或实践者在比较和评价各种程序和实验时，或隐或显地利用了产生于理论民主领域和/或现代性领域的研究成果，或应用于社会科学的不同传播理论，或借鉴法律和伦理领域的成果[①]。道德哲学倒是一个显著的例外。不过，在任何论辩中，个体对技术的评价至少有一部分是基于伦理考量，因此，这个哲学学科下属的子领域是特别重要的。

从这个角度来看，我们可能想知道，建立在所谓的道德或伦理冲突基础上的对立是否真的能被看作是这样的。这些冲突是否仅仅基于价值观或价值观体系，通过韦伯的价值冲突是非理性的论点而导致瘫痪，这相当于重启一场"神的战争"，并将我们限制在一个综合社会学的范围内，以类似于一个群体中的个人的观点进行评估？在 DGM 中，我们看到"伦理""道德"和"美德"这三个术语的区别相当粗略，考虑到这个术语的丰富性，个人行为者可以将道德和伦理视为问题、原因、实践、对象的质量、领域（有时是应用领域）、措施、方法、论证类型、建设项目、法律、特定的伦理理论、参考指导行动、实例、反思的纪律、判断、义务、基于原则的实践、特定的概念或最终的价值类型。

鉴于有必要评估最近采用的最初参与性技术评估程序，这些程序适用于不同形式的辩论技术，我们根据这些程序提出的道德问题对其中一些情况进行了审议。这些问题是评价的必要部分，

---

① 参见 Reber［REB 11b，第五章］。

但本身并不构成充分的分析[①]。在回顾了各种可能的伦理分析方法之后，我们选择重新引入从伦理理论中引发的某些争论。对于研究人员来说，潜在的好处在于可能澄清在处理困难的伦理问题时所使用的各种论证方式。对某事是或不是“道德上可以接受的”的强制性肯定似乎是不够的。由于利益、行为者、参照基准、价值观和信仰的多元性，有时甚至是相互冲突的性质，因此有必要进行公开辩论。正如我们将看到的那样，道德立场可以通过各种方式表达出来。还应考虑在竞争中或同时使用这些方法的方式，并从伦理理论的角度讨论多元化问题。

正如我们所看到的，通过考虑这一层次，我们能够更深入地研究参与式技术评估的二级评估标准中缺少的一个要素，**更重要的是**，对负责任研究与创新的助益。因此，我们将考察取决于及包含对道德标准的各种捍卫的多元主义的各个层面，换句话说，即行为者所持有的隐含的道德观念。由于在公开讨论中通过挑选参与者和专家意见的来源，甚至在某些情况下选择国际化的层次，从而赋予这些空间以正当性的那种客观实存的异质性，使多元主义这一概念远远超出了**表面上**的意义。

此外，相较于中立立场存在的问题，混合式论坛具有建立在多元主义基础之上的一定程度的合理性。只要科学实践是以一种严肃的方式加以实施，中立立场就很难立得住，相反不同于中立立场，多元主义在参与式技术评估过程语境当中给予我们相当可

① 也可以集中注意其他政治目标、目标的位置或这些目标在这些论坛中的转移。科学档案以及向公众提供证据的方式也很重要。我们的问题至少可以分为三类：“我们可以做什么”“我们知道什么”和“我们应该做什么”。

观的希望。它允许来自不同认知[①]、道德和伦理共识的公民和专家在一种"价值假设"[②]的氛围中检验他们的命题。这种检验不仅可以促成共识，还可以促进求同存异或对立场及信念的修正。如果多元主义受到尊重，那么冲突是可以预见的，尤其是在规范方面。在这种情况下，伦理反思在指导、组织或克服这些冲突方面发挥了充分和合法的作用[③]，这取决于实验所涉及的目标，无论是在参与式技术评估中还是在负责任研究与创新中。

这些实验不能简单地程序化，也不能提供不遵守的承诺。此外，"一般和抽象原则"[④]的提法是不够的。它们必须向参与者提供"方法上的建议"，以指导他们对其观点的解释和辩护，并在伦理和知识多元化的基础上得出结论。道德哲学的子领域与这些现实问题直接相关，并提供了一些有用的资源。独立于领域之间的区别，领域指的是公认的权威，例如宗教道德，道德哲学传统是分层的，正如我们在讨论道德和伦理之间的区别时所看到的。

6. 问题提纲

为结束这一导言，我们现在必须为参与式技术评估和负责

① 从认知主义社区的角度看，伦理委员会类似于这类机构，它们为多元化留下的空间相对较小。
公平地说，埃塞俄比亚全国伦理委员会（全国伦理咨询委员会）更具多元性，因为它包含了来自不同思想"社区"（天主教、犹太教、世俗、伊斯兰教和新教）的代表，以及个人聚集在同一空间进行审议的事实。

② 这一表述是查尔斯·泰勒（Charles Taylor）提出的以既不是先验的也不是相对主义的方式认识多元文化主义的方法的核心。泰勒［TAY 94］。

③ Grunwald［GRU 99］。

④ 见 Bechmann［BEC 93］，其中叙述了 20 世纪 90 年代初德国在技术伦理与技术评价之间对峙的艰难尝试。

任研究与创新[1]的集体审议调查确定一个纲要。我们将考虑以下问题：

> 当挑战围绕创新和有争议的技术具体化时，我们如何能够连同大量具有不同和不对称能力和专门知识（因为我们包括普通公民和利益攸关方的参与）的行为者的事先评估一起进行审议（因为我们包括普通公民和利益攸关方的参与），而这些挑战可能造成严重和/或不可逆转的损害？

我们可能想知道这是否可能，或者过于雄心勃勃。但是，这些积累下来的问题来自参与式技术评估的宣言和承诺，在某种程度上也来自负责任研究与创新。在这一框架之外，集体审议意味着在不确定的情况下结合**三种多元主义：伦理、政治和认识论**。显然，这些多元主义中的每一个都有其自身的问题。有关问题及子问题概述如下：

（1）对于伦理因素，从原子主义者、个人主义者或哲学家的角度，考虑我们如何在应用伦理学中为其辩护：当我们面对不相容和不可通约的价值观或伦理理论时，我们如何做出自己的决定？

（2）从更主观的、相互作用的或政治的观点出发，考虑我们如何可以集体地考虑使用全面的学说，或者更准确地说，如何使用不相容和不可通约的伦理理论或框架，甚至是价值层次。

---

① 本系列的进一步工作将专门讨论审议问题和如何围绕这一问题开展工作。关于初步概览，见 Pellé 和 Reber [PEL 16]，注意到在 RRI 工作的一些分析师谈到审议时并不知道在协商民主领域已经开展的工作。

我们的目标不是简单地找到一种方法，在罗纳德·德沃金（Ronald Dworkin）所用的观点中，以一种私人的和部分的道德持续地支持政治原则，而是评估在人类中心主义的情况下，在人类事务之外或通过跳弹效应而在人类事务之外或人类事务内部产生的**额外的世界**（extra nos）。为了个人的生存，人类必须保护世界。以基因改造为例，我们不但要评估它对个别持份者的专业和经济资源的影响，更要从对现时和未来环境的影响，直接评估这些目标或程序。

我们也不关心从一个更大的实体，如社区或归属团体，在多个附属关系的情况下，确定对个人决定的影响。

此问题包括以下子问题：

①如何在承认多元主义的政治哲学背景下处理伦理多元主义（或价值多元主义，或更罕见的理论多元主义）？罗尔斯版本的多元主义，承认“合理多元主义的事实”[①]，减轻了对一个论点，或更准确地说，一个理由的判断负担，使合理的多元主义合理化。我们需要走得更远，冒着自行解决这一困难的风险。换句话说，为了“共同商议”，我们如何清晰地表达**伦理多元化**和**政治多元化**？

②是否存在争论的地方，或者我们是否必须在协商民主理论和理性选择理论之间的争论中解决偏好，前者实际上是否反对偏好？

（3）从更科学和认识论的角度来看：在有争议，特别是不确定的情况下，有什么证据或什么知识可以用来共同讨论？有哪些

---

① 例如罗尔斯［RAW 03，pp.XI，4］。

途径可以解决争议，有哪些概率类型，或者在不可能的情况下，有哪些统计工具，以便在涉及多种解释的现象方面取得进展？这就是政府间气候变化专门委员会（IPCC）就全球变暖问题所进行的辩论。

同现代民主一样，共同评价不是几个人，甚至是许多人共同作出决定的简单事实，而是：

> 考虑到使用不同的伦理理由（考虑到应用伦理、伦理理论和元伦理选择的要素）和不同的政治理论，同时也考虑到自然科学和工程学及其相关学科及其相关领域（从而隐含的排斥），以及产生证据和解决不确定性的方式。

显然，由于知识的结构方式或实际用途（例如在出版物中），可能以可行性的名义孤立地对待这些领域，这是通常采取的做法。

道德哲学中经典的、有点讽刺意味的案例围绕以下问题展开：你对克隆或人类提高的伦理立场是什么？在这些情况下，科学（或技术）档案是一个先决条件，没有考虑到成功的可能性，也没有考虑到干预的每个阶段所固有的风险和损害。不仅这些先决条件往往是不确定的，而且推断也可能远远脱离科学的当前或未来状态。

我们可以坚持以分享和分工的名义修改与每个领域相关的具体领域，每个领域都保持在自己的界限之内：不要把所有的东西都混在一起；每一门学科都有自己的职权范围。已经很难确定一种道德理由或论点的确切性质，特别是当使用几种风格和类型的论点，承认道德多元性时。那么，为什么跨越界限进入其他学科呢？捍卫特定学科的框架和技能不是更好吗？尤其是在相邻学科试图宣称优势、威胁“认识论多样性”的情况下？

在本导言所述的具体情况下，这一立场限于“共同审议”的伦理层面，有三个主要缺点：

（1）边界的定义是有争议的。

（2）所讨论的伦理可能基于科学假设，而这些假设后来被证明是错误的。

（3）如果所有学科都认为自己的专有知识是最重要的，那么如何衡量这些贡献呢？如果走到极端，某个学科的支持者可能会倾向于将所有知识都归为自己所有[①]。

在参与式技术评估或负责任研究与创新的范围内，需要在“共同审议”的概念上增加一项额外的要求。我们认为，从认识论或伦理观点看几乎是盲目的决定主义形式，或仅仅基于选举、制度化或职能的合法性的权力，是不够的。如今，规范政治越来越多地涉及责任的形式。为了使这成为可能，我们需要能够**评估**。

在这里，参与式技术评估和负责任研究与创新被理解为对混合物体（部分是人的，部分是物理的）这一主题的集体讨论，具有辩论的潜在危害。参与式技术评估和负责任研究与创新充分发挥了其潜力，在真正的跨学科对抗方面包括更多的限制，而不仅仅是“近学科”的讨论，还要服从来自各种政治理论的公开辩论规则，其中大多数是民主的。这些通常隐含在治理术语中。关于

① 这是道德归化的一种可能形式；在伦理方面，这一点更加困难，更具有反思性。

最后一点，请注意，可以以各种方式处理权限问题，从参与者之间的严格平等，到一种不太民主但符合常识的方法，这种方法根据知识和受决定影响的公众来确定某种权重。

鉴于上述所讨论的因素，知识的过度专业化或“割据”是参与式技术评估及负责任研究与创新领域的障碍。如果我们希望克服这些经验通常具有的局限性，我们也同样要正视这一问题。由专业医疗机构进行的机构间决策的连贯重建，例如国家卫生监测研究所（INvS），法国食品安全局（AFSSA）或法国环境安全局（AFSSE）等机构，在知识过度专业化的背景下也很困难。在整个欧洲层面也存在着分担不同责任的机构。在这本书中，我们的意图是摆脱单一学科的小“王国”及其统治，以采取一种更长期、多元和跨学科的方法。

上篇

预防背景下伦理与政治的多元主义

导　言

集体审议中涉及参与式技术评估（PTA）和负责任研究与创新（RRI）的跨学科维度内容，生发出了关于学科间协同的议题。在这种协同关系中，应当对关注“**是**”（即事物实然状态）的学科、关注“**将是**”（即事物发展变化）的学科乃至涉及“**应当是**”或“**应该是**”（即事物应然状态）的学科进行区分。这种区分内化于描述性预测科学和评价性规范科学的分野之中[①]。在描述活动和预测活动引发争议的情况下，正如同那些与我们鲜有经验的奇观绑定在一起的事物身上通常出现的情况一样，科学数据呈现出多样性。由此，道德评价完全可能被建立在存在极大差异的数据集之上。类似的，在一个动态过程中，对于这种评价，还需要考虑在不确定性的情境当中对所获得的结果及预测的可信度进行论证、归纳及校验中可能发生的多样性变数，和对各种风险、危险的严重程度进行量化中可能出现的多样性变数，等等。

因此，我们需要走得更远，不仅停留在公共政策与伦理兼

① 撇开规范和价值之间的区别不谈。在这方面，请参阅，例如，Ogien [OGI 08] 的前 5 章和第 19 页；Ferry [FER 02] 在哈贝马斯之后，描述了与这一区别相关的另一种立场；或者 Putnam [PUT 02]。

容的理念，就像乔纳斯在《责任的绝对命令》（*The Imperative of Responsibility*）中所阐述的那样。这个问题并不是简单地从一种伦理形式中推导出一项公共政策，这对于主张自由政治理论的人来说是存有疑问的，他们坚信这两个领域应该分开。此外，还需要考虑到这个问题涉及的科学层面和技术层面的内容，这是乔纳斯没有考虑到的。这便催生出一种需求，即全面考察科学、技术、伦理和政治之间通常充满争议的紧张关系。

对很多我们的同时代人而言，他们通常对自然科学和工程科学[①]中深层次的具体实践缺乏鲜活的认识，在柏拉图的《尤西弗罗》（*Euthyphro*）中的对话在今天仍然具有现实意义。下面的摘录很好地总结了今天仍然普遍存在的一种态度。

> 苏格拉底：但是，引起敌意和愤怒的分歧是什么呢，我的朋友？从这个角度看：如果你和我在一个数字问题上意见不一致，关于两个总数中哪一个更大，我们的分歧会使我们彼此生气，并使我们成为敌人吗？或者，我们会在这样的情况下算计，然后迅速解决我们的争端吗？
>
> 尤西弗罗：我们当然会。

① 科学家本身往往缺乏与他们的实践之间必要的距离，很少培养分析这些实践的能力，这种能力在人文社会科学中使用，例如在历史或科学认识论中。在比较［WAT 98］和［SHA 85］或［BER 07］时，这是显而易见的。虽然第一个是有趣的和非神秘性的，无论是在（他们的）科学实践方面，还是在质疑某些“缥缈的”认识论方面，它本质上仍然是叙事性的，而其他两个参考构成了真正的科学对象。在PTA和RRI中，来自人文科学和社会科学以外的科学家的参与是必不可少的，而且他们往往比这些领域的研究人员更容易找到，但他们不能就自己的评价的各个方面作出反应。

苏格拉底：同样的，如果我们在一个更大或更小的问题上意见不一致，我们会采取措施，迅速结束我们之间的分歧吗？

尤西弗罗：没错。

苏格拉底：我想，去平衡一下，来解决关于轻重的争论吧？

尤西弗罗：当然。

苏格拉底：但是，如果我们在这一点上意见不一致，不能作出决定，那么什么样的事情会使我们成为敌人，对彼此感到愤怒呢？也许你不能随口说，但我建议你考虑一下，它是否会是正义与不公正，美丽与丑陋，善良与邪恶。当我们对此意见相左，不能作出令人满意的决定时，这些事情不就是我们有时成为敌人——你、我和所有其他人——的事情吗［PLA 86］①？

这段对话至少涉及三类问题，即科学领域的问题、伦理道德领域的问题，以及这两个领域之间关系的问题。

首先，我们将遵循柏拉图的观点，接受他对前三个科学分歧

① 道德哲学家彼得·雷顿（Peter Railton）也使用了这段对话的一个修改版本："一件事是因为我们喜欢它，还是因为它好，所以我们喜欢它？"［RAI 06，p.116］。雷顿为他对案文的修改辩护："最初的问题是用宗教术语提出的：广义地说，行为虔诚是因为它们使上帝高兴，还是因为它们虔诚才使上帝高兴？"

在我们看来，这种修改并不完全是合理的，因为虔诚和伦理（或道德）之间的等价是不合理的，引入神的假设也是不合理的。在这种情况下，我们需要考虑这些神是否遵守共享规则，或者是否涉及竞争规则。从孤立地研究希腊和罗马神话来看，第二个版本似乎更有可能。同样的，在这些神—宇宙系统的框架中，目的是取悦所有的神，还是仅仅取悦一个被选中的神或女神？

的回应，以便集中讨论他对伦理问题的陈述。这样，我们将把侧重点放在预防的背景上，在这种背景之下，我们从一种科学的视角出发去认识各种现象，并且能够对各种可能性加以论证。

在这篇对话中，柏拉图带领我们比汉斯·乔纳斯更前进了一步。对乔纳斯来说，伦理挑战的本质是在一个充满怀疑和自然主义还原论的时代确保良知的力量。事实上，这促使他就一个主题写出了一整部的作品，而这个主题仅仅是其开创性作品《责任的绝对命令》[JON 00][1]的第一个章节而已。

起初，尤西弗罗在道德问题上无法给出答案。之后，柏拉图笔下的苏格拉底将伦理学简化为评价，评价的作出可能会在最好的朋友之间造成冲突。值得注意的是，道德哲学还提出了许多其他概念，例如，现实主义的元伦理学理论认为价值是客观的。同样，其他思想流派也支持伦理认知主义的观点，认为伦理道德知识是可以被获得的。

乔纳斯则没有把伦理问题归结为评价。他秉持生物哲学的信条，倾向于一种特定的伦理实在论或道德实在论，这催生了一种要求，即推动存在的实现和真正的人类生活的实现，就像在生物体内的生命活动那样。在这种情况下，关键问题是保证人类将持续掌握多样性选择的权能。而用以在伦理维度上进行选择的多种可能性，则没有被加以讨论。

如果不加入关于为做出自由和自主的决定所需要的道德良知能力的困难而富有争议的论辩，我们对这个问题的考量将会受限于来自道德上的理由。在持有不同判断者之间就某一问题展开讨

① 有关关键演示文稿，请参见 Reber [REB 04b]。

论的情境下，在遵守与道德探讨过程相关的特定规则的同时，我们需用以论证某个人的观点的努力，能够使我们通过很多途径从《尤西弗罗》中建构的争论里突围出来。对各种伦理学理论加以考察后，我们会发现，一种非相对主义的多元主义的不可通约形式确实存在。虽然乔纳斯曾希望避免去依赖宗教伦理的强制性，并为技术文明提出了一种伦理框架，但他没有考虑到这些困难[①]和解决这些困难的办法。

苏格拉底和尤西弗罗之间的对话表明，关于什么是正义的和非正义的、什么是光荣的和可耻的、什么是好的和坏的之分歧，才是能够产生憎恨和愤怒的唯一原因，即便在朋友之间也是如此。我们不可轻视这一细节，特别是因为它完全推翻了持社群主义相对论者的努力，而这种努力的目标又正如由或多或少带有同质性的标准化社群所构建或构想的那样。柏拉图认为，伦理道德上的分歧是具有独特性的，因为它们能够把朋友变成敌人。因此，与数学上的论辩和科学上的论辩不同的是，伦理论辩不可能具有终局性。

后来的很多道德哲学家，尤其是那些极其重视经验主义思想的哲学家，都赞同这种观点，而他们的理性都建立在逻辑学的基础之上，并均受到物理科学的启发[②]。不过，尽管他们之间存在差异，但其中一些论者，如罗斯、史蒂文森和威廉姆斯，都采用

---

① 请注意，宗教伦理本身就属于这种多元主义的限制，这是几种宗教存在的内在和外在原因。请参见 Reber［REB 08a］。
同样，不同信仰间对话打开的视角也以基于人权的普遍主义形式（如 Hans Küng）或更多元化的形式（包括不可知论者和无神论者）提请对这一专题的关注；然而，这些观点尚未得到充分发展。见 Küng［KÜN 91，KÜN 95］。

②［ROS 49，p.3］。

了过于简单或极尽浅显的例子，以及一些暧昧不明的描述，就像我们在罗斯所列举的这个例子当中所看到的："在它们（物理科学）当中，我们有一条通往真理的更为直接的路径；诉求必须始终是从观念到事实的感性认识；只有在伽利略时代，当人们开始进行仔细的观察和实验，而不是依赖迄今仍普遍存在的先验假设时，自然科学才走上了可靠的进步之路。而在伦理学中，我们没有这样一条直接的诉求之路。"

在第一部分，我们将不会涉及之前引文提到的埃皮纳尔对物理科学的构想，而把这部分内容留待第二部分的开头讨论。

除了这种浅显的和过分简单化的幼稚之外，这种立场还基于两个前提假设，一个是关于合理性的本质，另一个是关于伦理论辩的本质。

"……争论的合理性取决于它从所有方面都能接受的前提出发，并在所有人都能遵循的路径上，就一个所有人事后都必须接受的结论达成一致"[①]。

第二个前提是，伦理论辩的目标同样在于就何种行为应当被做出达成一致结论。

第一个前提将在第二部分中加以详尽考察。不过目前我们应注意到，科学家们已经创建出了用于处理其分歧的问题解决模式。他们认可特定的程序和特定的准则，并且共同接受一种"关于何者构成科学、科学程序及科学证据的共识（或分歧的消除）……这种共识认可对分歧以特定方式加以解决。学术不过是这些问题解决模式的附属物，以及特定领域内相关技能的成

---

① [CAV 96，p. 254]。

果”。应当注意的是，这里所讨论的“领域”是科学社会学和认识论范畴的研讨对象，聚焦于浩瀚科学知识的某一微小组成部分的特殊性及其自身的规则[①]。

第二个前提，对于本书的第一部分更为重要。分歧的合理性的存在并不因为协商的出现而消失，这一事实可以被视为伦理论辩的诸多特征之一。能够达成一致当然是众望所归的，且不应被认为不可能达成，就如在某些参与式技术评估或负责任研究与创新类型的论辩中那样。事实上，在协商处于缺位状态的情况下，就到底应该作何行动的问题，这些论辩可能构建出合理性结论。为什么要假定，在任何情况下，都只能作出单一的行动，并且还假定此一行动的内容可以被唯一确定？自负、责任和欲望是互斥的，但都具有同等的正当性，三者的共存似乎又显示出相反的情况。苏格拉底和尤西弗罗之间的虚构对话，其结论是绝对的，苏格拉底断言，即使是神也会有分歧。而且，仔细观察，苏格拉底的主要关注点是确定哪类问题会导致分歧，而不是找出可能达成一致意见的方法。

在伦理学中，路径的选择很少是清晰的或简明的。在不陷入相对主义的情况下，对相同行为的述评也可能会有所不同，正如我们将在第 6 章中看到的那样。“对你的行为的描述，可能存在极其多样的版本；在某些情况下，你能洞悉自己正在做什么，而在另一些情况下你却参不透，在某些情况下你的行为对你来说似乎显得不合理，而在另一些情况下却又合理了……而无法改变的是，我们对其负责的行为，只能是**实际发生的行为**。但**实际发生**

① 例如，参见 Berthelot [BER 07]。

的行为却又将被以同我们的行为本身一样多样化的方式加以描述”[1]。维特根斯坦语言游戏理论的研究专家卡维尔做出的上述断言，在各种语言游戏同伦理学之间展开比较。在第一种情况下，情况更加简单，因为行为是定义好的，协约也是固定的。

面对种种互斥的误解、信任、利益、需求层出不穷这一严峻而明显难以规避的现实情况，伦理学提供了一种界定冲突的方法用以维持和谐。这一理论立场过去主要出现在政治哲学当中，其促发点是平等协作的需要，就像我们将在前三章中看到的。在同一道德场域中共存，并不以相互认同为必要前提；我们只需要了解彼此之间的分歧并共同接受其后果[2]。斯坦利·卡维尔在他的论文定稿中采纳了这一原初的理论立场，并在对史蒂文森的非认知情感论进行了大量的研讨之后，得出了一种多少令人失望的结论。他声称，涉及伦理道德的问题都可以归结为对尊重和创造的价值选择、我们应该承担的责任及我们经由自己的行为和立场所导向的责任。

对卡维尔来说，有两类伦理根据构成了伦理关怀的基础：当个体需要做出其应该做出的行为时此行为的意义以及参与的动机，即个体必须坚持的行为指向。因此，在这种情况下进行伦理论辩的合理性在于遵循必要的方法以把握我们的立场和我们当下

---

① [CAV 96，pp.324–325，尤指 p.325]。“当游戏或戏剧结束，玩家或演员在仪式的显著区域内的位置下降时，他将成为我们的行为所影响的人，而我们的行为所影响的方式并非他所承诺的，因为他已经担任了受支配的位置；我们成为这样的人，我们的意图不再与我们所做的无关，相关的后果也不再在明确的界限之内。在这里，我们无法实践我们希望达到的效果；在这里，我们完全可以对我们所做的事情感到惊讶”。

第十二章的题目是“道德的自主性”。

② [CAV 96，p.326]。

所面对的现状。这两个伦理要素都与负责任研究与创新相关。

在本书的第一部分，我们将超越卡维尔通过伦理判断解决道德分歧的方法。我们将考察科学中提供可靠而确定的结论的情形，或至少依靠统计学得出结论的情形[①]。我们的讨论将以预测语境作为基础。

在此语境当中，我们将考察做出判断所涉及的困难、趋于多元性的实际情况、价值标准的伦理多元性、各种伦理理论及其在处于一元论和相对主义之间的实际推理中的定位，乃至协商民主的潜能和局限性。在此第一阶段中，一种明晰的区分将在源于政治哲学的伦理学方案和源于道德哲学的伦理学方案之间被划定，并且我们将对协商中的论争——特别是伦理方面的论争——加以详细的考察。

在本书的第二部分，我们将从预测过渡到预防，讨论从《尤西弗罗》中摘录的第一部分内容，该部分内容过于依赖固定的科学假设，而在此假设中，一致意见可以被迅速达成，并且没有辩论的余地。

---

① 例如，在公共卫生和流行病学方面，可以使用循证医学。这可能构成预防运动的基础。详见 Davidoff [DAV 95，pp.1085s]。

注意，流行病学的情况确实如此，但仍需扩大到个别病例的治疗。在这里，我们将不再谈另一个重要的问题，即医生的做法。任何咨询医生的人都知道，在为预约安排的短暂时间内，医生的注意力不会固定在这些“目录”上，即使有时也会咨询这些“目录”。

第 1 章 判断的负担与价值的伦理多元主义

从有关各方面[①]被允许参与的角度来看，建立参与式技术评估实验所承担的风险和机构勇气背后的原因是什么？这预示着负责任研究与创新的概念。一些分析者引用了认识论的争议[②]，是关于普通公民的某些能力可以补充训练有素的科学家的能力。虽然像公民一类的人群提出的问题或者他们提出的接地气的见解，可能对科学家有所帮助，但当他与专家意见发生冲突时，如何考虑这种“非专业”知识？我们认为，规范性理由更具相关性。虽然一个公民[③]不太可能挑战生物学家，例如，一种法国[④]经常遇

① 与公民之间无区别的利益相关者。有关此问题的更多详细信息，请参阅 Pellé 和 Reber [PEL 16]。

② 这些专家由许多从事科学和技术领域工作的社会学家组成，他们被认为属于建构主义学派。

③ 除边缘情况外，出现在试验期间的研究人员与受邀专家的权威存在争议。这发生在有关 ITER（国际热核实验反应堆）项目的地方辩论中．已经提到过。请注意，有关专家没有时间充分解释他的立场。见 Reber [REB 07]。

④ 第一个 Etats Généraux de Bioéthique 的案例就是关于伦理专家的缺席。医生经常履行这一职责，尽管有些人拒绝接受此类专业知识的，即使事实上应该提供这种专业知识。法国国家卫生与文化委员会（CCNE，法国国家卫生与生命科学伦理咨询委员会）的组成在许多方面也令人不满意，缺乏哲学家甚至法律专家，更不用说伦理专家了。

到的现象，在他们自己的专业领域，两个人在伦理和伦理知识方面应更加平等，我们并不主张抗拒伦理专业知识。

专家和公民可能只受到伦理专家的影响，或者更为罕见的是，受到持怀疑态度的元伦理学家的影响，使大多数论点和理由无效。因此，评估的伦理方面是参与式技术评估中最重要的因素。对于负责任研究与创新来说，这似乎也是正确的，条件是认真对待该学科核心的道德责任。

苏格拉底在这种情况下是错误的：如果我们采取他的立场，即道德问题可能会破坏友谊的纽带，那么为了集体评价的目的，将非朋友，甚至可能是敌人的个人聚集在一起可能会被认为风险更大。作为新的对话形式，参与式技术评估和负责任研究与创新有很多理由可以解决这些苏格拉底关于道德的假设。

此外，与尤西弗罗的比较在这里达到了极限，因为尤西弗罗认为自己是宗教问题的专家，苏格拉底是虚假的天真，假装一无所知，并使用看似无辜的问题来解除那些认为自己是知识渊博的人的武装。被邀请参加这些辩论的公民不应该成为有关问题的专家，因此问题不是由专家[①]提出的，而是由天真的尤西弗罗提出的。

我们通过尝试揭示在分歧未得到解决的情况下，道德质疑并非刻意引发愤怒或纷争，抑或为了树立敌人，从而提出一种同苏格拉底的立场相反的观点。这类质疑可以被加以引导，并可能达成多种类型的协约。在一个以多样性为标志并承认多元化之合法

---

① 这种立场的反面是值得注意的，但不能保证讨论会更进一步，只是确保公民不会“受制于问题”。这通常意味着研究过程将更短。根据经验，我们注意到专家经常向公民提出问题，甚至会告诉这些人他们应该问的问题。

性的社会当中，特别需要一种能够使朋友之间甚或是敌友之间求同存异、和谐共处的力量。

我们将通过考虑论断中固有的困难开始本章，然后重点关注伦理多样性的差异，从价值伦理多元化的规范现实，从相对论到一元论以及它们的一些特征（条件性、不相容性、不可通约性）。最后，我们将考虑与这些价值观和不同类型的分歧有关的承诺类型。

1.1 |“判断的负担”是“理性多元主义事实”的根源

对某个问题达成道德判断，或者只是对某个问题做出判断，对任何个人来说都是一项艰巨的任务。苏格拉底没有把在内部伦理冲突或困境中遇到的第一个困难考虑在内[①]。如果同一个人必须在多个（学科或职位）或“多元化事实”的背景下在他人面前证明自己的判断，那么这个问题就会通向不同的方向。最后的表达来自约翰·罗尔斯（John Rawls）。就我们提出的多元化的事物和多元化之间的区别而言，这可能看起来很奇特，甚至是不合适的，如引言所述，前者是事实性的，后者是规范性的。因此，多元主义的规范概念与术语“事实”的结合是令人惊讶的。在任何情况下，罗尔斯（我们这个时代最有影响力的政治哲学家之一）的开创性文本试图解释“有规范的人之间的分歧的根源”，以捍

① 某些哲学家认为这些冲突是无法解决的，制裁的威胁对于引起反应是必要的。见保罗·高更的著名例子，他离开了他的妻子前往马克萨斯群岛，希望从他们的灵感中受益，以成为一名伟大的画家；使用伯纳德·威廉姆斯的版本，道德哲学无法解决这个问题。然后，他提到了他称之为“道德运气”的东西，这是一种奇怪的黑格尔式的期望。

卫他所谓的“多元化的事实”的认识。另外，这是“合理的”。在消除了对分歧过于简单化的解释，包括狭隘利益的多样性，缺乏亮点和逻辑错误之后，罗尔斯简要列举了分歧的原因，他称之为“判定的负担”。在《政治自由主义》的一个注释中，罗尔斯明确区分了法律案件中的举证责任，落在原告或被告身上，以及判定的压力[①]。虽然罗尔斯没有建立这种联系，但我们将在讨论预防原则（第 4 章）时使用他的区分，如大多数其他情况所见，特别落在新技术制造者的身上的举证责任有义务证明损害，而不是原告。

罗尔斯把问题局限于“普通政治生活”中的判定和正确运用权利的“障碍”所产生的原因。这种情况比参与式技术评估和负责任研究与创新更加有限。 然而，正如罗尔斯所讨论的那样，正义和相关概念的问题也是苏格拉底与尤西弗罗[②]在某种程度上的单一对话中所解决的问题之一，他们达成一致的可能性是有争议的。至少是在自然科学的长期视角下[③]，罗尔斯同意苏格拉底关于解决科学争议可能性的观点。罗尔斯专注于解释民主社会和文化的永久性事实和值得注意的事物背后的东西，他的分析框架的范围是：正义与公平。他认识到他的工作仅限于两个关键价值观，即自由和平等[④]，并且几乎没有提到再分配正义以及保护环境或保护野生动物，而是使用罗尔斯自己的条款[⑤]。因此，需要

---

① [RAW 95a，note 9，p.55]。

② 应该区分正义作为政治背景下的公平状态，如罗尔斯所捍卫的以及作为特定整全性学说（道德，伦理，宗教或种族）的正义。

③ [RAW 03]。

④ [RAW 95a]。

⑤ [RAW 95a，p. XXVIII]。

进行重大而漫长的调整，以讨论创新和技术风险。最值得注意的事实是合理的多元主义，被描述为“现代民主社会[①]中发现的宗教，哲学和伦理学说的多样性”，罗尔斯列出了五种判定[②]的负担：

（a）**证据**[③]——经验和科学——与具体案件相关，可能是复杂和相互矛盾的[④]，因此难以评估和判断[⑤]。

（b）即使我们完全同意考虑的相关因素，我们也可能不同意它们的**分量**，因此得出不同的判断。

（c）在某种程度上，我们所有的概念，而不仅仅是我们的道德和政治概念，都是含糊不清的，并且容易受到困难的影响。这种不确定性意味着我们必须依赖于某些范围内（不是定量的）的判断和解释（以及对解释的判断）。

（d）我们总结经验，我们迄今为止的整个生活方式，塑造了我们评估证据和衡量伦理和政治价值的方式（我们如何分不

---

① [RAW 03，pp.33–34]。

② 此清单的两个版本之间存在显著差异。[RAW 95a] 中的版本包含六个点。即使在这个版本中，罗尔斯也指出他的清单并非详尽无遗，只涵盖了最明显的来源。见 [RAW 95a，p.54]。[RAW 03] 中的版本则进一步阐发了 [RAW 95a] 中的第六点，即（f），并通过第 36 页上的注释 26 做出四点修正，见 [RAW 03，pp.35–36]。这里给出了 [RAW 03] 中的最新版本清单，但 [RAW 95a] 中的清单将被用在我们关于伦理理论的讨论当中（第 2 章）。在这一早期版本中，上述问题与三类判断有关：理性判断和两种形式的合理性判断，见 [RAW 95a，pp.55–56]。同样，在 [RAW 95a] 中，该清单的前面部分涉及理性判断和合理性判断的问题，后面部分涉及关于合理性判断的相关学说，而在 [RAW 03] 中几乎未作修改的清单前面部分则涉及同样的概念问题。共识之后是对怀疑主义的辩护以及对共识本身的关注。

③ 该黑体是作者加注的。

④ [RAW 95a] 列表中省略了这种细微差别。

⑤ 请注意，他提到了两个术语：评价和评估。

清楚）；我们的所有经历肯定不同[1]。因此，在一个拥有众多办事处和职位的现代社会，其众多的劳动分工，以及许多社会群体，往往是他们的种族多样性，每个公民的经历[2]的差异足以在不同情况下，使他们在判断很重要很复杂的事物时，会有所不同。

（e）对问题双方的不同力量通常有不同的规范性考虑因素，很难进行全面评估[3]。

［RAW 95a］中的分歧来源清单包括一个附加要点（f），其具体表述如下：

> 最后，正如我们在提到伯林的观点（V：6.2）时所指出的那样，任何社会制度体系都受到它所承认的价值观的限制，因此必须从可能存在的所有伦理和政治价值观中做出一些选择。这是因为任何制度体系都有一个有限的社会空间。由于被迫选择珍贵的价值观，或者当我们坚持几个并且必须根据他人[4]的要求限制每个人时，我们在确定优先事项和做出调整方面面临很大的困难。许多艰难的决定似乎没有明确的答案[5]。

---

① 在［RAW 95a］中，罗尔斯更加坚定。他写道“必须始终不同”。

② 同样，他补充说，这些经历是完全不同的。

③ 在［RAW 95a］中（e）点里使用的是“issues”（问题）而非“questions”（问题），而且，根据内格尔的说法，还附有关于价值分散的长篇注释。罗尔斯指的是内格尔的文献［NAG 79，pp.128–141］。本论文可以作为从综合道德学说中描述这种困难来源的基础。

④［RAW 03，注 26］中省略了该短语的这一要素。

⑤［RAW 95，p.57］。

不会试图扩大这一困难清单，罗尔斯自己也认识到这并非详尽无遗。我们也不应该努力减少重大要点。

尽管其框架有限，侧重于正义和平等问题，但这项工作的选择原因有很多，除了它的声誉和政治作用，有时也是伦理学的基准。它突出了与判断有关的某些严重困难，需要在新型讨论空间中集体达成，无论是参与式技术评估还是负责任研究与创新。甚至可以看出，这些解决方案几乎不可能解决问题，难以置信且具有争议，因为它表明这些问题是不可克服的。随着参与式技术评估或负责任研究与创新中讨论的问题的增加，比仅在司法领域和国际层面遇到的问题要多得多，而不是罗尔斯考虑的国家层面，这是关于相关性和可行性的举证责任。这种类型的实验甚至更重[①]，至少在理论上是这样。该领域得出的结论也涉及分析和评估中遇到的困难。

然而，罗尔斯的工作，奠定政治自由主义之基以及他关于社会成为自由平等公民之间公平合作之系统的愿景，在参与式技术评估[②]和负责任研究与创新的背景下仍然具有价值。政治观点在这些实践中占主导地位，而这种方法往往是隐含的。例如，各种参与者，无论是专家还是平民，都被施以对等地对待[③]。在某种程度上，他们拥有两个原始的“道德力量”，正如罗尔斯所阐述的那样：自由和平等。这些因素与参与公平合理的动机相结合[④]。正如我们将在第 6 章中所看到的那样，这种对称性通常不经讨论

---

① 我们不应因这种情况而气馁；在协商民主的早期阶段从实际角度分析议会的情况也存在类似的困难，同样值得怀疑。

② 尤其是他所假设的心理特征。见［RAW 03，pp.196–197］。

③ 术语“对等”亦被罗尔斯在文献［RAW 95a，p.52 ］中加以使用。

④ 例如，见［RAW 95a，pp.48ff］。

就应该被认为是理所当然的。如果可以从政治角度设想这一点，罗尔斯认为政治立场应该优先于道德考虑。我们将质疑这一说法。

请注意，罗尔斯从合理分歧的观点出发，这种观点在参与式技术评估或负责任研究与创新的背景下通常不会得到支持[①]，尽管这些观点通常是作为尊重的前提。就欧洲委员会制定的负责任研究与创新而言，科学教育可能被认为足以避免罗尔斯提出的存在合理分歧的情况。

罗尔斯的讨论集中在两个值得注意的概念上，作为一个起点：合理的多元主义以及合理的综合学说的多样性[②]。这些主要作品承认上述判断的负担，以及某些政治价值观，包括良心自由。

1.2 | 判断的负担：一种评论

首先，我们不会认为罗尔斯试图抛弃道德哲学（作为一种学说或应用）[③]，以便集中他对合理多元化事实的解释，因为它存在于上述五点。我们的讨论将分为两个主要部分：每个判断是否构成了一个不可逾越的障碍（第 1.2.1 节），我们研究的是什么类型的多元化（第 1.2.2 节）？我们将考虑罗尔斯提出的五个要点是如何有助于合理的多元化的。

每次都不会使用“判断的负担”一词，相反，我们将重点关

① 举一个例子，考虑在过程结束时对公民的预期报告或章程。该程序的目的是通过重新制定，通常由经验丰富的协调人，特许权或明显（或暗示）共识提出的最可能的报告。

② [RAW 95a，pp.191，197]。

③ [RAW 95a，p.14]。

注五点，使用各自的字母系统地解决这些问题。

请注意，我们不会采用一元论立场，认为所有问题都可以通过一种方式解决或经过快速的协商一致解决。然而，我们认为罗尔斯作为常识所呈现的东西就像是一种土地[①]般的哲学政策，或者对可能的解决方式的高度悲观预期。

1.2.1 判断的负担：起点而非障碍

（a）罗尔斯没有直接提及它们，他们赞同苏格拉底在尤西弗罗关于解决科学争端的观点。他首先断言这是事实[②]。然而，（a）明确指出，（b）、（c）和（d）点不那么直接地质疑解决科学争议的容易程度或可能性[③]；罗尔斯用一只手拿走了他与另一方承认的东西。

我们认为（a）中的证据用语太模糊了。问题不在于证明问题，因为验证此证据涉及的众多阶段，伴随着不确定性以及给予假设及其修订的空间。我们将用预防原则放回到这个想法上，该原则规定了其中一些阶段（第 4 章）、科学实践和科学理论的选择（第 5 章）。没有什么可说的，这种提问是不可能的，虽然它们可能是部分的，很难延续很久。无论如何，“困难”一词并不意味着“不可能”。此外，如果问题涉及评估，那么这种评估可能或多或少很精确，正如我们在一般的介绍中所看到的那样。在罗尔斯之后，我们可能很容易屈服于某种关于伦理，甚至在科学领域内的主导的认知[④]。

---

① 特别是，（c）点，指的是概念的模糊性。

② [RAW 03，p.35]。

③ [RAW 95a] 中给出的版本在理论上是明确的。见 [RAW 95a] 第 56 页。

④ 见 [DUM 06，pp.159–171]。

（b）我们接受这样的事实，即可以对被认为是相关的考虑因素的权重作出不同的判断。这将在第 2 章的伦理理论背景中看到。我们将走得更远，在道德生活的背景下提出各种各样的实体供审查。然而，加权障碍并非不可克服；相反，它可能会被讨论，并可能进行深入讨论。可以认为重要程度更容易测量，甚至苏格拉底鼓励使用量化来解决上述摘录中的科学争议。

然而，在伦理理论的背景下，我们将从其规范性内容而不是作为事实给出的多元主义的范畴探讨多元主义领域，正如罗尔斯所讨论的那样，以及其他三个事实：继续共同坚持一个全面的学说只能通过压迫国家权力来维持；至少绝大多数政治上活跃的公民自由而自愿地支持民主政权；民主社会中的政治文化，至少含蓄地包括某些适用于为宪法制度制定司法概念的持久的基本思想①。

罗尔斯希望将他的讨论建立在“对所有人开放的简单事实”上②。他认为这些事实源于心理观察和政治社会学③。在一篇文章中强调了这一点，在这篇文章中，作者将自己与内格尔（Nagel）的价值观分离。罗尔斯谈到两个主要因素。其中第一个是相互矛盾的综合学说的永久多样性，这些学说在保持合理的情况下互不相容。这些全面的学说形成了稳定的计划，创造了自己的判断，这些判断本身就是稳定的。第二个要素构成对第一点的解释：这种多样性是由于实际使用自由理由。实际判断既可以考虑它们产

---

① [RAW 03，pp.34–35]。

② [RAW 95a，p.57]。请注意，与内格尔的解释相比，这个事实在五个（或六个）特征中几乎无法获得。

③ [RAW 03，p.33]。

生的东西，也可以考虑综合全面的学说，或者从困难的角度来看（五六个判断的负担）。我们认为，实际判断的产物与教义的产物之间没有明显的区别，罗尔斯可能只是谈到多元化。

针对判断过程及相关责任方面，各种不同的指导判断的可用方法，大概都被基本不加质疑地使用过了。道德多元主义突出了这种“形势”，并扮演着创造这种判断的导师角色，无论是作为个体还是群体，正如我们将在第 2 章中看到的那样。考察文献[RAW 95a] 中关于多元主义与适当多元化的实际情况之间差异的另一段落，罗尔斯的立场更加令人困惑①。他对约书亚·科恩②的引用的简短评论，即关于适当多元化与多元主义之间区别的简短评论③，强调了综合性学说的合理性。自由制度不仅产生了各种合理的综合性学说，而且出于对自由理性的实践运用，还在某种程度上实践了这些学说。正如我们将要看到的那样，罗尔斯反对“适当多元化的现实”和道德哲学中使用的多元主义隐藏了关于判断接近方式的可能立场。也许，为了遵循罗尔斯的推理，我们应该考虑将不同的判断本身作为一个事实。但是，没有理由拒绝这种判断的核心问题，相反，道德评估可以通过多种方式进行，不仅可以支持，而且可以证明甚至修改这种分析。这种方法的另一个优点是它突出了综合学说没有完全统一或还原的事实。这使我们更接近历史和现在的真实情况。虽然罗尔斯提出了一个

① 正如内格尔和科恩所阐述的那样，罗尔斯对全面信仰和真正全面信仰之间差异的接受同样令人困惑。见 [RAW 95a，p.61]。

② [RAW 95a，pp.36–37]。

③ 见 Cohen [COH 93，pp.270–291]。

乌托邦理论[1]，但这并不妨碍我们考虑合理性。

（c）这一点属于解释范围，比第一点更麻烦。但是，如果概念含糊不清，我们可能会认为哲学家的任务是提供更精确的定义。此外，我们并不认为对这些概念的不同个别解释必然会导致分歧。我们可以创建更精确的定义，并尝试比较和对比不同的解释。因此，即使在相反的方向上，也可以利用机动的余地。

首先，从被动的角度来看，我们可能会认为，在政治中，模糊性、歧义和低精度可能构成理想的质量，并有助于达成一致。避免过多的解释可能会更好，这可能会突出分歧的区域。一个模糊的、一般的表述有更多的机会赢得最不同的个人或团体的支持。罗尔斯似乎采取了非常相似的方法，通过重叠共识寻求不同特定学说的支持。这些共识应该被认为是显而易见的，而不是明确的。

其次，相反，如果我们认为必然导致分歧，那么对道德和伦理概念的不确定性的肯定虽然最初很有趣，但似乎是有问题的。相反，我们可能希望保持这种不确定性，因为它提供了讨论的空间，甚至可能促进解释的产生，这可能明确地导致达成协议。

这种不确定性在制定时过于模糊，本身就没有充分确定[2]。最敏感的一点不是不确定本身，而是不同的聚焦，这可能会引导审查案件中的道德评价，正如我们将要看到的那样（第 2 章是道德问题，第 6 章是科学和伦理问题）。然而，多元化不一定导致

---

① [RAW 03，p.13]。虽然罗尔斯彰显了这种乌托邦主义，但他还是考虑到了实际的现实，包括他的五个民主社会事实。

② 对于罗尔斯在道德和政治中的相对主义以及不确定问题，请参阅雷伯 [REB 16a]。德沃金讨论了解释性概念，这些概念本身需要解释，或者在解释之间使用仿真来识别最佳选择。

永久性的分歧。

（d）这一点直接涉及多种经验，并构成任何现代理论或民主制度的重要组成部分。在参与式技术评估中更为重要，其中多个被视为质量标准。当负责任研究与创新进入道德讨论领域时，这也将适用于负责任研究与创新，这似乎是不可避免的[①]。在这些经验框架内的讨论经常对道德和政治价值进行不同的评价。这里不会考虑证据，特别是科学证明，因为由于存在更稳定的协议模式，它们的变异性较小[②]。罗尔斯最初认识到这一点，但似乎在他的工作后期忘记了这一点。再一次强调，重要的是不要因为考虑到这必然导致分歧而改变自己。

此外，罗尔斯还认为，为了使评估成为可能，实验或经验必须覆盖整个存在，而这似乎是不可能的。这个想法要么是陈词滥调——即我们利用自己的经验来达成判断——要么是不可能的。在做出判断时，我们如何才能足够充分地反思我们的经验？要解决的真正问题，围绕着不同个体用以完成某个特定判断的经验，以及如何能够超越我们独特经验的具体性和个体性以理解他者经验，甚而至于能够在一种共享的、共生的场域中坚持一种力争达到更具普遍性视野的立场的途径。

如果我们接受罗尔斯的观点，即最常见和最激烈争论的分歧是那些在我们自己内部发生的分歧[③]，我们如何才能解决这些问题，而不是解决与他人的分歧？这一点也提出了与道德和政治领

---

① 见 Pellé and Reber [PEL 16]。

② 见上篇的导言。

③ [RAW 03，p.30]。

域的部分分离有关的问题[1]。

（e）与（a）点一样，这一点仅指出困难而非不可能性。参与式技术评估甚至负责任研究与创新，旨在成为评估、探究和伴奏的空间（第 6 章），使我们准确地获得全球评估。作家保罗·克劳德尔表示，整体而言，艺术作品中的重要性；也有一段时间，哲学家冒着采用系统方法的风险来考虑域之间的联系，而不是更专业的本来的方法。

虽然罗尔斯所强调的所有观点都是真正的问题，并且需要在参与式技术评估类型的争议或负责任研究与创新系统中被主要考虑，但它们并不总是构成分歧的原因[2]。相反，它们可能是承诺的动力，可以证明尊重其他参与者的主张和假装的合理性质。

面对罗尔斯的五（或六）点，我们想知道为什么同样数量的时间（如果不是更多）不致力于寻找伦理学中的解决方案，就像在科学中一样。我们接受罗尔斯的名单作为起点，但我们并不完全同意他们的结论。

通过考虑罗尔斯给出的第二个一般事实，我们的立场更加坚定，这是第一个（合理多元化的事实）的结果。罗尔斯声称，“一种具体的整全性学说”的持续奉行，只能靠国家强制力来支撑[3]。而我们的方法路径在这一点上存在根本分歧。尽管罗尔斯希望避免以排斥其他理论学说为代价，在一个国家的意识形态构建中强加进某种具体的整全性学说，认为这种做法将会带来对公民的自由与平等的威胁，但他却积极支持整全性学说。我们的方

---

① [RAW 03，pp.5，14]。

② 见 Merrill [MER 08]。

③ 例如，参见 [RAW 03，p.34]。提交人列出了由此产生的犯罪和残忍行为的清单。

法路径更加多元化，因为我们认为未必一定要将某种单一的整全性学说上升为最高意识形态。并且，我们不认为国家强制力在这里是必不可少的。

更具战略性的，包括民主社会的第三个一般事实，在推导出一种特定的学说时，这个国家将剥夺尽可能多的公民在其正义观念中认为是公平的立场。因此，在第二和第三个一般事实之间会产生分歧，甚至反对。

罗尔斯关于避免国家压迫的一般事实的解决方案[①]对道德哲学和道德观产生了附带影响。我们如何与罗尔斯的五（或六）点所创造的广阔战场“一起商议”，而不是在基本机构中寻求庇护？这似乎是罗尔斯[②]倡导的途径。

我们认为，特别是在他们根据个人之间的交流实际采取的形式的参与式技术评估和负责任研究与创新的情况下[③]，一个特定的综合学说实现对其他学术的支配的风险降低。首先，这些学说通常是不完整的和混合的，即使对于单个行动者，或者应该属于同一种族的行动者，也要使用罗尔斯的分类。其次，它们可用于指导和修改评估。这是解决问题伦理方面的唯一机会，然后尝试为其辩护。在完成所有必要的工作之后，如果确定了明确的分歧线，则需要时间来评估过程是应该在此时停止还是继续。在第一种情况下，我们有一种合理分歧的情况，但这种情况具有审慎的优势。

---

① 使用其所有工件重建此解决方案超出了本工作的范围。但是，我们将在本书的结论中考虑反映均衡的概念及其各种形式。

② 例如，见［RAW 03，pp.37，40］。

③ 并不是理想的理论，罗尔斯所采纳的观点。参见［RAW 03，p.35］。

1.2.2 形态各异的多元主义

罗尔斯使用术语“多元主义”来指代许多不同的东西。在本节中，我们将尝试建立更清晰的区分。

1.2.2.1 理论、认知、解释学和伦理多元主义

根据罗尔斯的说法，判断的负担前四点是基于理论上的原因。因此，在（a）点中考虑的多元主义是理论和认知的，而（b）点的多元主义是评价性的。（c）点是一个混合版本，包括解释学方面（模糊和不确定的概念）和评价方面（分类需要解释）。虽然罗尔斯否认了这种可能性，但是（d）[①] 从道德多元化价值观的角度提出了对伦理相对主义的怀疑，正如我们将在本章后面所述。罗尔斯的相对主义有两种形式：个人主义的透视主义者和关于分工的传统主义者。

通过我们的评估，（e）点与道德多元化最直接相关。然而，[RAW 95a] 版本，带有（f）点和关于内格尔的注释，破坏了我们对道德多元化的限制，因为罗尔斯拒绝进入规范性考虑。例如，讨论评估的困境就是超越事实。因此，我们处于规范多元化的背景下，或者有义务将管理的规范模式视为事实，就像许多推理和许多法律决定被视为事实一样，不会让任何人感到震惊[②]。

1.2.2.2 民主社会的四个一般事实

回到罗尔斯的五（或六）点，我们现在将解释作者所说的政

---

① 这也适用于 [RAW 95a] 中版本的（f）点。

② 这意味着存在规范或价值因素，这些因素成为事实，在令人满意的自然诡辩逆转中。法理学就是这方面的一个例子。

治社会学和人类心理学[1]的四个“一般事实”[2]：合理多元化的事实，国家压迫维持一个特定的综合学说，需要为安全的民主政权获得尽可能广泛的支持基础，并利用某些基本思想来支持宪法正义的概念。

首先，我们注意到关于判断负担的清单中的五（或六）点主要集中在前两个事实上。

其次，我们不认为第二个事实是第一个[3]的必然结果。

最后，解释压迫的要点并不具体。考虑到判断的负担太大而且分歧的可能性非常高，压迫被视为一种决策形式。

但是，这个立场值得商榷。罗尔斯反对压迫；然而，他的方法，考虑到这些问题不能通过使用综合学说，对权重的投资，概念的解释或其他要素来对待，可能并不代表避免它的最佳方法。

1.2.2.3 合理多元化的事实

让我们回到我们对合理多元化事实的解释。我们已经厘清了罗尔斯的合理多元主义概念之下的至少三种类型的多元主义。它们相互间的区别可以被用来解析合理多元主义概念，同时洞悉将它们相互关联起来的本质（第6章）。以下论述旨在强调对合理多元化事实的解释的漏洞。

首先，我们应该注意，其中某些观点并没有恰当表达多元

---

① 使用“事实”一词来指代一般性可能会有问题。例如，在历史上，事实清楚地划定了界限。因此，必须区分永久事实和具体的、即时的事实。在这里，我们提到永久性事实。

② [RAW 03，pp.33s]。

③ [RAW 95a] 中给出的例子——围绕天主教信仰的宗教裁判所中世纪社会——有些遥远。教皇博尼法斯八世对“教会之外没有救恩”的肯定，作为一个不合理的学说的例子，也已有700多年的历史，并且已成为不再常用的教会学的一部分。见 [RAW 95a，p.37；RAW 03，p.183]。

主义，除非多元主义应被视为等同于相对主义（特别是在 d 项观点表述的情况下）。也就是说，这些观点不再是对多元主义的表述，而是对相对主义的表述。

其次，由于两个原因，这些要点无法保证合理的分歧。上面已经讨论过的第一个原因是五点（或六点）并不一定导致分歧。在（e）点的背景下出现分歧的可能性很大，但正如我们所看到的，这不应妨碍讨论。评估中的分歧不是一个不可逾越的障碍，经常需要讨论。

道德和认识多元化的问题更为严重。在这些情况下，可以给出合理的分歧作为可能的结果，或者甚至在辩论开始时作为可能性提出。但是，它不一定是致命的。

第二个原因是更微妙的，因为它邀请我们在判断负担的点之间建立一个“等式”，一方面解释合理多元化的事实，另一方面是自由平等公民的合作。仔细研究等式的两个部分，“合理”的内容是不一样的。在第一种情况下，我们必须考虑包括以下元素的异构方案：

①关注冲突和科学证据的复杂性；

②关注考虑到的不同要素的权重；

③ 涉及概念的不确定性，要求在分类中使用解释；

④关注创造不同的经历；

⑤涉及规范性考虑的不同优势。

另一方面，我们发现一种合作，其他公民被认为是自由和平等的。以互惠的名义，拒绝这种合作是不合理的。但是，等式的两边并不等价。从这个图像中，我们简单地推断出，鉴于判断的负担，可能出现的合理分歧意味着我们应该认识到其他参与者的合理性质，即使他们不同意我们的观点[①]。通过这种方式，罗尔斯令人钦佩地避免了对非理性的仓促判断。认知偏差或非理性的观念经常用于社会心理学或认知科学。在不排除这种错误的可能性的情况下，罗尔斯在不同的推理水平上运作，并在唐纳德·戴维森的意义上对慈善事业进行了部分展示，尽可能地了解他人的推理。然而，罗尔斯拒绝进一步考虑分歧是令人遗憾的。除了平等和自由的简单合法化之外，他还希望将合理的性格作为这种合作的基本要素。罗尔斯的提议实际上构成了一个一半的措施，因为它只承认判决所涉及的最初困难，而没有走下评估的扭曲之路。

如果我们加上判断负担的其他点（除了 e 之外），找到不同评估途径的概率甚至更高，从而创造出更复杂和丰富的可能性。在参与式技术评估和负责任研究与创新中就是这种情况，其中语言交换的无组织方面比密集和构建的伦理和认知分歧的冲突更有问题[②]。幸运的是，为了进行比较，已经制定了收集和组织这些交换的理论。

从现在开始，我们可以选择两种方案：继续使用（e）点，唯一的直接伦理点，或者接受科学和规范评估的同居。第二个选项将在这里采取。第二部分将更详细地考虑这一观点。

第一个解决方案将在伦理道德理论的语境下加以讨论（第二章）。罗尔斯以政治自由主义为出发点，由此他界定了整全性学说，又与之分道扬镳。之后，他将这一概念作为既定概念用于他提出的重叠共识方案当中。我们将采取相反的思路，从伦理和道

---

① 见罗尔斯 [RAW 95a p.61]：“有理智的人看到判断的负担限制了对他人而言其合理性能够被理性地加以证明的东西，因此他们认可某种形式的良心自由和思想自由”。

② 见雷伯 [REB 11b，part 1]。

德出发，而不是将“整全性学说”理论资源排除在外。我们将优先考虑伦理道德理论和价值观的多元化。我们认为，罗尔斯在运用这些理论学说时夹带了太多他的观点：关于宗教，关于“康德或密尔的合理自由主义”，以及关于功利主义等道德学说①。其次，我们将考量这些不同类型的整全性学说的综合运用②。

我们将从价值观的伦理多元化开始。该术语仅在［RAW 03］中给出的五个点中具有一次。在某种程度上，罗尔斯对构成道德理论、关系和价值观之间区别的要素的看法过于狭隘。此外，他的判断的负担在道德方面不够具体。罗尔斯也非常急于宣布治疗和判断是不可能的。

1.3 | 伦理价值多元主义：从相对主义到一元论

那些对道德多元主义给予更多具体考虑的道德或政治哲学家③赞成多元化的价值观④。这与参与式技术评估和负责任研究与创新以及许多其他生活领域相关。它适用于许多问题，例如价值观的不可通约性，某些价值观优于其他价值观，承诺形式；它还涉及与隐式社会本体论类型有关的一些考虑因素，特别是关于个人对群体或其他个人的依赖性的假设。

---

① 例如，见［RAW 95a，pp.37s，58s；RAW 03，pp.14，32s，191s］。

② 这项工作始于雷伯［REB 08a］。

③ 某些作者讨论了道德多元化，同时确定了相同的问题对道德与伦理之间不断变化的区分。约翰·凯克斯是价值伦理多元化的专家，他的工作将在本节进行讨论，他们使用道德理论和伦理学及元伦理学理论来对多元主义进行分类，它们在两个连续段落中意思几乎完全相同。见凯克斯［KEK 93，pp.12–13］。

④ 关于多元价值观的回顾，见罗蒂［ROR 90，p.3–20 页］。

这些作者经常在自由主义政治哲学的框架内运作。在本章的结论中，我们将提出并讨论（在脚注中）一篇试图将这个框架称为问题的文章。约翰·凯克斯的“多元主义伦理”[①]被认为是最有相关性的道德多元主义著作之一。考虑到凯克斯的灵感来源，我们需要做的很复杂，这些灵感来源于自由主义框架之外；作者诉诸两个截然不同的观点，即自由主义的以赛亚·伯林和保守派的迈克尔·奥克肖特[②]。顺便提一下，如果不是很全面的学说，可以综合不同的想法。

坦白来讲，凯克斯的方法主要涉及个人层面的冲突。在自由派观点的背景下，这是受欢迎的，这使得更多自由思想家们更难以攻击过度保守的观点[③]。这简化了我们的问题，但是对与多元化有关的更多政治因素提出了一个缺点，在本章的结论中有更详细的讨论。在这里，政治被认为是指罗尔斯所讨论的涉及大量人的政治问题，而不是合作。对于使用参与式技术评估或负责任研究与创新处理的项目，例如全球变暖，情况也是如此。最后，请注意，与大多数关于伦理和政治多元化的事情一样，凯克斯工作中的争议集中在身份和宗教问题上。在不将这些问题最小化的情况下，参与式技术评估和负责任研究与创新更关注技术和/或环境性质的其他连带问题[④]。

---

① 例如，见一般多元化专家 Rescher 的颂词评估：[RES 93，pp.90，131，158]。这项工作对哈贝马斯多次表达的观点提出了质疑。

② 其他社群哲学家可能在这里被选中，或者，例如，Chantale Mouffe，他对自由主义的批评受到另一位保守派卡尔·施密特的启发。凯克斯的优势在于他是一位道德哲学家，并且在他对道德价值观及其关系的分析中深入探讨。

③ 如 Crowder [CRO 02]。这一初步观点将凯克斯与社群哲学家区别开来。

④ 见 Chardel 和 Reber [CHA 14]。

凯克斯将伦理多元主义视为在两个方面向反对派开放的立场。一方面，这种观点与一元论相对立，根据“一元论”，“有一个，只有一个，可能［有序和］合理的价值体系”[①]。相反，另一方面，我们发现相对主义，并且以各种形式保护所有价值观都是传统的。在这种情况下，“人们接受的价值观取决于他们出生的背景，他们的基因遗传和随后的经历，对他们的政治、文化、经济和宗教影响[②]；简而言之，他们重视的价值取决于他们的主观态度，而不是价值观的客观特征”。价值观的伦理多元化是一种信念，根据这种信念，美好的生活取决于价值类型的实现[③]，这些价值观根本不同，其中许多是冲突的，无法同时实现。过上好日子需要实现“多元和相互冲突的价值观的连贯排序，但连贯的排序本身就是多元的，相互冲突的”[④]。

对于凯克斯来说，关于美好生活的多种概念有两种形式：首先，它体现了不同的价值，其次，根据不同的顺序考虑这些价值。

最初，凯克斯限制连接[⑤]与商品（或利益）或可能对人类个体产生影响的邪恶的价值。他在价值观之间建立了一些区别。

---

① ［KEK 93，p.8］。

② 这些类型的方法是我们重新评估罗尔斯所显示的一种相对主义形式的激励因素，特别是与“判断的负担”（burdens of judgement）清单中的（d）点相关，以及对整全性学说的过度广泛接受。

③ Kekes 的道德和非道德，他们给出了两种类型的例子。第一类包括良好、责任、正义和忠诚。第二个包括创造力、身体健康和风格。

④ ［KEK 93，p.11］。

⑤ 需要区分价值观、“商品”和积极影响，而凯克斯则模糊不清。

例如，考虑一下 Ogien 和 Tappolet 的简要解释［OGI 08］：“我们认为价值不是作为事物，而是作为与事物相关的品质，而不是尺寸或颜色。因此，我们可以说自由或友谊具有一定的价值”。

马克斯·舍勒已经对颜色进行了比较，价值和商品之间的比较，而不是“事物”，如此处所示。见舍勒［SCH 73］。

首先，凯克斯区分了那些由人类因素（如残忍或善意）引起的积极或消极影响以及涉及非人类因素（如健康[①]或疾病）的价值观。道德价值观的概念仅适用于第一种情况。

其次，他提出了一个重要的区别，他认为这可以为解决价值冲突开辟一条可能的途径。道德价值观有两种类型。

主要价值观是指在正常情况下福利和损害被认为是普遍的。食物、爱和尊重被引用为此类商品的例子[②]，其中包括折磨、羞辱和剥削作为邪恶的例子。次要价值因个人、社会、传统甚至历史时期而异。

这些变化有两个主要原因：

（1）第一个原因是关于美好生活的概念以不同的方式考虑善或恶[③]。根据社会角色，可以使用不同的"价值清单"，作为父母、配偶、同事或情人，根据职业，我们希望培养的品质（创造力、影响力、抱负）和我们的偏好（美学、烹饪等）。"在一种生活中正确评价的东西，同样可以被视为一种漠不关心，甚至在另一种生活中也是有害的"[④]。合理的人分享主要价值观，因为他们"共同的人性"使某些事物有益，而其他人则有害。然而，合理的人们也认识到，当我们超越共同价值观的基础时，存在许多个

---

① 这个例子值得商榷。此外，凯克斯认识到道德价值观有时会以非道德价值为前提，以便应用［KEK 93，p.45］经过进一步思考，我们看到所有价值观都来自非道德因素。

② 再一次，价值观和商品之间存在着不幸的模糊。我们赞同舍勒拒绝这种同化的立场。

③ 在这里，凯克斯从善恶走向太快，忘记了与善行有关的价值观之间的竞争，这是他后来讨论的事情。

④［KEK 93，p.18］。

体差异。这些差异反映在次要价值①中。凯克斯补充说，通常会假定主要价值观，而次要价值之间通常会出现冲突②。

（2）次要价值变异的第二个原因取决于形式和应采取某些利益的不同方式，以及避免的有害因素。以营养为例，这是一个主要价值，然而，这一领域的规范，通过次要价值来界定利益和邪恶，是可变的。

总而言之，对于凯克斯来说，道德和非道德价值观之间的区别通过既定的主要价值观和次要价值观之间的区别而缩小。在这种情况下辩护的多元主义建立在与这些不同类型的价值观相关的商品和邪恶的多样性，以及不同背景下的传统和美好生活概念的多样性之上。在不同的概念中实现这些值的方式将在下文提及③。

为了确保清楚地理解这些初始点，让我们考虑一下美好生活的方法。每个人都以不同的方式与他的传统④互动。他适应这种传统的资源，根据他们对美好生活概念的重要性来排序价值。形成排序的原因不是随意的，而是根据个人判断而有所不同。根据我们自己的理由行使“美好生活”的自由构成了个人诚信的一部分，尽管其他人有同样的理由是合理的，而且确实可能。

最有问题的美好生活概念是那些未能将主要价值优先于次要价值观的概念，因此违反了最深刻的传统惯例，我们将在下面看到。然而，个人在从他自己的传统中选择与他的情况或性格有关的价值时，例如由于缺乏知识，也可能做出错误的评估。

---

① [KEK 93，p.19]。

② [KEK 93，p.61]。

③ 这里可以区分发现的背景和理由的背景。

④ 这里“传统”使用复数形式更为现实，特别是在多元社会中；个人对单一传统的固守和忠诚很少见。

我们能否进一步解决惯例和道德传统问题[1]？惯例主导着主要（或已建立）和次要（或变量）值。因此，我们可以区分已建立的惯例和其他可变的惯例。主要惯例保护了对任何美好生活的最低要求，而变量惯例定义了超出此最小值的可用性和限制，因此是可选的。既定公约应该指导我们在追求主要价值观方面的行为，而次要公约（传统）规定了实施主要价值观的可接受手段。但是，由于主要值往往过于笼统和不确定，因此需要通过使用次要值和既定惯例来实现和指定。例如，关于保护概念的情况，这是一个主要价值。但是，某些问题仍未解决，例如，这种保护的程度：它在我们社会或国家边界的限制；它适用于外国成员，甚至是敌人；有关保护的类型；其范围，从专门涵盖暴力到涵盖风险活动和自毁行为；法律、警察、海关、家庭、政治当局、宗教或每个人提供这种保护的手段；以及判断争议的方式。对于凯克斯来说，通过使用次要价值观，惯例和道德传统可以找到所有这些问题的解决方案。

这种微妙的框架使我们能够比社群主义者和自由主义者之间的许多争论更进一步，第一次以社群主义实体的重要性和影响力为中心，其他以个人自治为中心。

然而，凯克斯进一步完善了他的内容。某些次要价值应包括在既定公约的内容中。值得注意的是，这些价值观涉及习俗，规

---

① Kekes 对“惯例”和“传统”这两个术语进行了区分。“[……] 一旦传统得到了一些答案，答案已经被广泛接受，习惯性和代代相传，它们就会体现在各种惯例中”[KEK 93，p.82] 因此可以谈论传统的惯例 [KEK 93，p.80]。后来，他表示“[……] 多元化观点的惯例是，它们是解决传统冲突的最有效手段之一。对于公约来说，制度化对美好生活的普遍观念以及试图实现这些观念的可允许方式”[KEK 93，p.85]。

则制度和组织在特定社会背景下共同生活的个人之间互动的当局。因此，凯克斯引入了一种新的区别，这种区分在与政治自由主义有关的辩论中很重要。与某些次要价值观具有实质性，使初级价值有效的方式相同，其他价值观也是程序性的，因为它们具体表达了个人之间可接受的互动模式。这些程序性的次要价值定义了各种可能性，这些可能性允许和鼓励个人在不同的环境中进行互动，同样地，这种限制超出了限制，在其他方面干涉其他个体的范围在伦理上是不可接受的。法律制度[①]或政治制度，以及表明鼓励、允许、容忍、禁止，令人反感，可耻或不光彩，可以原谅或被排除的理由的公约属于这类程序性次要价值观，并可能因语境而变。不同的重点可能是荣誉、羞耻、厌恶或宽容，部分原因是对这类公约的这些评价。

另一位多元哲学家比丘·帕雷克（Bhiku Parekh）提出了普遍性的主张，给出了这些差异的其他当代例子[②]。对不同传统中的不同问题的重视对于确定其成员的身份起着重要作用。他们的共同身份允许这些成员规范自己的行为，界定对其他成员的行为的合理期望，追踪各个群体之间，“他们”和“我们”之间的区别，并在他们道德态度［KEK 93，p.84］的基本层面上感到安全[③]。

---

① 在这种广泛的接受中，存在混淆法律、道德及伦理的风险。

② 值得注意的是，关于普遍主义多元主义的段落：Parekh［PAR 00，pp.114–141］。帕雷克认为，鉴于历史、传统和道德文化的重大差异，不同社会不可避免地希望以不同的方式解释，优先排序和实施道德价值观，并使用他们自己简单或复杂的道德结构将其与所有必要的调整结合起来。
帕雷克似乎采取与凯克斯相同的立场，尽管他只有一次引用到这位作者的观点。

③ 这是引言中讨论的巴利亚多利德辩论的倒置和更复杂的形式。

总而言之，当已建立的约定很强时，可以说传统是好的，但变量约定更灵活。如果对良好生活的要求得不到充分保护，或者相反，如果将可变公约严格保持到良好生活细节构成正统要素并成为强制性的程度，则传统可能具有破坏性。“当这种情况发生时，除了正统的生活之外，通过抑制美好生活的可能性，传统变得贫穷”①。在这种情况下，多元化将被窒息。

1.4 | 反思和承诺

如果多元主义构成了一元论和相对主义之间的第三种方式，那么价值观的伦理多元主义与价值观的相对主义有什么区别呢？

1.4.1 三种相对主义

与多元主义不同，相对主义以各种方式质疑讨论，辩护和价值批判的可能性。至少有三种不同类型的相对主义：

（1）相对主义：这一立场肯定了所有伦理判断都与伦理的特定概念有关，这种概念在特定的历史、文化和社会条件下出现。

（2）传统主义相对主义：虽然这一立场接受客观和普遍原始价值观和次要价值观之间的区别，但它声称只有次要价值观与特定情境的惯例有关。

（3）透视主义相对主义：接受主要和次要价值观之间的相同区别，但考虑其他价值被认为是次要的是与人的美好生活的概念

---

① 这是Daniel Weinstock提出的一个更详细的案例，他指出同性恋犹太人从他们的正统，非自由社区中退出的权利没有解决。事实上，如果这些社区对多元化更加开放，那将会更好［WEI 05］。正统和自由的敏感性之间的这种讨论，每个群体都认为自己比另一群更忠诚，这种讨论充满了困难，并且在宗教中广泛存在。

有关的。

后两种相对主义的一个捍卫者是罗蒂，他声称“绝对有效性将局限于日常陈词滥调，基本数学真理等等；没有人想争论的那种信念……”［ROR 81，p.47］[①]。可能会反驳说，这些陈词滥调和信仰都与初级价值观有关，这是对任何美好生活的最低要求。

凯克斯还引用沃尔泽作为相对主义者，沃尔泽声称“在所有的道德和物质世界中，没有任何一套主要或基本商品可以想象——或者，任何这样的集合都必须以如此抽象的方式构思，以至于它们没什么用处……”[②]沃尔泽继续考虑富有象征意义的面包案例，它在不同的背景下具有不同的含义：“……基督的身体[③]，安息日的象征，好客的手段……如果面包的宗教用途与其营养用途相冲突……并不清楚哪些应该是主要的。”凯克斯，其中一些人，包括克劳德，认为是一个保守的对象：“营养是一个主要价值，而宗教是次要的……宗教不是所有美好生活概念的最低要求［KEK 93，p.50］[④]。”然而，营养是任何美好生活的条件，并不依赖于背景。

多元主义者不同意传统主义者和激进相对主义者提出的传统

---

① 数学家之间的讨论仍然存在，什么是基本的并不总是最容易的。无论如何，这些事情必须在参与式技术评估和负责任研究与创新中讨论，尽管有这个简易判断。

② 这种批评通常针对道德哲学家。

③ 关于圣体圣事，沃尔泽抛弃了不同的概念、陈述以及面包与耶稣基督之间的关系，它们在教派之间有所不同。同样地，在基督教中，其他两种观点可以整合在一起，邀请忠实的人提供好客以纪念另外两种含义。因此，进一步深入神学问题可以突出某些不一定相关的反对意见。

④ 在这里，拿撒勒人耶稣的门徒被他们的犹太同胞批评为在安息日穿过田地时采摘的麦穗被批评的那一集可以作为论据，或者至少是反思的一点。这一集的结尾是“安息日是为人设立的，人不是为安息日设立的”（详见《圣经》马可福音 2：23–27；马太福音 12：1–8；路加福音 6：1–5）。

特定惯例的概念，在另一传统中使用类似惯例的例子，以便了解它如何能够更好地保护相同的原始价值和更好地保护好生活。这种比较可以基于两种或三种传统进行。“传统因此不必注定正统的延续”[①]。与罗尔斯不同，凯克斯利用综合学说的资源而不是限制和放弃它们。

1.4.2 对各种价值的承诺

现在让我们考虑为响应公约而做出的承诺类型，以及与个人的美好生活观念相关的承诺。在敏感的关系问题以及群体对个人，个人对个人以及社会本体的影响的背景下，这些类型的承诺的问题是有趣的。这些可能从一种类型的参与式技术评估程序到另一种类型[②]不等。承诺对个人和社区之间的关系并非没有影响。考虑到这些因素，凯克斯不能沦为保守派[③]，而他的工作不仅仅基于传统。参与传统的个人可能会模仿其他成员，对新情况做出自发反应，并对其传统规则采取更具反思性、分析性和批判性的立场[④]。它们无法观察应用于辅助值的所有变量约定。此外，个体很少有完整形成的良好生活概念[⑤]，直到变量约定的子集为止。

凯克斯确定了三种类型的承诺，这些承诺决定了个人的价值观以及他们赋予特定价值观的重要性：基本承诺、有条件承诺和

---

① [KEK 93，p.83]。

② 参见 Kahane [KAH 02，pp.251–286] 和 Reber [REB 11b，第 6 章]。

③ 例如，请参阅 Crowder [CRO 02，p.11]。

④ 这可能与一阶和二阶反身性有关，如 Pellé 和 Reber [PEL 16] 所述。

⑤ 在这里，凯克斯的推理遵循与罗尔斯相同的道路，令他非常高兴，但不那么激进。参见罗尔斯 [RAW 03，p.33]。

宽松承诺[①]。第一种类型构成了我们对美好生活概念的基础。当我们违反这些信念时，我们感到羞耻、内疚或懊悔[②]。有条件的承诺涉及与我们的工作相关的日常义务以及我们作为配偶，父母或朋友的角色[③]。宽松的承诺涉及礼貌、欢乐、个人风格等，“形式多于内容”[④]。就我们的美好生活观而言，这些承诺是最明显和最容易观察的。

请注意，凯克斯尊重主要价值观，并认为在程序性次要价值观方面，它对社会生活至关重要。他还承认文明或礼貌是三种承诺形式产生的最明显的方面。

因此，个人遇到的不可通约和不相容的价值之间的冲突主要涉及次要价值，因为传统及其资源应保证主要价值。

这三种承诺有助于我们根据对我们美好生活概念的重要性对价值进行分类。面对价值观之间的冲突，我们可以更准确地想象两种类型的解决方案：

第一个包括优先考虑其价值，实现也允许我们拥有其他同等或更重要的价值；

第二个包括试图找到值之间的平衡。如果值不是完全不兼容且存在泄露可能性[⑤]，则可能出现这种情况。

---

① 克劳德的批评并没有提到这个重要的区别。

② 凯克斯承认并非所有人都有这些基本承诺 [KEK 93，p.87]。

③ 见 Bradley [BRA 27，Essay 5]。

④ 借助休谟和简・奥斯汀，凯克斯在此类别中包括文明。简・奥斯汀在 [AUS 69，第 46 章] 中谈到“文明，生活中较小的责任”。该主题值得讨论 Pharo [PHA 92] 提出的文明概念。

一切都取决于“文明”的含义：礼貌，礼节抑或其他，更重要的是，是否涉及接人待物和社会生活？

在这个问题上，休谟谈到了 [HUM 61，p.209]。

⑤ 然而，在这一点上，凯克斯似乎走向了一元解决方案。

正如约翰·凯克斯提出的，价值观的伦理多元化通常被认为是对这一主题的重大贡献，即使是他的批评者，如克劳德，他基本上不同意凯克斯从其伦理多元主义中得出的政治含义。这将在第 3 章中详细讨论。

这篇文章成功地捍卫了连贯的多元化。但是，除了整个文章中的评论之外，我们还将指出一些限制，我们希望以后能够克服这些限制。

首先，凯克斯的工作没有规定在主要和次要价值之间进行仲裁的精确方法。根据三种类型的承诺，尝试去组织价值观取决于三种类似的粗略的考虑因素：它们对良好生活的重要性（对于一个社区中的可以批评的个人），并承认某些程序性次要价值观是至关重要的，因为他们关心别人的待遇。虽然这些论点通常是明智的，并且让我们远离社群主义者和自由主义者之间的相当讽刺性的争议中，但在评价中甚至缺乏最低限度的规则。

其次，我们不相信伦理多元化应该局限于价值观问题。虽然某些哲学家和社会学家的观点（参见舍勒[①]、内格尔[②]、斯托克[③]、福络[④]、维卡[⑤]）为这些考虑提供了大量空间，但其他人（奥吉安

① [SCH 73]。
② [NAG 79]。
③ [STO 90]。
④ [PHA 04]。
⑤ [VEC 99]。

Ogien[①]）则更加怀疑。在不寻求解决争论的情况下，我们认为在价值观和实践之间，在激励、描述、辩护层面或在伦理理论中的作用之间建立联系仍然是相当大的辩论主题。这将在下一章的道德理论多元化背景下进一步考虑，我们将试图提出一个包括这两种多元主义的总体框架。该框架还将考虑其他实体用于道德评估。每个元素都有自己的优点和缺点，其中一些元素的价值低于价值[②]中固有的元素。

1.5 | 反对一元论：条件性、相容性和价值观的不可通约性

在论证的另一方面，如何将价值观的伦理多元化与价值观的伦理一元论区分开来？再一次，回应在于价值观与其实力之间的关系。道德和非道德价值观之间以及主要价值观和次要价值观之间的区别并不是多元主义者的唯一保留，而是由某些一元论者所共有。然而，多元主义者认为多个值意味着它们的条件性。另一方面，单一主义者认为，有可能建立一个权威的价值体系，其中最高价值取代所有较低价值的合理优先权，按其对该价值的贡献

---

① 见 Ogien，他在［OGI 04］中提出了一个严峻的评估：当然，这不是第一次反对理论在道德哲学中出现（在退去之前，如存在主义的情况下，已经几乎消失了，或者“没有人记得的”有价值的哲学家）。
此外，Ruwen Ogien 不需要将自主性或公正性等价值观作为其最低道德的基础；三个原则就足够了，被认为是“世俗伦理的核心要素”，因为它们在美好生活的概念方面是中性的［OGI 04，p.45］。
如果我们考虑罗尔斯整全性学说的广泛概念，那么“世俗伦理”这个词太模糊，难以讨论。

② 关于价值客观性的辩论摘要，见德沃金［DWO 13］和雷伯［REB 16a］。

顺序进行分类。像凯克斯这样的多元主义者不相信单一权威价值体系的可能性，对他们来说，不可能存在压倒一切或无条件的主导价值或价值观。

有时，施加有限的一组值[①]而不是单个值，其他选项包括价值分类的原则或程序，我们也将在第 2 章中看到。

从这个角度来看，如果仅在以下情况，值可以覆盖并占主导地位：

（1）它是位置最高的值，在发生冲突时优先于其他值；

（2）它是普遍的，因为任何正常的人都会认为它会覆盖任何冲突中的所有其他价值观；

（3）它是永久的（对于任何时间情况）；

（4）它在所有情况下都是不变的；

（5）它或者是绝对的，也就是说，在任何情况下都不应该被违反，或者是表面上的[②]，因此当且仅当这种违反行为被一般的价值要求时，违规行为才是合理的。

凯克斯提到了几个凌驾于价值观之上的例子："为最大多数人提供最大幸福的功利主义理想[③]，康德的绝对律令原则[④]……基本人权契约条款，柏拉图的善的概念，基督徒对遵行上帝旨意的承诺[⑤]，等等。"

---

① 这引发了有关分类方法的问题，以及这种分类是否随时间变化。

② 这个表达来自罗斯，一个多元主义的捍卫者。请注意，凯克斯观念中的多元价值观并非"表面多元主义"。

③ 这只是功利主义的可能形式之一。

④ 请注意，这是以五种明显不同的方式制定的。见 Paton［PAT 47］。

⑤［KEK 93，p.47］。如果我们必须确定我们所指的是哪个神，将会是什么以及神是否是自愿主义者，那么这个选择是值得商榷的。

另一方面，他谈到了价值观的条件性，并且像其他多元主义者一样，认为价值观可能因其互不兼容性和不可通约性而陷入冲突。在我们的日常生活当中，我们经常会遭遇至少涉及两个我们认为都非恶的不同事物的冲突，而我们又不得不从中做出选择。例如，我们不能既选择雄心勃勃地活跃于政治，同时又以置身事外的态度闲散而谦卑地隐居。

当且仅当符合以下条件[①]时，可以认为两个或两个以上的价值观之间相互不可通约：

（1）不存在更高位阶的价值观或价值观集合，例如幸福或柏拉图的“至善”理念，可用于按照其余价值观与之的接近程度，来评估其余价值观。

（2）不存在可用的表述方法和可用的不同价值观的排序方法——例如仅基于满足偏好的次序来排序，能够囊括任何重要方面于其中。

（3）不存在适用于在价值观之间建立某种优先级排序的原则或原则的集合——例如责任，其对于任何合理的事物都是可接受的。

因此，不可通约性排除了根据两个要求订购价值的可能性，这两个要求应该合在一起：第一，基于价值的内在特征进行排序。第二，所有合理的人接受。

那么，在面对价值冲突时，我们应该做些什么呢？大多数多元哲学家都同意承认不相容和不可比较的价值观之间的冲突。伯林、汉普夏、内格尔、罗尔斯和威廉姆斯就属于这种情况。但

---

① Kekes 的名单，[KEK 93，pp.56s] 与 [WIL 81] 给出的相似。

是，对于是否可以解决这些冲突，意见不一。威廉姆斯和伯林倾向于认为解决方案是不可能的。不太引人注目的是，凯克斯和克劳德（Crowder）[1] 坚持认为我们一生都在解决其中一些价值冲突，因此，这些冲突必须是可以解决的。

凯克斯期望的结果是基于我们根据个人对美好生活的概念来评估不可通约和相互冲突的价值观的各自重要性的能力，这些概念是每个人所追求的，并且遵循我们生活的惯例和“道德”[2] 传统。我们以不同的方式参与。他承认“这种解决冲突的方法是一个程序，而不是解决方案”[3]。这对我们的研究构成了重大限制，下一章将详细研究这个问题。

1.6 | 结论：消解价值冲突

在某种程度上，第 1 章开始消除对政治和伦理问题的无可辩驳的分歧，能够引发暴力纠纷和仇恨。《尤西弗罗》中苏格拉底的角色走得太远、太快，或者充其量只是对达成协议的可能性采取悲观态度。我们同意罗尔斯承认由于判断的负担而存在合理的分歧。这些可能与某些类型的多元主义同居。但是，我们还主张继续讨论个人之间的公平合作问题。对“合理”的分析可以基于对个体的自由和平等的考量和判断的负担，由不同的人以不同的方式完成，使用罗尔斯的术语[4] 来说，即由“危险”来推进。我

---

① 尽管他的自由主义，对一系列价值观进行排序。

② 见 Kekes［KEK 89，第 1—5 章］。

③［KEK 89，p.80］。

④［RAW 95a，p.56］。这些所谓“危险”，在风险意义上的特征，将在第 4 章中详细加以描述。

们讨论了五个（或六个，在［RAW 95a］中给出的版本中）分歧点中的每一个，突出了它们的过度或相对主义方面。我们已经证明，这些观点并不一定导致分歧。这个立场不应该作为起点；相反，评估——根据罗尔斯的观点，难以确定，不确定，加权不同，并且受到某些规范性要素的反对——应该详细考虑。在本书中我们将承担举证责任。参与式技术评估是为了应对评估的难度而创建的，并且在这方面由负责任研究与创新继承。在这种情况下，评估可以充分发挥其潜力，尽管这不是参与式技术评估或负责任研究与创新的唯一理由。公平合作仅仅是参与式技术评估或负责任研究与创新可能发挥的所有作用的先决条件[①]。增加判断的负担，其结果被认为是合理的，构成了进一步的步骤，因为参与者可以理解每个人可以用不同的方式评估被判断的方面。

对于罗尔斯来说，问题是“简单”正义。由于参与式技术评估和负责任研究与创新涉及的问题范围很广，判断中合理多元化的概率甚至更高。顺便提一下，请注意负责任研究与创新的支持者和分析者现在开始考虑公平问题[②]。但是，我们认为我们还需要更进一步。以参与式技术评估或负责任研究与创新的“简短”形式，当然可以仅收集由根据旨在确保组中多个的标准选择的个人做出的第一系列判断。在新兴的负责任研究与创新领域开展的许多工作尚未超越利益相关者或次要公民的参与，只是评估这些人的多样性。

在参与式技术评估当中，被挑选出来的民众必定同任意抽取出来的民众存在很强的相似性，包括知情度低、自发反应等，与

① 有关这些角色，请参阅 Reber［REB 11b］及 Pellé 和 Reber［PEL 16］。
② ［PEL 16］。

参与快速访谈的随机公民非常相似[①]。如果是这种情况，那么，为什么我们要让专家参与呢？在我们看来，最有趣的评估更进一步，需要更深入的理解，相互测试来自问题各方面的理由。

选择关注罗尔斯分歧来源的具体道德方面，我们希望进一步研究道德价值问题，它们之间相互关系的某些特征，特别是条件性、不可通约性和产生冲突的能力，以及可能与这些价值观有关的承诺。请注意，作为这一工作领域最重要的贡献者之一的约翰·凯克斯所看到的价值伦理多元主义与价值伦理相对主义之间的区别是基于关系。

关注这种伦理多元化，我们已经考虑了可能的评估和解决冲突的方法，这些方法经常被外部因素（相对主义）所对待，或者完全由于其争议性质而被完全避免。这些方法几乎完全利用价值观和其他要素之间的关系，以及这些价值观可以单独处理的方式，或者使用一元论客观性的形式。很少注意他们的状态（主观/客观），可访问性或潜在的排序（主观/客观）[②]。

虽然在这方面取得了进展，但就冲突的类型而言，情况并非同样如此。凯克斯将他对价值观的多元化[③]局限于非常具体的冲突类型。他专注于一个人的冲突，他们希望同时实现两个或多个不相容和不可比较的价值观，并对这些价值观采取适当的态度。因此，凯克斯不考虑其他可能的冲突类型，这些冲突在参与式技术评估或负责任研究与创新[④]的框架内更为频繁：

① 根据调查问卷的质量，这种肯定可能会因较长的调查或访谈而变得微妙。

② 前面引用的舍勒和德沃金的文献，或者古尔维奇［GUR 49，GUR 61］，提出了反例。

③ 尽管有一些例外，当他谈到主导价值观或价值观时，加上原则。

④ 顺便提一下；这里不可能对每种方法进行详细的处理。

（1）多人之间的冲突，他们想要一些有价值且无法分享的东西，例如，一个有几个潜在接受者的捐赠器官；关于某个问题的不同意见，例如转基因生物的效用；或两个人以不同方式订购相同价值的情况，例如，短期繁荣和持久性；

（2）义务与其他诱惑，可能性之间的冲突；

（3）实现价值的各种可用手段之间的冲突；

（4）某些个人与其机构之间的冲突[①]；

（5）不同步骤之间的冲突会相互抵消。对于存在强烈推定损害的冲突就是这种情况，例如，有两种不同的继承：A. 在第一年播种转基因玉米。B. 在第二年播种转基因玉米之前继续研究一年。

个人冲突很重要，正如我们所看到的，罗尔斯认为它们是最激烈的。如果有多个人发生冲突，会发生什么？从多元化的角度来看，它重视价值观及其关系，范围可能稍微狭窄，选择更容易获得，因为需要融合的领域。具有正当理由义务的集体评估的另一个优点是内部和模糊冲突更加清晰。这并不一定会导致冲突增加。此外，在两种意义上使用合理的特征可能有助于限制由于保持理解的愿望而产生的冲突。我们认为这两种意识，通过评估解释分歧的要求，甚至可能支持合作，这是罗尔斯高度重视的。然而，与罗尔斯不同的是，我们认为判断的负担应该被视为自己。

此外，凯克斯考虑的价值冲突范围有限，例如，排除与分配

---

① Kekes 提到这些类型的冲突是为了排除它们。我们觉得这是值得商榷的。上面介绍的 Kekes 提出的解决方案使我们能够解决其中的一些冲突。此外，为什么要排除类型（3），因为凯克斯将某些程序价值定为“工具”，在这种情况下，讨论的中心是手段？见 [KEK 93，p.204]。

正义有关的案件。然而，在现代的大规模民主国家中，分配困境是一个敏感问题，许多哲学家，包括罗尔斯和经济学家都在考虑提供不同的解决方案。参与式技术评估和负责任研究与创新中遇到的问题仍然比较复杂。

在另一个领域，凯克斯主要关注某些类型的价值冲突，这些冲突在我们生活的过程中几乎不可避免[①]。从这个起点开始，凯克斯逐渐向传统迈进，最后，粗暴地向国家迈进。对于被视为温和保守派的哲学家而言，这种轨迹显然是个人主义的，是自相矛盾的。个人是凯克斯考虑的第一个级别，他认为每个人都应该能够达到个人成就。但是，从个人生活的行为过渡到国家的期望是有问题的，从个人和国家的角度提出了问题。

以个人为出发点，私人道德与公共道德之间的界限需要定义。谁定义了这个限制，通常是移动和临时的？是否有可能想象我们作为个人的选择自由和作为公民的集体自由之间的某种"分工"？在这方面提出的解决方案取决于对政治性质的特定解释。威克斯的观念[②]，由凯克斯引用，提出了私人和公共道德之间的反身平衡[③]。在考虑国家时，凯克斯认为不同的个人身份和传统问题也适用。

此外，像罗尔斯一样，凯克斯将他的示威活动限制在自由

① 将自己限制在用于治疗次要价值观的生活中的单一角色似乎难以置信。首先，角色之间可能存在冲突，其次，某些角色可能会过时。

② [WIL 93，第五章]。

③ 这个解决方案将在一般性结论中进一步讨论，我们将提出我们的反映均衡的解决方案，适用于新的伦理理论，并且还受到 PTA 和 RRI 的困难的启发，以确保一致性。

国家的背景下，一度指定“英语国家”[①]！超越这个相当大的限度，我们想知道为什么凯克斯不会像传统一样对国家提出批评。这种类型的比较通常在欧洲构造的框架内起作用，使用基准程序来比较和评估每个国家针对相同类型的问题建议的解决方案，以便确定最佳选择。

根据罗尔斯的观点，“……合理分歧的根源 ——判断的负担——是在正常的政治过程中正确（和尽责）行使我们的理性和判断力所涉及的许多的危险活动”[②]。罗尔斯后来重新阐述了这一短语，放弃了“危险”，转而选择了“障碍”，障碍显得更加静态，与概率联系更少。我们现在将继续审查这些障碍，这些障碍在不同的情况下可能会有不同的运作（由于不同的“危险”），但在合理的范围内在评估方面受到限制。现在应该正面解决这些负担。

① [KEK 93，p.200]。

② [RAW 95a，pp.55–56]。

第 2 章　居于评估中心的伦理理论的伦理多元主义

在这一章中，我们将更详细地说明“不同种类的规范性考量”，这是罗尔斯模糊地表述他的判断的负担。在前一章中讨论过，这些考量不仅仅是用来谈论和分析道德的价值观，还经常被谈起但却很难定义。伦理评估基于许多其他因素。此外，这些因素可能为尤西弗罗（Euthyphro）提供了补充支持，所以在面对苏格拉底关于美德观念的质疑之前，尤西弗罗不会在伦理领域失去可信度。[①]

我们将从探讨伦理最初的判断问题开始，接着讨论从道德哲学层面尝试理论化的一些切实批评和怀疑主义形式。然后我们将介绍主要的伦理理论。这些伦理理论在实践推理中被用来支持更具普遍形式的多元主义。接下来，我们将尝试概述和强调一种分析方法，即以尽可能最充分的伦理多元主义形式，在正当

---

① Peter Railton，在为他的伦理事实主义辩护时，从信仰问题转向了伦理问题［RAI 06］。

值得注意的是，Railton 所接受的从信仰到道德的转变是有问题的。首先，信仰在科学和伦理学的两个领域以不同的形式存在，尽管这种二分法并不严格；此外，对一个或多个神的信仰也不同于一般的信仰。

的背景下进行伦理评价。这种多元主义适用于参与式技术评估（PTA）、负责任研究与创新（RRI），除此之外，也适用于任何伦理评估。从这些首要的基础出发，作为伦理判断和评价的组成部分，我们将在结论中探讨伦理理论与伦理论证的结合。

2.1 | 日常道德、反理论和怀疑主义

某些哲学体系使用普通个体的语言、信念和行为作为评价、比较，甚至是在一定程度上合理化的基础。用大卫·罗斯爵士（Sir David Ross）的话说，这些方法旨在声明，对于普通人来讲，它们切实地变成了一种“历史悠久的方法”[①]。按照同样的思路，亨利·西奇威克（Henry Sidgwick）认为他对这个问题的处理比许多伦理学家更实际，因为他主要关注的是如何在日常生活的熟悉领域和实际的共同实践[②]中理性地得出结论。为了支持自己的观点，西奇威克引用了休谟的训诫“从对人类生活的谨慎观察中积累我们在这门科学上的实验，并把它们视为是人类在世界的普遍进程中所表现出来的在交往、事务和愉悦中的行为”。叔本华也试图采用这种方法，他反对之前所有试图“发现”道德的尝试，他认为这些都只是“生硬的格言，从这些格言中没有可能轻视现实生活及其喧嚣”。他邀请他的伦理学家同行们“首先看看他们周围的人”[③]。

我们如何解释这些道德哲学家和其他道德哲学家提出的不同

---

① 这将是理解罗尔斯的合理多元主义的一种方式，将判断放入考虑范围内。

② [SIG 74，p.VIII]。

③ [SCH 91，pp.120–122]。

的、不相容的概念的存在，甚至在这种“普通”道德的语境下？一种方法是利用判断的负担，同时从道德转向伦理，或者说，改变层次：从惯例、偏好或个人直觉，即显而易见地要做什么和在哪里做，转向更返向自身的层次，如道德理论的层次。

另一个假设来自罗斯归因于亚里士多德，根据“在所有的主要理论中，多于普通人的意见的理论有很多是真的，甚至即使理论广泛反对每一个来源于部分深刻正确的夸大陈述或是错误陈述的错误对立理论”。[①]

然而，一系列的问题就出现了。首先，要准确地认识什么被夸大了以及夸大到什么程度并不容易。另外通过对人类生活的仔细观察而收集到的趋向于合理化的任何伦理理论和数据，无论是在伦理理论之间还是在任何伦理理论和数据之间，都很难找到分歧的点。接下来，还需要克服一系列其他障碍。问题中的例子是否已经被选为一种“理论”的例子，或者被用来证明这个理论的真实性？对于一般的道德或伦理判断，是什么样的道德概念支撑着这些例子的陈述和被普遍地接受成为支持道德或伦理判断的典型案例？什么构成了道德或伦理的理由？所有这些问题都将我们进一步引向伦理理论的探索。

然而，在道德哲学中，一些人认为在伦理学中建立一个或多个理论是根本不可能的。他们否认有可能在伦理学上获得一种可靠的方法。我们认为，应当区分伦理方法的可能性和相关的论证

---

① [ROS 49，p.2]。

这句话暗示了罗尔斯的“判断的负担”。它确实涉及伦理理论的层次，因此更加抽象，但它使用了对他人立场的讽刺的假设。这一点不应被低估，无论是在参与式技术评估，负责任研究与创新或任何其他研究领域。

层次。例如，图尔明（Toulmin）[①] 等作者在没有参考确证或论证的情况下对方法进行了辩护。

我们现在简要地讨论两位重要的道德哲学家威廉姆斯和史蒂文森。

——一些新亚里士多德哲学家，如伯纳德·威廉姆斯（Bernard williams）[②] 或菲利帕·福特（Philippa Foot）都持有这种观点。对威廉姆斯来说，这个问题本质上与个人必须评估其处境和选择的犹豫不决状态有关。然而，这一理由对参与式技术评估和负责任研究与创新的框架没有影响；在威廉姆斯看来，公共事务中的伦理问题就好像它们受到了特殊对待，没有受到这些批评的影响。

——史蒂文森，从早期开始就强烈反对在辩护的语境下理性地道德讨论的可能性。起初，他希望发展一门关于伦理问题的全面而审慎的科学，"而不是一门表面上完全谨慎的科学"。史蒂文森甚至希望确定并保持"那些似乎得到了充分支持的（而且）能够经得起仔细审查的目标"。他认为，令人遗憾的是，"静态的、非现实的规范［已经被］取代了灵活的、现实的规范"[③]。史蒂文森希望避免以分析的或科学的分离名义对诸如道德关联 [④] 之类的问题进行先验定位。"现在很清楚的是，关于方法选择的整个问题以及可供选择的'可获得的理由'，并不构成对伦理学的一些孤立的划分，也不涉及与这项工作其余部分无关的分析。相反，

---

① ［JON 88］。

② ［WIL 85］。

③ ［STE 44，p.235］。

④ 在这种情况下，原文中可用的"道德"一词可以被"伦理的"所取代。

任何关于使用什么方法的决定，如果它的确定不能提及有效性本身，那么它自己就是一个标准的伦理问题。”[①] 当这个问题用一般的道德术语来表述时，这就变得明显了：对史蒂文森来说，问“我将选择哪种方法？”相当于问“我应该选择什么方法？”他认为，关于这个问题的任何争论都意味着存在不一致的态度。他写道，任何用于支持伦理判断的“方法”（程序、原因、论据）的选择，本身就是一件规范性、伦理性的事情。

矛盾的是，考虑到史蒂文森对伦理学采取科学方法的意图，道德家——或者用更现代的术语来说，道德哲学家——实际上可能被视为一类宣传者[②]；“关于任何发言者认为可能改变态度的任何事实的任何陈述都可能被引为支持或反对道德判断的原因”[引自卡维尔][③]。

作为对史蒂文森论点的回应，在描述非理性的“原因”对伦理结论的影响时，我们可以在他的作品中指出说服和使确信之间模糊的界限。史蒂文森满足于简单的说服，而不是使其确信。

虽然上述的问题很重要，但史蒂文森的问题更关注的是与方法的选择有关的选择，而不是方法本身的可能性。我们认为这种立场构成了一种隐含的一元论形式。在多元伦理理论的情况下，一种有限的多数理论是完全可以接受的。

最近，其他道德哲学家对伦理理论持怀疑态度；例如，乔

① [STE 44，p.158]。

② “[……] 可以平静地说，所有的道德家都是宣传家，或者所有的宣传家都是道德家”[STE 44，p.252]。这种比较有助于突出道德家对他人行为的影响。然而，这种比较在很多层面上都是有问题的。

③ [CAV 96，p.272]。

纳森·丹西（Jonathan Dancy）认为[①]，没有“算法”来决定在现实情况下应该做什么，因为一切都涉及不同的道德和非道德因素[②]；对他来说，我们采取行动的具体情况太复杂，无法通过一般原则的应用来获得解决方案[③]。因此，丹西的立场是基于道德和非道德因素的权衡和一般原则的次要决定。然而，次要决定并不是使这些原则失效的理由。

关于伦理理论的局限性的总结判断也可以在伦理学的实践领域中找到；让·皮埃尔·杜皮（Jean-Pierre Dupuy）和阿列克谢·格林沃尔（Alexei Grinbaum）对一篇关于纳米技术领域预防原则的文章的回应就是一个例子[④]。

面对这些类型的批评，它们无疑是重要的，并且以各种形式呈现在哲学领域内外的许多作者面前，我们可能想知道道德哲学家会如何反应。这个问题甚至可以在完美主义技术的具体案例背景下，即所谓的创新方法的具体案例背景下加以戏剧化，具有高度的科学不确定性，如我们在介绍中所讨论的那些。

简而言之，反理论论点[⑤]的论证强度是存在争议的[⑥]。首先，即使某些哲学家拒绝所有的伦理理论，他们也会花大量的时间来批判这些理论。其次，参与式技术评估和负责任研究与创新的领

---

① [DAN 06]。对于丹西来说，PTA 或 RRI 的目标应该大幅降低。在伦理评估方面，没有什么好说的，也没有什么可分享的。

② 引自 Ogien 和 Tappolet。[OGI 08，p.152]。

③ 这可能一种是对罗尔斯的判断负担 a）和 b）点的附和。

④ [DUP 04]。

⑤ 这些论证的总结见克拉克和辛普森 [CLA 89]；爱德华 [EDW 82]；和兰登 [LOU 90，pp.93–114，LOU 92]。

⑥ 除此之外，我们可以补充一些支持非概念性和特殊的道德知识的论点，我们将在第 5 章看到。

域局限于正当语境，因此不受许多与伦理理论相关的怀疑论立场的批评。

2.2 | 什么是伦理理论？

我们不认为这些观察和它们所强调的困难问题使我们局限于这种立场和反理论的怀疑主义。为了证明这一点，我们将提供一个更清晰的说明，说明我们所说的伦理理论的含义，以及在正当的背景下进行伦理评估时需要考虑的因素和相关选择。我们还将从道德哲学的价值多元化转向伦理理论的多元化。

伦理理论在任何伦理讨论中都至关重要但却很少被研究，这似乎有点自相矛盾。在法国，第一版的《道德哲学辞典》中没有包含“理论”这个词[①]。这些理论并没有得到很好的定义，这些理论的定义不清是它们不断被争议的原因之一。

那么，这些伦理理论是什么呢？我们将以两种方式来回答这个问题：首先识别他们，然后研究它们的组成。

我们将首先考虑这些理论在道德哲学层理中的地位[②]。道德哲学的理论至少有两个层次，我们使用从逻辑实证主义者那里继承来规范理论和元伦理理论之间的区别。第一层是评价性的或说明性的，涉及应该做什么和应该避免什么问题。它涉及的问题包含一些例如我们应该如何生活以及为什么生活。某些哲学家认

---

① 这一词条最终在一篇来自于［OGI 03a，pp.1605–1612］被论述。

② 虽然很少有道德或伦理哲学家讨论过道德理论和这些理论之间的关系，但这些理论是至关重要的，领域的分层或分类受到了相当大的关注，并成为争论的焦点，就像道德和伦理的定义一样。

为，在这个层次上，可以根据“好的”行为，从一个[①]或多个[②]合理的一般原则出发构建一系列命题。由此我们将看到的，在这里操作之间的组合是丰富的，但是有限的。这些主张应该是相互兼容的。

第二层包含元伦理学理论。这些理论涉及伦理学的地位，在某些方面，它们更具有描述性和形式化。例如，这些理论涉及“恶”“善”或“责任”等表达的意义。它们还涵盖概念或问题，还与参与式技术评估或负责任研究与创新相关，例如，在进行道德论证或争论时应该遵守的必要条件，根据真假、好坏、动机能力和道德知识的可及性来评价我们的判断的可能性。例如，元伦理学中的非认知主义理论，包括情绪主义、自然主义或进化论的某些形式以及表达主义[③]，对这最后一点提出了质疑。如果我们遵循这些理论，就不可能使用道德知识。例如，哈贝马斯的主张在大多数关于参与式技术评估或负责任研究与创新的工作中被认为是理所当然的，但却不能使用；哈贝马斯是一个伦理认知主义者，他相信道德知识的可能性。

元伦理学涉及发展其他的领域层面，并可能与其他的学科领域存在联系，如心理学、认识论、形而上学或语言学，从而解决一些问题，例如道德的客观性和伦理评价、道德感的内容和实在、社会习俗的重要性、价值的本体论地位或道德现实主义的可能性[④]。

---

① 就一元论而言。

② 在这个层次上多元主义的可能性被卡根提出［KAG 98，pp.80–81，141–143，294–300］。

③［DAR 92］。

④ 详见 Ogien［OGI 99］和 Reber［REB 16a］。

虽然元伦理学和规范伦理学是截然不同的，但两者之间的界限仍然存在交叉。首先，对多元化伦理理论的思考立即打开了通向元伦理层面的大门，考虑我们能从一个理论中期待获得什么，以及如何比较多个理论。其次，在参与式技术评估或负责任研究与创新的背景下，这两个子领域经常发生融合交叉。伦理判断服从于政治集团的约束和多数相关利益党派制度化或专家，这意味着论证理由常常要同时适用于这两个层次。

另一种更模糊的伦理理论方法如下。规范伦理学理论以"确定的道德责任概念（什么是对的或应该做什么），其被理论化为以下观念：每个人都从公理的集合中选择与'责任'和'权利'这些词语相关联的特定公理——如平凡是福，并给出这一选择的理由"[①]为出发点。

正如我们在第1章看到的，大多数道德多元化是价值观多元化。多元主义在这里也有它的地位，因为许多命题、原则甚至真理和共同的地方已经出现这一倾向。实际上，"当理论的细节被制定出来时，必须做出许多选择，而这不可避免地导致可能的替代观点数量的巨大膨胀"[②]。

因此在一个伦理理论中可能会出现多种原则。托马斯·希尔（Thomas Hill）[③]在康德[④]的多元主义表述中发现了一个极端的版本；康德的哲学通常被认为是一元主义或多元直觉主义[⑤]的一种

① [OGI 08，p.124]。

② [KAG 98，p.300]。

③ 见 [HIL 92，pp.743–762]。

④ 经常作为义务论的参考，被某些作者认为是义务论的绝对版本。见 [HIN 98]。

⑤ 见奥迪 [AUD 04]。这个观点具有开创性，因为直觉主义有时被认为是一种反理论。

形式，例如，罗伯特·奥迪，他甚至发展了一种规范性理论，基于康德的直觉主义价值观使用五种方法进行规范伦理反思[①]。

我们稍后将回到这个观点（第 2.5 和 2.6 节）。就目前而言，我们将仅仅注意到在一个论证中可能涉及不同的规范性要素。因此，价值并不是唯一可能的支持依据。此外，可以考虑一元或多元的观点。最后，规范伦理理论允许我们进行评价，并与相竞争的实例进行比较。多重规范伦理理论的出现有时意味着我们必须向元伦理学的更高层次迈进。

2.3 | 主要伦理理论

矛盾的是，虽然理论在道德哲学中是必不可少的，而且为了道德评估的公共论证，但是它们的内容仍然没有明确的定义。遗憾的是，尽管理论构成了道德哲学讨论和研究的背景，但关于这一主题的文献仍然有限而且发展不足。从社会学的角度来说，伦理需求的增加与伦理理论和方法的文献数量少到放在一起来看是令人吃惊的，尤其是在多元主义和争论的背景中。此外，伦理道德[②]、日常的习俗、偏好或个人直觉是不够的。然而，我们可能会倾向于道德和伦理相对主义，它比我们在政治哲学中所认为的

① [AUD 04 pp.162–165] 和第 3 章。

② 黑格尔所走的复杂路线以及他在道德、主观伦理和客观伦理之间的辩证法，在这里将不涉及。参见 Lenoir [LEN 15] 和 Gianni [GIA 16] 的作品，本系列的其他卷。

虽然没有被公开引用，但黑格尔对罗尔斯哲学的影响是显而易见的；他也没有被引用 [RIC 90，pp.199–278]。然而，黑格尔的影响再一次体现在伦理与政治的清晰结合上。把这两个同时代的人同黑格尔的命题放在一起考虑是很有趣的。

更为广泛，以至于我们怀疑道德和伦理是否能够在政治或民主中得到解决[1]。

实际上，当每个人选择公开地或被阻止公开明确地表达他们在某一问题上的道德立场时，他通常是在不知情的情况下使用不同的策略或辩论方式；这些策略和方式在道德哲学中被认识和讨论，通过不同的组合暗示着构成伦理理论一部分的某些元素。这些理论表明了什么是好的或正确的，以及 / 或其他规范性概念的证明和论证形式。正如我们所看到的，这些因素之间存在竞争矛盾的可能性。

本章早些时候讨论的关于普通人道德的某些问题，这些问题也引起维特根斯坦弟子斯坦利・卡维尔的兴趣[2]。对于卡维尔来说，任何对伦理理论的研究都强调目的论群体和义务论群体之间的划分，前者关注结果，后者关注行动的动机；在第一组中，“善”的概念被认为是基本的，而在第二组中，这个位置被“正义”这个词所占据[3]。

这一现象提供了一个初步的指示，但在包含在这一论证的理论数量方面太有限。在我们的研究领域，参与式技术评估和负责任研究与创新中，为了避免一些反理论的反对意见，我们将把我们的工作限制在论证的领域内。

其他哲学家也同样用了这样比较狭窄的范围来解释伦理理论的数量。鲁文・奥吉安（Ruwen Ogien）和克里斯汀・塔波莱

---

① [REB 08b，pp.267–275]，为了回应温斯托克 [WEI 06b]。

② 关于这个问题，见 [CAV 96 p.371ff]，这表明他用相对怀疑主义理解普通道德的可能性。

③ [CAV 96，p.367]。

（Christine Tappolet）在本章前面已经提到的《伦理的概念》中只包含了三个理论。奥吉安认为只有两种理论是完整的：义务主义和结果主义[①]。

一系列理论的最后一个例子是罗尔斯的理论，他列出了许多综合的道德理论：功利主义、完美主义、直觉主义[②]，而且在自由主义哲学理论的保护伞下，还有“康德和密尔”[③]。

鉴于当前对道德理论子领域的争论，我们认为现有的道德理论更多[④]。广义上讲，这些理论[⑤]包括义务主义、权利伦理、义务伦理、结果主义、功利主义、契约主义、德性伦理[⑥]、道德利己主义、绝对主义、目的论和直觉主义[⑦]。正如我们所见，某些道德哲学家和政治哲学家常常引用三种主要的伦理理论：结果主义（及其子领域，功利主义）、义务主义和美德伦理。

现在我们将介绍道德哲学“市场”中可用的各种伦理理论。

---

① [OGI 04，p.72]。

② 举例详见 [RAW 03，p.14]。

③ [RAW 03，p.33]。功利主义（Sidgwick and Bentham）以及康德和密尔的“道德哲学”在 [RAW 03，pp.168s] 中有详细的论述。

④ 其他作者发现了比上述作者更多的伦理理论，包括 [HIN 98]；参见 Rachels [RAC 06] 和 Kagan [KAG 98] 的参考著作。

⑤ 这一点主要基于 Kagan [KAG 98] 的研究，但也基于 Becker [bec92b，pp.707–719]；Railton [RAI 03]；Hinman [Hin 98]；Rachels [RAC 06]；[BAR]；Hare [HAR 81]。

关于这个主题的唯一一篇是最初用法语写的文章 Ogien [OGI 03a]。

注意，在他的最新作品中，Ruwen Ogien 似乎重新思考了他在前一篇文章中耐心地建立起来的区别。首先，他“并不真正尊重道德哲学的三个分支”之间的区别（规范伦理学、元伦理学和应用伦理学），其次，他“使用各种各样的方法来证明他的观点：逻辑类型参数，引用道德推理的基本原理，分析碎片化的伦理理论、思想实验和现实世界中的实例，等”。详见 Ogien [OGI 07，p.15]。

⑥ 这种方法的某些支持者强烈认为，它不应该被视为一种规范的伦理理论。

⑦ 与德性伦理学一样，直觉主义也可以看作是一种反理论。

从分析的角度来看，如果不深入细节，这些理论可以被广义地定义如下[①]。我们的目标是提供一个更加清晰的视野，同时承认一个事实，即人的整个生命时光都可能被消耗在仅仅捍卫和研究某一种理论及其本质上面。然而，简洁的描述总比忘记这些理论的存在，把它们放在暗处中或者认为它们是隐含的要更好。

义务论，通常被认为是康德伦理学的观点[②]，它认为某些行为在道德上是强制性的或被禁止的，而不考虑其在世界上的后果。某些作者认为义务论是权利伦理学的一种形式。

虽然尤尔根·哈贝马斯不是严格意义上的道德哲学家，而是社会科学哲学家，但他是义务论者，而且被认为是“程序性的”。对哈贝马斯来说，道德规范是以最严格的方式限制施加于个人的限制性原则和义务。义务论的这一理论主张通过实际的断言来进行有效性的评价，并始终反对使用直觉或证据；它认为，只有通过讨论才能达成一项所有人[③]都能承认的普遍准则。

目的论是一种相对简单和非常普遍的理论，它根据所追求的目的或目标（telos）来证明善或正义，尤其是通过欲望。这一伦

---

① 正如我们所看到的，这些理论包含不同的内部概念，因此是多元的。

② 这里显然是高度简化的版本。在这里，我们将撇开长期哲学传统（更早的时间）的作者与当代分析哲学中从他们的思想中提取的元素之间的细微差别不谈。某些分析哲学家，如上文提到的卡根，发现这些年长的作者很难理解。要注意的是，他们的思想不仅是不同语境的产物，而且是对他们以不同方式解释的其他前哲学家的回应。此外，“历史的”哲学家提出的体系往往是复杂的；它们并不总是与自己的系统完全一致。对哲学史的综合研究，对基于其文本的解释的反驳，以及对思想问题的最令人信服的讨论，将是一项引人入胜而且可能富有成果的任务；然而，这本身就构成了一个雄心勃勃的集体研究计划，我们在这里将不讨论。

③ [HAB 90]。值得注意的是，通过使用一种“U”形“桥接原则”，它允许我们在道德论证中达成相互一致的协议，这一方法排除了对论证规则的单一使用。[HAB 90，p.78]。

理理论受到亚里士多德的启发，由于康德形式主义的反驳而受到质疑，这种反驳为出于善意、出于完成义务和出于尊重法律而完成的善行辩护。

结果主义是一种理论，认为在任何公正或良好的选择中，首选的选项应当是产生最佳结果的选项。同时用来定义最佳结果的标准可能会根据什么是好的理论而有所不同。

其中一个标准是效用[①]。在这种情况下，我们谈到功利主义。因为这种伦理理论构成了结果主义的一个分支。它具有主导性，包括个体效用与集体效用、简单效用与优化效用的多重区分。它与更广泛意义上的结果主义同时存在，真实结果与预期结果、积极结果与消极结果，乃至行为结果主义与规则结果主义的问题，以及它们之间的区别[②]。

契约主义与义务论有着密切的联系，它利用了卢梭、洛克和霍布斯所表达的一些政治契约理论。根据这一理论，一个立场是正当的，当它符合理性的个人关于正义的深思熟虑的判断时，那就是合理的。契约主义的一种著名形式是罗尔斯提出的契约主义，在他思想发展的过程中，他一度认为[③]正义和道德都是建立

---

① 这可能是基于快乐、幸福、满足或偏好的概念。杰出的价值哲学家马克斯·舍勒（Max Scheler）强烈反对把效用归为生活中的一种价值。参见 Scheler [SCH 12]。这是对早前一篇文章《怨恨与道德价值判断》（Über ressentiment und moralisches Werturteil）的重写；二者标题中都将“怨恨”一词译成了英语。

② 规则结果主义是一种妥协的立场，认为我们应该符合一组规则的执行行为，鉴于一般符合这些规则将至少有一个结果同样好，这将是获得符合其他的规则集。然而，对于行为结果主义，我们总是应该完成行为，而行为的结果至少会和任何替代行为的结果一样好。

③ David Gauthier [GAU 86] 也做了类似的尝试。虽然罗尔斯非常尊重 Gauthier，但他认为以公平合作的名义从理性中推导出理性在政治上是不可能的。详见 [RAW 95a，pp.51–53]。

在普遍共识的基础上的[①]。正如我们在前一章看到的，罗尔斯后来拒绝为任何特定的道德主义辩护。因此，他的契约主义作为一种伦理理论是不完整的，另一方面，弗里曼也这样认为[②]。

斯坎伦[③]表达了另一种主张伦理地位的契约主义，他将道德定义为“假设共同商议”的结果。根据这一理论，一个行为只有在它被要求或被准则授权的情况下才会发生，而任何具有适当动机的人都不能拒绝这些准则作为普遍的、知情的和非强制的选择的基础。

下面讨论的伦理理论与第一组不同，它们不是很适合处理政治问题。

德性伦理更多地关注人，而不是行为，它不像其他理论那样为行为提供理性的指导。它的目的是识别人类个体中令人钦佩的性情（美德）的道德品质，对思想、情感、欲望和行动的结合持开放态度。在回答“我为什么要做这个或那个”，这一理论所提到的性格特征表达了在一个典型或代表性的方式中存在的行为问题。

道德利己主义接近于德性理论所承认的某种形式的心理现实主义，它认为在特定的情况下，有关各方都应根据最适合自己的利益行事，不应有利他主义的成见。与心理利己主义不同的是，“道德、伦理或规范”利己主义认为个人应该只追求个人利益。道德利己主义假设心理利己主义的概念是错误的。德里克·帕菲

---

① 罗尔斯［RAW 71］后来修改了他的一些立场，特别是在上面引用的作品中表达的这一普遍的道德共识的要求，其中一些是不完整的。参见罗尔斯［RAW 03］。

② ［FRE 03］。

③ ［SCA 82］。

特[①]是这种极端伦理理论的支持者之一，他为规范性利己主义辩护，其依据是心理利己主义往往会产生与预期相反的结果。

直觉主义认为[②]道德是行为本身所能解释的所固有的品质。在《伦理学方法》[③]中，亨利·西奇威克将直觉主义定义为一种理论，认为道德是行为本身的一种特质，通过对行为的简单检查，它就能被识别出来，这种行为应该以绝对的方式，独立于动机和影响。对西奇威克来说，如果我们倾听我们良心的直接回应，我们就可以辨别一个特定的行为是否合乎道德。这样就有可能建立一般的规则，根据这些规则可以表达这种道德直觉，甚至可以更进一步，使用不言而喻的首要原则来推断道德生活的一般规则。

在伦理理论的简要概述中，我们可以看到每个例子的主要特征和关键文本。为了便于比较，评论意见如下。

第一，在论证的语境中，基于伦理理论的多种伦理论证模式是可能的。然而，它们的数量并不是无限的，即使我们包含了每种理论中遇到的所有不同版本。

第二，这些不同的伦理理论并不都处于同一层次，或者更准确地说，它们不涉及道德生活的相同要素。其中一些适用于实质性的伦理判断，而其他一些，如契约主义，则旨在避免这些判断，以便集中于被认为或希望被普遍接受的程序因素。

第三，伦理理论可能有一元主义倾向，甚至有绝对化倾向。

---

① [PAR 86]。

② 当它不是一种激进的反理论形式，抵制任何伦理理论化的尝试，而认为行为的善或正义的评价归根结底是基于我们的直觉，而不是基于知识（道德的非认知主义）。

③ [SID 77]。

我们甚至可以说，任何一种伦理理论的一元论版本，如果不考虑其对立理论所激发的所有其他思考，都将成为一种非常类似于绝对主义伦理的理论。这是道德哲学界最普遍的信仰[①]。他们所选择和捍卫的理论，在他们看来是最好的。当这些理论是绝对主义和一元论的时候，它们支持一个真理或一套道德原则的存在，这些原则是非个人的，既适用于个人，也适用于群体，可以作为决策的基础。因此，专制主义不仅是某些宗教信仰解释的特权，而且在伦理理论中也经常遇到。

第四，我们必须承认，受到不同概念的影响，伦理理论受到争议，因而需要改进。这也缓和了前一点问题。如果这些理论被认为是一组命题，用来表明什么是善，什么是恶，什么是正义，什么是不正义，那么这些命题就被认为是相互兼容的，并从一个原则中派生出来。然而，一个伦理理论可能包含几个原则。"……有许多不同的方法可以发展一种特定的理论。基本理论可以从一个简单的中心思想或基本观点出发：但随着理论的细节被不断展开，必须做出大量选择工作……我认为公平地说，对于任何特定的基本理论，很少有超过数个的不同版本被加以深入探究"[②]。因此，在这里提出的观点使得我们很难抗拒伦理理论的多元化。在我们看来，它比单纯的道德价值多元化更有意义，而且更全面[③]。

---

① 卡根虽然没有明确主张伦理多元化的理论，但却花了好几页的篇幅来研究这些理论。这几页对这种情况的可能性充满了怀疑。见［KAG 98，pp.80–81，141–143，294–300］。

② ［KAG 98，p.300］。

③ 对于这些问题，参见［REB 06e］。

2.4 | 实践理性中的多元主义

除了道德价值和伦理理论外，我们现在还要考虑实际推理或判断的问题。这与大多数伦理理论是一致的。我们将使用罗尔斯在《政治自由主义》中给出的第一版文本，它介绍了判断负担的来源，这是公正中没有讨论的公平。在第一篇文章中，这些来源或原因来自于一段长文章中讲述的差异和互补[①]的合理性[②]。最初，在实际推理问题上，更具体地说，在无目的推理问题上只考虑这第一个方面。然后，在第一部分的结论中，我们将看到理性判断和理性判断的表达方式。

对参与式技术评估和负责任研究与创新分析者来说，实际判断或推理与这些领域的参与者同样重要。任何实际判断的目的都是在可能的情况下评价和衡量符合规则的行为、状态和手段，以便就诸如什么是值得赞扬的、有用的或有价值的作出结论。从而系统地概括实践判断，可以达到伦理理论建构的层次[③]。

进一步深入到实际推理中，我们以另一种方式看到，价值并不是通过手段所涉及和实现的唯一可能的元素。

2.4.1 形式的实践理性

我们将继续在实践推理的层面上追求和捍卫多元主义。用最简单的形式表示，这就是手段和目的之间的关系。我们先从形式

---

① [RAW 95a，p.52]。

② [RAW 95a，第 2 讲的整个第 1 部分内容，pp.48–54]。

③ 这是 Becker 的立场，也是本节的灵感之一。参见 Becker [BEC 92b] 和罗尔斯的 [RAW 95a，p.52]。

的实践推理开始，然后再进行实质的实践推理。

实践推理的形式包含了为达到目的所必需的引用。这可能是基于罗尔斯所说的善的理论[①]。任何伦理价值理论，正义行为或美德都为这种善的资格提供了可能性。这些不同的路径为多元主义提供了第一种可能性，因为对于手段和目的的推理，存在几种不同的目的是可能的。

现在，假定任何实际推理的最终目的是实现一种价值或一种价值类型。让我们认为价值理论是错误的，而且过于局限。因此，我们至少有可能认识到另外两种目的，它们同样是基本的，共同构成实际的判断。

首先，我们存在实际需要的情况，即经济目的的实际推理要素，这些要素在评判中发挥重要作用，而不受价值考虑的影响。这些必需的要素，关于生活、良知或渴望和选择的能力，在任何情况中都是被赋予的。

其次，我们必须承认，为了评价一个对象、实践或人的优点，在其性质或功能中隐含着规范或理想化的概念。

在形式层面上，对于所有的实际推理，我们可以识别出三种截然不同的可能性：一种理论，将价值单独视为目的，具有单一或多元的选择；接受其他要素被接受的理论，如实际需要或卓越的要求；或者任何关于善的理论。

在理性的定义中，罗尔斯也承认理性判断超越了单纯的意义判断的维度。“然而理性的行为人并不局限于手段和目的的推理，因为他们可以通过它们对整个生活计划的重要性，以及这些

① 在 Becker［BEC 92b，p.710］中被提到。

目的之间的相互衔接和补充程度来平衡最终目的"[1]。因此，罗尔斯将实践需要与卓越联系起来，正如本章前面提到的。他指出，这种判断"使我们在正确判断理性方面面临严重困难"[2]。

此外，当手段具有伦理性质时，无目的判断也可能涉及手段的多元性[3]。例如，出于对环境的尊重，我们在巴黎周围不开车，考虑到人们对环境的破坏性后果，为了更积极地对待问题，我们采用了 Velib 自行车共享计划[4]。

一些哲学家局限于确定方法，如亚里士多德，后来被认为属于这一类。杜威等人则更为深入，他们颠倒了这种"手段——目的"关系。手段在首要位置[5]。

因此，至少存在以下四种可能性：（1）一种从始至终的手段。（2）几种从始至终的手段。（3）一种手段代表若干目的。（4）多种手段达到多种目的。

2.4.2 内容的实践理性

在涉及大量实质的实践推理的不同层次上，多元化的情况甚至更多。至少可以在四个方面作出区分。第一个问题涉及目的的多元性及其潜在的冲突。二是目的选择的合理性，涉及自主性、动机性、信仰性、思考性等多种理论。第三个领域与秩序和道德观点有关，而第四个也是最后一个领域涉及概念和基本道德原则。

（1）在实质性的实际判断中，我们必须考虑实质性的目的。

---

① [RAW 95a，pp.50–51]。

② [RAW 95a，p.56]。

③ 这里和 Kekes 在 [KEK 93] 中所讨论的功能价值和次要价值相似。

④ 巴黎版的伦敦"鲍里斯自行车"、纽约的城市自行车以及许多其他类似计划。

⑤ [DEW 67]，特别是关于实践判断的第九章。

相互冲突的结果发生的可能性非常高。伦理价值多元化中的价值冲突问题是这一领域的一个子集。

然而，我们可能提出一种行为的因果理论，声称这些不同的渴求可以被理解为在不同环境中运作的同一过程的产物。这将构成一元论的版本。

（2）其他的理论选择随之出现，涉及理性在各种目的的选择上。这些涉及自主权、动机、思考过程和信念。我们可能想了解的是，在实际推理中，主体的目的在多大程度上独立于环境、结果和其他主体的行为。支持的理论可能是个人主义，如功利主义或理性选择理论。相反地，非个人主义理论反对这个主体的“封装”版本，想象一个环境，在这个环境中，个人通过关系联系在一起，通常是但不完全是在群体中。与动机有关的内在隐含理论可能是单一的，因为实体理性对所有的行为主体都是一样的，而不同的认知发展条件可能会导致不同的结果[①]。除了新古典经济学和理性选择理论外，大多数伦理理论似乎都隐含着这一理论。但是，考虑到我们不可能以非任意的方式对理性动机或信仰的实质概念作出反应，所以我们可以采取一种多元主义的办法。

前两个阶段，目的的选择和理性的内在隐含理论，包含了一元和多元的版本。

（3）在这个层次上，我们考虑是否可能对目标进行排序，从而创建层次结构。为了做到这一点，我们可以采取道德[②]或非道

① 在这一点上，见 Becker [BEC 92b，p.714]。通过这些问题，贝克尔超越了伦理领域的界限，正如我们在元伦理问题的背景下所看到的那样。

② 虽然“道德”一词通常用于这种二分法，但“伦理”一词更符合我们对道德和伦理的区别。

德[1]的立场来组建我们的考量，然后建立一套用于基于案例的推理的原则和准则。这是伦理理论的核心要素，这再次为多元主义提供了可能。

这种伦理立场可以通过多种方式确立。它能是公正的、基于原则的、普遍的仁慈的[2]、理性的利他主义者，或者相反的利己主义者。它可以是复数，但也可以是单一选择的结果，并根据所代表[3]的情况加以证明；整体的，基于一般或特定概念的；或从根本上多元。在最后一种情况下，采用这种观点所做出的任意选择是被承认的。

最后，我们必须考虑某些基本概念和伦理原则的选择[4]。以上提供的道德理论可以被归类使用贝克尔的分类，区分目的论理论（指向价值或后果的一种行为[5]，规则或性格特征追求目的），义务论的理论（有关条件的行为方面的职责，权利或完整性）或美德伦理理论。

第一种类型的多元主义可能存在于这些理论之间；第二种类型的多元主义可能存在于每种理论之中，与每种理论的一元版本并存[6]；第三种多元主义的混合形式从每一种理论中选择重要的

---

① 如经济、法律、政治、美学或心理学的视角。

② 举例见［BAI 58］。

③ 这个解决方案类似于 Kekes 的多元主义，或者是一种透视视角下的相对主义关于主体的观点。

④ 贝克尔和大多数用英语写作的哲学家一样，在这里使用了“道德”一词。

⑤ 在贝克尔看来，结果（目的）主义和美德伦理是目的论的保护伞；然而，后者是第三种可能性。

⑥ 参见 Railton，他提出的中等范围理论源于一元论伦理理论，如功利主义或康德主义。他还认为这两种理论的版本是异端邪说。在此背景下，他提到了罗尔斯和斯坎农的康德主义观点，以及前面提到的多元康德主义版本的希尔。见［HIL 92］或［RAI 03，pp.252ff］。

元素，如结果、要求或美德。

严格地说，要注意这个理论模型只有第四层涉及伦理理论。第二层次更直接地涉及理性和审慎思考的概念。我们将在下一章回到协商问题上来，区别个人协商（伦理）和集体协商（政治）。这种陈述使实践推理与伦理理论相一致。我们将在下一节中考虑这两个领域之间的相互关系。

2.5 | 规范性因素与基础规范性理论的相互作用

考虑到各种各样的伦理推理方法，从实用的基础推理（正式的和实质性的），从不同的角度对待的特点和价值之间的关系，最后在不同的道德理论中考虑其他元素在道德评价需要考虑和讨论以及辩论的风格识别[①]，我们现在必须考虑这些不同的元素之间可能是组合起来的关系。虽然这些要素是复合的，对其内容的解释也存在争议，但它们都在一定程度上涉及伦理理论的发展，且广泛地涉及伦理评价。与普通公民或对伦理推理的微妙之处认识有限的专家一样，哲学家通常只以一种非常片面的方式提及这一问题。这些理论辩护需要重新结合起来，以便在证明方法问题上取得进一步进展。

鉴于这些理论在诸如参与式技术评估和负责任研究与创新等需要论证的背景下所作的宝贵贡献，它们目前的不发达状态是令人遗憾的。这一点在“规范伦理学的元理论层面”尤其正确，引用《道德哲学词典》[②]中，少数几篇提到这一主题的文章之一的

---

① 考虑到伦理理论的一般观点，除了上述引用的例子。

② [OGI 03a，pp.1605–1612]。

作者的话来说。此外，鲁文·奥吉安对“即使是理论化的捍卫者也没有付出更多努力来建立道德观念必须满足的条件，好使其被视为一种理论”[①] 表示惊讶。因为奥吉安、巴伦、皮提特、斯劳特[②]、舍弗勒[③]和哈尔[④]被认为做出了这一理论上的努力，“也许最详尽的”贡献来自谢尔利·卡根[⑤]。卡根发展出了一种观点“决定我们应该如何行动的基本原则……在规范性因素理论中被找到了”，但他明确指出，“不幸的是……我现在必须承认，试图提供任何原则如完整考量的方式，都远远超出了本书的范围”[⑥]。尽管卡根的作品在这一困难且未被充分发掘的领域具有独创性[⑦]，他经常承认他的研究的局限性，尽管如此，这仍然是迄今为止对这一主题最彻底的探索之一。例如，他承认，“很明显，要评估这些不同的主张和反诉，就需要对道德的性质和目的进行更广泛的元伦理学讨论，我们还需要借鉴有关理性本质的持续的哲学争论”[⑧]。

① [OGI 03a，p.1608]。
② [BAR]。
③ [SCH 94]。
④ [HAR 81]。
⑤ [KAG 98]。
⑥ [KAG 98，p.19]。
⑦ 另一个值得探讨的原创观点是作者选择从正文中排除脚注和参考文献。卡根承认，他“在我看来似乎合理的时候，无耻地盗用了洞见和论点”，以至于他再也无法详细描述所有这些观点的灵感来源 [KAG 98，p.11]。然而，卡根确实对每一小节的阅读进行了非常有选择性的陈述 [KAG 98，pp.305–320]。
⑧ [KAG 98，p.195]。其他的提到他的作品的局限性，见第 7–8 页、16、19、153、193、212 页。请注意，卡根也强调了得出道德本质结论的困难。在一些场合，他避免将规范伦理的讨论扩展到元伦理领域，同时他认识到围绕规范伦理问题的问题会直接导致元伦理问题。例如，参见 [KAG 98，p.15]。然而，鲁文·奥吉安毫不犹豫地将其置于元伦理层面。见 Ogien [OGI 03a，p.1608]。

尽管卡根有其局限性，而且他所做的仅仅是“触及皮毛”[①]，但他[②]是唯一对相互对立的伦理理论的因素和基础进行了系统调查的道德哲学家之一[③]。他提出了一系列相关的规范性因素，希望能够成功地“对至少一些最重要的规范性因素做出合理的描述”[④]。

第一部分是对以下因素及相关问题的阐述：善（提升、福祉、总观点、平等、罪责、公平、后果）、恶（义务、阈值、约束、做与允许、故意伤害）、其他约束（撒谎、承诺、特殊义务、约定、对自己的责任）和其他因素（过多要求、选择、权利、交往）。另外次要因素稍后会出现在文本的案例分析部分。

然而，正如卡根解释的那样，因素的问题并不仅限于上面的罗列和描述。首先，它们被列入一系列的规范因素是具有争议的。其次，有时很难就它们的内容和界限达成明确的协议。再次，在一个行为中，很少有一个因素是可操作的或可识别的。因此，我们需要找到一种管理因素之间相互作用的方法。在冲突的情况下，我们需要知道为什么一个因素（或一组因素）应该优先于其他因素以及为什么它会更为相关。我们不仅需要能够证明为什么某一因素在所涉及的情况中更为重要，而且还需要能够证明在所有类似情况中更为重要。“我们仍然需要知道是什么解释了”我们（和直觉）信任的那些规范性因素的相关性[⑤]。“说到底，哪些因素具有真正的道德意义是一回事；说这些因素有什么根据

---

① [KAG 98，p.20]。

② 另外一部更早的作品：多纳根 [DON 70]。

③ [KAG 98，pp.306–307]。

④ [KAG 98，p.19]。

⑤ [KAG 98，p.20]。

或解释这些因素的道德意义完全是另一回事”[1]。规范伦理学的基础[2]使我们能够明确各种因素的轮廓，更重要的是，它们相互作用的方式。卡根并没有将这些基础置于因素之上。他将这些基础视为理论，通过利用基本目的论和道义规范理论之间极不稳定的区别，而卡根本人对这种方法并不满意[3]。

第一种观点认为规范伦理学的根本基础在于“善”或“善”的意义。卡根接着介绍了利己主义、德性理论、行为结果主义和规则等涉及的要素以及它们的内部和外部争论（以及对立理论）。

第二种观点则与第一种本质不同，其区别主要在于对基本目的论规范理论的不足作出了共同判断。此外，义务论的基本规范理论更侧重于这样一个事实：“……在一个我们可以影响他人、他人也可以影响我们的世界中，道德引导着我们的交往。”因此，我们需要的是掌管这种交往的合理原则[4]。这些理论还考虑了与所有人相关的理论，而不仅仅是与特定的个人相关的理论。在这些理论的背景下，卡根继续考量了契约主义、普遍主义、理想观察者、反思、基本多元主义和它们的可能性[5]。

一般来说，一些理论会优先考虑某些因素。然而，在一些情况下，在基本目的论规范理论中经常遇到的某些因素（如“善”）会被基本义务论规范理论更好地辩护。此外，基础理论可能是一元的，优先考虑一个因素。尽管如此，考虑到一系列不同的相互

---

① [KAG 98，p.189]。

② [KAG 98，p.20]。

③ [KAG 98，p.190]。

④ [KAG 98，p.241]。

⑤ 我们认为这三点不仅是义务论基础规范理论所独有的，也是目的论基础规范理论所关注的。

作用因素会使它们通常变得更多元化。

卡根承认，在这两种情况下，他的因素和理论清单都是不完整的[①]。此外，虽然大部分工作涉及因素和理论，但一种新的考虑或“事物类型”[②]出现在几个地方:“道德评价的焦点”[③]。这些包括规则、行为[④]、动机、制度、行为规范、性格特征和美德。同样，这个名单并不详尽，而且就卡根所知，“……从来没有对评价焦点进行过系统的研究”[⑤]。他甚至在书的最后几页补充说，基础理论本身也是如此[⑥]。

其中一些理论可能是一元的，集中于一个焦点，或者是多元的，接受这种类型的几个点。这一新的观点带来了新的可能性，如为评价、因素和基本规范理论选择焦点的一元论，或在另一个极端，因素、焦点甚至基本规范理论的多元化。

卡根承认他的陈述通常是抽象的，但它展示了其所有类型中最全面的例子的优势，更具体地说，它涵盖了伦理评价的因素、基础和焦点的理论。奥吉安在他对卡根的介绍中忽略了最后一点[⑦]，他认为“聚焦只是程序优先考虑的因素”[⑧]。那么，这些元素应该放在哪里呢？我们认为，如果把焦点当作一系列因素中的额外组成部分，卡根区别于其他因素的重要因素就会丧失。除了美

① [KAG 98，p.241]。

② [KAG 98，p.204]。

③ 值得注意的是在 [KAG 98，pp.204，212，272，300]。卡根用了“道德”这个词。我们选择使用“伦理”一词是为了与我们对道德和伦理的区别保持一致。我们认为这是合理的，特别是在理论和证明因素的必要性方面。

④ 这两种焦点可以间接获取规则并直接获取行为。

⑤ [KAG 98，p.300]。

⑥ [KAG 98，pp.298–299]。

⑦ 简单地说。这里的因素简化到了四个。

⑧ [OGI 03a，p.1608]。

德（正面的）是中性的以外，大多数这些焦点都是为评价的目的而选择的。例如，我们可以考虑一种制度或一种性格特征，这些可能会受到不同的、积极的或消极的评价。另一方面，因素已经包括在评价“工具”或方法中，例如，以好处或结果为中心的方法。

我们与奥吉安的文章有分歧的另一点涉及“为了从道德角度评价这一行动，我们当然应该考虑到在这方面有关的所有性质（或方面）”。这一点不仅对伦理理论很重要，对参与式技术评估和负责任研究与创新也很重要，对任何遵循政治哲学所继承的讨论规则的伦理协商也很重要。卡根更喜欢讨论规范性因素之间的相互作用，而规范性因素可能是不同的，卡根用了一个引人入胜的章节来回答这个问题[①]。这一点将在本章的结束语中进一步讨论。

2.6 | 结论：伦理理论语境下的冲突与协商

在本章中，我们论证了在以参与者的多元化为显著特征的辩护情境中，如果不选择以相对主义的方式面对参与者的多元立场，则伦理评估的多元性如何难以避免。同样，我们也讨论了伦理多元化的某些版本，包括那些处于伦理理论层面的版本，而这恰恰是最不常出现的版本。在细化协商评价问题时，特别是通过使用实际推理（形式和实质），这种伦理多元化是必不可少的。这些伦理理论中的多元主义形式与最广泛的伦理多元主义形式并

① [KAG 98，p.177ff]。

存，并被归入伦理价值多元主义的范畴[①]。

因此，我们创建了一种道德选择的映射，用于指导那些必须为自己的选择辩护、可能会与他人分享这些选择的个人进行评估。至少这种映射可以揭示这些伦理选择。如果选择的基础是内隐的，那么伦理理论不仅可以帮助构建定位，而且可以帮助重建活动。连贯的、目的性强的、严格的参与式技术评估或负责任研究与创新的特点之一在于允许这一揭示和辩护过程的发生。在参与者必须证明或修改他们的观点的情况下，解释的要求尤其强烈，如果这些参与者不是利益相关者，而是以他们自己的名义发言的“普通公民”，解释的要求就更加强烈。这个问题超出了我们框架的范围，因为伦理多元化的问题适用于政治哲学，从而适用于改进我们的体制程序的问题。这些要素将在下一章结束时继续讨论。

我们充分意识到了在这个领域当中工作的不完整性，正如卡根所强调的那样，也正是他对道德哲学的当前状况给出了一个具有高度批判性的评价，而与此同时，我们的目的是通过条目列举来归结本章的内容，概述在辩护语境下伦理评价的可能路径。表格中的一些元素是从卡根那里借来的。其他的则被删除、移动[②]和添加[③]，以便试图创建一个更同类的整体。卡根列出的因素有时包括不同的东西。这种情况出现在他第 1 章的因素列表中（“善”的因素），其中一些与实体有关，如善或恶，而另一些则

① 这里提到的多元主义的第一个版本可能比第二个版本更容易与社会理论相结合，后者隐含着难以捍卫的元伦理立场，尤其是在接受或拒绝客观价值概念方面。

② 用斜体和粗体。

③ 用斜体。

与约束（如总观点）或诱导效应（结果）有关。此外，这些因素并不是与善有关的问题所独有的。某些因素很容易与在不同章节中遇到的其他因素并列。卡根的其他因素还包括强度（要求）或选项的资格。

在另一方面，卡根文章中与多元主义和可能性有关的两个部分，与所有理论相关，而不仅仅是与义务论规范理论的基础章节相关。关于相互作用的分章不是一个“附加因素”，而是就任何类型的因素之间的相互作用的类型提出问题。最后一个混淆的领域涉及基本目的论规范理论的规则以及为处理伦理评价焦点而给出的规则。

我们与卡根之间的分歧导致了一个相当大的转变。在我们看来，卡根列出的伦理评估中涉及互动的因素和基础是相关的。然而，正如我们在本章前面所看到的，我们不认为因素或基础可以单独分组。某些基础，如好或美德，在因素列表中占有重要地位。因此，我们在安排方面作了相当大的改变，并进行了一定程度的简化。正如卡根认为的那样，这些基础可能会为各种因素提供一般性的理由。无论如何，正如反基础主义者所主张的那样，他意识到这些都不是必要的，而且这些因素是充分的。我们以因素为出发点，扭转了这一观点。此外，我们用一套用于组织因素的简单规则取代了卡根的“基础”。卡根把伦理理论和用来证明因素的基础放在一起，我们在伦理理论的构成中使用了因素作为要素。这些理论建立在一个因素的基础上，为该因素的优先级辩护，并指导其解释。

以下是我们提出的多层次伦理理论的内容总览，这些理论适用于论证背景下可能的伦理评估路径：

（1）评估实体类型

这些是我们关注的实体或对象（通常是抽象的）的类型，它们作为事实、行为、性格特征、情感、制度、行为规范（个人或集体）、规则和基本理论的事项而被我们有针对性地加以评价。

（2）规范的因素

这些的支持基于以下要素的伦理评价：指向善、正义、平等、公平（促进）或恶（避免）的视角；评估中的乐观或悲观[①]；后果和结果；关于允许和禁止的限制（与伦理一致的权利）；一般义务及合约（与所有人或个人有关[②]）；承诺；原则[③]；规范；价值观[④]和美德[⑤]。

（3）要素解释规则[⑥]

这些是用来证明、概括和解释各种因素，并在发生冲突时加以管理的规则。这些规则有助于维护一个因素的优点、伦理特征及其在更广泛的领域中的定位，例如元伦理、反思，同时指明解释的途径。

卡根和道德哲学没有充分考虑解释的因素，尽管它在这一领

---

① 这两个词是拉丁语中与善和恶有关的最高级。随着时间的推移，这种细微的差别已经消失了，它代表着对事物积极或消极的看法。善的伦理所开辟的道路，即乐观的伦理，或邪恶的伦理（要避免的事情），即悲观的伦理，以极为不同的方式使用。

② 谈到那些与我们有特殊关系的人，指无论是否作为社会的一部分还是由于一个承诺的结果。

③ 例如，同意或尊重；完整的清单可能会很长。

④ 奇怪的是，卡根的深度陈述没有利用价值。

⑤ 我们把美德放在这里，因为它们不是要被评估的实体，正如卡根让我们思考的那样，而是人格特质，或性情，我们应该用积极的眼光来评估。它的消极的形式是恶习。

⑥ 我们对这一点的思考已经发生了变化，因此在这一层面上对 Pelle 使用的术语发生了变化［PEL 16］。

域起着作用。应用伦理学的讨论也是如此。例如，在通常是义务论的生物伦理学中，我们经常被要求解释在特定情况下选择的原则。这种沟通能力被用作一种规则，而不是论证或其他形式的推理。

根据上述内容列举，理论可能是强一元论，捍卫单一因素和单一类型的评价实体；弱一元论者，维护单一因素和几种类型的评价实体；弱多元主义，保护多种因素和单一类型的评价实体；或强多元论，为多种因素和多种类型的评价实体辩护。

在一元论的情况下，对用以拣选单一对象的单一参数（简单一元论）进行评估或拣选具有不同优先级的多个对象的多个参数（复杂一元论）进行评估的拣选规则，有必要加以解释。

在多元化的情况下，有必要解释为什么选择或分类是任意的或可能是不同的（提出反对意见）。

因素之间的冲突可以从个人、非个人或集体的角度来处理。该理论的目的是促进或最大化（或在某一或多个因素上达到卓越）选定的一个或多个因素。类似地，评价可以以不同的方式考虑到实现的可能性。这使我们对实现善与恶的合理性持乐观和悲观的看法[①]，同时对未来的各种承诺持乐观和悲观的看法。评价可包括可选的方面，或相反地，超出责任或义务要求的因素（多余的）。

本文强调伦理理论的伦理多元化所包含的要素。它清楚地展

① 那些从危险（罪恶）方面考虑要避免的因素的人可以被称为“爱好风险者”（或者，对于那些喜欢全希腊版本的人来说，维吉尔·克里斯蒂安·勒努瓦所提出的“爱好”），与采取相反方法的“厌恶风险者”相反。在善的实现方面，可能会发现相同的立场（更少）。

示了在不同元素的选择和互连中可能出现的不同组合。这些理论以规范性因素为依据，通过不同的基础理论遵循不同的相互作用规则，表现出辩护和论证的风格或形式。这些不同的表现方式和辩护方式是通过运用想象和严密思维而发展起来的①，从而使它们能够在道德哲学的辩论中得到辩护。这使它们具有一定的稳定性，此外，某些理论对社会理论的发展做出了巨大的贡献②，甚至更大。此外，这些理论的可能性并不仅仅是抽象的、先验的辩论，而是“按照”论证的实际可能性的“形象”而形成的。

我们对参与式技术评估或负责任研究与创新经验的实证分析表明，所有伦理理论在这些交流中都有部分呈现。结果主义倾向于在这一背景下占据主导地位，它通常受到自然和工程科学研究人员的青睐，这种方法通常与计算兼容。然而，随着流行病学或环境问题涉及某些新技术，结果主义策略不是特别有用，因为参与对这些新产品潜在后果的定义的水平并不精确③。

在拣选评估对象、参数以及理论学说（内部的或外部的）来展开评估时，可能会出现的激烈冲突往往具有争议性。在这里，就像在价值观的伦理多元主义的情况下（第 1 章）一样，一些人认为这些冲突是难以克服的。而另一些人，如卡根，则认为这些冲突能够被加以控制，而且并不多见④，尽管在单一案例情境下可能会出现参数之间的多种不同冲突。同样的控制手段或我们在价值观层面所看到的调整可能存在的关系的手段，在这里都可以

① 坚持不懈地进行课题构成了一生的研究。

② 同样，主要的社会学理论也可以用实体类型、因素类型和基本规范理论来分解阐释。

③ 这与让・皮埃尔・杜佩［DUP 01］对预防原则的批评类似。

④ 举例见［KAG 98，p.180］。

加以运用。我们只需要注意，规范对象的数量要比价值观的数量多得多。

当定义伦理理论时，这种陈述超越了本章开始时提出的理论和真理的等价性。虽然在评估简单案例时，老生常谈可能有用，但在相互竞争的评估上下文中，它们是不够的。

卡根在他的倒数第二部分留下了一个基本多元伦理理论的问题。他探索了许多可能性，从一个平衡所有因素的反基础主义多元主义①，到结合基础理论②的基础主义多元主义。在最后一种情况下，卡根认为，在处理因素之间相互作用的原则时存在“拼凑”的风险③。对于卡根来说，为了被认可，一个基本的多元主义需要能够清楚地表达这些因素。他提出了以下解决方案：当两种理论的组成部分发生冲突时，我们可以利用第三种理论（“交互绝对”的相互作用原理）④。

我们认为这个解决办法属于一元论。卡根因此提出了两种类型的多元主义，一种跨多个层次，另一种只涉及同一层次的组成部分。我们提出了另一种想象多元主义的方式，区分因素和解释规则。提出的这一部分大致重新考虑了三个层次之间的所有组合的可能性。它论证了多元主义方法在评价实体类型、解释理论的因素和规则三个层次的合理性。

此外，它还包括最广泛的伦理多元化形式，即价值多元化。

---

① 一种持怀疑态度的观点，认为对分类中使用的不同因素的权重没有任何解释。在罗尔斯的《判断的困境》一书中也反映了这种不可能的权衡。

② 在我们看来，这构成了一种融合主义。

③ [KAG 98，p.295]。

④ 例如，某些因素来源于自反的方法，而其他因素来源于契约主义，交互作用可以使用理想观察者的概念来管理 [KAG 98，p.296]。

价值观是一种复杂的实体，通常作为道德或伦理评价的标志。本文还探讨了罗尔斯的判断困境，深入探讨了其内容，更准确地界定了其边界，形成了有限形式的多元主义。

我们的演示基于一种非相对主义的方法，它优先考虑与实体相关的规范性属性，无论参与者或分析者是否察觉到这一点，这些属性在评估过程中被评估或包含在评估过程中。

最后，我们看到伦理多元化不仅仅是伦理理论所面临的挑战，也是伦理理论存在的条件，是元伦理学的有益框架[①]。

我们不认为有必要像约翰·凯克斯所主张的那样，将多元主义本身视为一种规范理论[②]。首先，凯克斯的多元主义只是价值论。他忽略了道德生活和伦理评价的其他重要因素。其次，可能会产生一种不一致的理论，这种理论的异质性大于多元性。我们认为多元主义更适合于元伦理层面[③]。因素之间的冲突使我们能够丰富我们的评价，通过利用不同因素的存在或不存在及其比较。"在复杂或有争议的情况下，我们自发的判断和直觉可能会让我们感到不确定和困惑——或者与他人的观点产生严重分歧"[④]，这一点尤其正确。求助于参与式技术评估的重要机制或负责任研究与创新更为庞大的机制的问题往往属于这一类。一种策略是对所涉及的因素进行系统的探索。以伦理多元主义的视角看待这些冲突，能创造出创造思考的空间。尽管困难重重，"……在道德协商中，

---

① [RAI 92]。

② [KEK 93，p.12]。

③ 这种最后的肯定对于 DGM 的雷伯所提出的真实情况下的评价恢复也是可取的，我们强调了某些伦理社会更接近于元伦理而不是规范伦理的事实，并将分析者置于一个关于终止规范性判断的更为合适的位置。

④ [KAG 98，p.19]。

似乎仍有重要的地方需要一个关于规范因素的适当理论”。这可能是个人的问题，但也可能涉及更多地为集体考虑，就像我们在契约主义的例子中所说的那样。但是，我们还需要走得更远，既要考虑相互矛盾的协商问题，也要考虑超越或限制个人协商的优先事项或共同协商形式。在负责任研究与创新领域内已经有相当多的协商利益，尽管目前的办法是模糊的，而且很少利用最近在政治理论方面的工作。同样地，这一理论的第一次整合并没有深入理解协商这一可能由伦理理论指导的活动。

第3章　协商民主导入伦理多元主义

到目前为止，我们集中讨论了个体层面上的协商活动。假设他愿意额外付出时间（因为协商活动从来不可能是自动或自发进行起来的），那么每一个人可能都或多或少开展过以下活动，包括深入探究对各种情况的任何可能性的“描述”，及其有待“论证”的“评估”和“决策”。在协商过程中，这四类复杂的认知活动的边界并不明显，特别是面对带有不确定性的指向未来的活动时。可以加以利用的框架或规范性要素并非总会显而易见。它们可能相继按顺序浮现，可能相互支撑或相互冲突，针对特定问题还可能会以全新的方式发挥作用。对于“深层次的”问题情况尤其如此，这些问题可能会被分解成多个片段，而片段之间又未必存在重叠。那些围绕诸如转基因农业或人体增强技术等主题展开的论争，如果以伦理学视角来看，都显得过于宽泛，无法作为一个整体去处理。方法上可能需要采取多种合理的路径，但不一定相互重叠。正如我们所见，形成这种“根茎”[①] 结构的部分原因是道德理论的多层次性的多元化。那么，我们想知道，这种内

① 在 Deleuze 和 Guattari 提出的意义上；这一术语的主要特点之一是“多重进入点”，见 Deleuze 和 Guattari［DEL 87，pp.5，6–19］。

部的、带有试验性质的协商活动，在融入新的要素及新的内容并重新加以构建，特别是融入负责组织各要素间交互的新规则后，将如何能经得起外部协商的挑战。在本章中，我们将从个体层面的伦理协商（内在的基于思想经验及悬而未决的）过渡到真正意义上的冲突性评估和超越个体层面的协商。这是参与式技术评估（特别是在欧洲[①]）所引入的新元素之一。欧洲相关机构已将利益相关者的参与提升为负责任研究与创新思想理念的“支柱”之一，并确定了兼顾其他协商主体可能面对的风险之必要性。以这一对评估过程的影响为始，接着我们将去考量某些政治哲学家所提供的理论资源，这些政治哲学家被认为提出了实践多元主义的可能的最佳制度，特别是罗尔斯和哈贝马斯做出的贡献。在考察过某些局限性之后，我们将更加密切地去关注作为最受推崇的政治理念之一的标杆：协商民主。我们希望对这一理念的应用，将被证明有助于实现个体层面的评估同集体层面的评估之间的协调。接下来，我们还将思索对这一理念可能存在的一些改进，特别是关于它的一个重要组成部分：辩论——特别要去关注的是伦理辩论。

3.1 | 参与式揭露

用于协助技术评估的参与性方面涉及各种类型的专家，从他们通常的实验室背景出发，与普通公民接触。因此，技术评估（TA）就成为参与式技术评估（PTA）。要求参与科学、技术和社

① 关于从技术评估到参与性技术评估的段落，见雷伯 [REB 11b，Introduction]。

会融合领域的呼声很高。因此，负责任研究与创新的持续呼吁也就不难理解了。在这一领域，更多地提到利益攸关方，而不是公民。这两个集团没有同样的责任，甚至没有同样的能力。显然，普通公民对某一主题的兴趣不同于那些被视为“利害关系方”的人。参与往往获得解决办法的地位。然而，它尚未履行其所有的承诺，并提出了新的问题。

这一概念似乎不仅在技术评估领域具有开创性，而且在民主领域也具有开创性。除了预期的目的，这些讨论空间代表了一种罕见的“社会政治实验室”形式[①]。以相对模糊的语言表达的参与似乎过于轻率地被接受[②]。这一概念与程序的选择及其实际执行、评价之间的结合，迅速突出了某些困难，这些困难也许在一开始就被对该术语包含的次要意图所掩盖。考虑到程序的构成可能有许多不同之处，表明参与的愿望可能有各种各样的形式，这取决于所选择的程序类型。基于对参与的唯一考虑，这似乎对参与式技术评估和负责任研究与创新中涉及的各个组成部分提出的要求很少，很难确定什么构成“好的辩论”。这个问题在文献《转基因民主：争议性技术的社会伦理学》（*La démocratie génétiquement modifiée. Sociologies éthiques des technologies controversées*）中以不同参与式评估之间的比较研究为背景被

① 一些人对这些程序的局限性及其“老大哥”（指操控别人的人、政府或组织）方面感到遗憾，将其与真人秀节目相比较，在真人秀节目中，每个人都被迫在电视摄像机的不断监视下学会一起生活。

② 关于这个术语的不精确性，与参与式技术评估和负责任研究与创新领域的协商相关，有时会混淆，请参见布维耶（Bouvier）文献［BOU 07］；本文深入探讨，但仅限于法国的经验。
从国际角度看，参见雷伯文献［REB 07］；［REB 05 b］；参见佩尔与雷伯文献［PEL 16］。

加以讨论，背景具体还包括至少 30 次对参与式技术评估进行评估的实验尝试，实验中完全真实的公众群体对具体措施进行了讨论[1]。

当在个体层面评价中增加参与性要求时，两个困难立即显现出来。

第一个困难在于缺乏一条精确的“路线”可循。我们希望从这一变化中得到什么？有些人可能希望将参与扩大到更多的个人[2]、有关各方、认识团体和道德团体，将可能受到已经作出或将要作出的决定影响的公众也包括在内，并减少权力的不对称性质，或让更多的人参与决定。虽然接受和促进参与是为了提供咨询和评估，但有关参与目的本身的其他问题仍未得到解答。这个词的定义肯定太差，不能真正说明应该如何进行“参与性”进程。它可能有太多不同的用途，从简单地提供信息（精确程度不同）到被动的公众，再到创造和分配大量参与性预算，巴西阿雷格里港就是一个例子。

第二个困难是，我们到目前为止所遇到并已证明需要协商的问题，现在很容易受到不稳定、干扰、崩溃甚至窒息的影响。我们需要考虑一个公民、利益相关方甚至是专家，面对越来越多来自日益多样化的公众的越来越多的参与者，如何进行自己的协商，并可能与其他同时进行协商的人分享这种协商。虽然避免混淆协商和参与是很重要的，但也必须认识到，协商和参与可能会适得其反，而且难以与某些方式一起使用。

---

① [ROW 04，pp.512–556]，见雷伯文献 [REB 11b]。

② 例如，在生物伦理公民代表大会（Etats Généraux de la Bioéthique）中经常提到的一个说法是：“我们不希望辩论被‘没收’，并将公民排除在外。”

参与式技术评估和负责任研究与创新的某些分析人员和实践者试图通过使用通常取自政治哲学领域的某些规范性理论来具体说明这类评价的制约因素。请注意，当我们考虑使用[①]这些理论的辩论类型时，这些理论常常被简化、“净化”，甚至被误导。在程序正义规范框架的启发下，某些分析师（如乔斯和布朗利[②]）合法和积极地使用了这种理论借用。这些作者建议使用参与式技术评估的质量标准，其目的是建立对不同参与者的不同观点的独到理解。这一标准旨在突出“社会观点和价值立场的多元性”[③]。然而，它们认识到很难完全遵守这一标准。

继续使用这个例子，程序正义的资源必须与相互竞争的理论相抗衡。正如乔斯和布朗利所观察到的那样，程序正义除了有限地纳入参与式技术评估之外，似乎反映出在处理多元主义和社会复杂性等最困难和最关键的问题方面能力不足。他们提倡的程序主义的类型可以说是有条件的，因为它支持实现一个实质性目的：一项决定的合法性。但是，它缺乏资源来对反对者的言论作出反应，例如，反对者声称一项决定的不公正比合法性的增加可能带来的后果更为严重。

在本章中，我们将考虑政治哲学家提出的解决办法，看看它们是否能更好地解决这些困难。

---

① 请参见雷伯文献［REB 05b］。一个例子是克卢弗（Klüver）使用哈贝马斯的讨论伦理学，他吸收了这种工具理性的方法，这是哈贝马斯特别希望避免的。

② ［JOS 99］。

③ ［JOS 99，p.328］。

3.2 | 罗尔斯和哈贝马斯：协商中的对立

承认在参与式技术评估和负责任研究与创新背景下讨论的问题是政治性的，我们不妨根据罗尔斯和哈贝马斯的工作考虑占主导地位的政治理论或哲学。两位哲学家都致力于将伦理问题重新整合到政治领域，但方式不同，正如我们将看到的那样。这是幸运的，因为我们现在关心的是政治背景下的道德评价和协商。这些要素受制于政治和法律哲学家自愿提供的约束。现在让我们协商罗尔斯和哈贝马斯关于这一问题的建议。他们的意见并不像我们从赞成协商的人对他们的工作所作的多次提及中所认为的那样相似。

罗尔斯在其作品的第二版中，曾考虑过多元主义[①]的问题，他对这个问题的回应是使用人工制品，尤其是在合理的综合理论[②]之间的重叠共识的理论。因此，他在处理复杂的正义问题，特别是在经济学方面所作的贡献，与参与式技术评估有关，甚至在某些情况下与区域研究所有关，例如处理乌尔里希·贝克（Ulrich Beck）[③]所提出的关于尽可能公平地分配风险的问题，使同样的人口不总是受到风险的影响。

3.2.1 罗尔斯：规约伦理

在对民主、协商和正义问题的思考中，罗尔斯经常被称为政

① 罗尔斯承认，他在 1980 年以后的工作使他重新考虑了他的正义论；他认为，关于稳定的一节是“不现实的”，正是因为有许多合理但不相容的学说［RAW 95a，pp.4–5，168–169］。

② ［RAW 95a，特别参见第 4 章，pp.132–172］。

③ ［BEC 92a］。

治哲学家，甚至是伦理哲学家，因此，在参与式技术评估或负责任研究与创新的语境中，罗尔斯也可能被称为伦理哲学家。然而，我们在他的建议中发现了两个重大弱点。

首先，罗尔斯对"合理"的限制性定义和政治领域的局限性可能会排除参与式技术评估和负责任研究与创新背景下提出的问题。罗尔斯理论中的稳定约束造成了基本政治问题领域（其概念必须被广泛理解并为所有人所接受）和政治概念（由各种综合理论所支持）之间的分离[①]。因此，政治领域内这两个领域之间的联系是可变的，从综合理论的后果或延续到通过近似的对立。他运用合理道德理论的重叠共识理论来思考对立问题，这将危及他的政治理念，希望这些因素能够形成持久的多数。例如，罗尔斯避免直接的方法，"试图绕过宗教和哲学中最深刻的争议"[②]。

在参与式技术评估或负责任研究与创新框架内出现的争议，正是为了指导或处理这些辩论而设计的，不会比全面的理论得到更好的处理。根据罗尔斯的定义，某些评估师或分析人员可能会认为参与式技术评估或负责任研究与创新所涉及的问题并不是政治性的，因此并不涉及所有人。罗尔斯的方法在这种情况下不需要理由，这些问题在政治领域也没有发言权。因此，这种方法限制了多元主义[③]。

例如，罗尔斯的方法与约翰·杜威（John Dewey）所采取的立场之间的对抗，引发了有关概念的问题，这些概念涉及私人与

① 见罗尔斯文献［RAW 95a，pp.126，150］；［RAW 95b，pp.137，146］及哈贝马斯文献［HAB 11，pp.39，147–149］。

② ［RAW 95a，p.152］。

③ 道德哲学中的某些作家比罗尔斯走得更远。例如，Ruwen Ogien 对另一个与色情有关的问题也是如此，他认为色情既不是道德问题，也不是政治问题［OGI 03b］。

公共或政治领域之间的先验分离。杜威的目标是获得一种“公共存在，在控制影响人们的后果方面有共同的利益”，这将对他们造成损害。建立这种公共关系所涉及的一个阶段涉及追踪由个人判断的事务与那些受制于政治决定的事务之间的这一界线[①]。

第二，正如我们所看到的，罗尔斯在他的政治自由主义中回避道德和伦理问题。他避免或接近一系列广泛的考虑因素，从公平合作的广泛政治原则到准确的道德评价。正如我们在第 1 章中看到的，罗尔斯列出了一份著名的“判断的负担”清单，他认为在一个自由和平等的个人之间进行公平合作的社会中，这些负担是不可能解决的，而他的读者则处于中立的状态。

为了公平起见，请注意，除了重叠共识之外，罗尔斯还提出了另一种众所周知的处理道德评价的方法。这种方法在普遍性的多个不同层面将我们的共识囊括进罗尔斯所谓**反思的平衡**，这种反思的平衡在一个个体的不同程度的直觉之间展开，从该个体认为可信的最具体的原理到哲学命题，从抽象的原则到具体的判断[②]。请注意，就像在整全性学说的情况下，罗尔斯包括许多考虑因素，可能涉及道德判断。虽然这种方法是上诉性的，但为了实际判断的目的，它没有得到充分的界定。然而，这一建议将在这一卷的结论中得到进一步协商和扩展，罗尔斯的反思平衡实际上已接近协商阶段。

基于这两种限制，请注意，应该区分用于支持或反对合理公

---

① [DEW 27，p.126]。这一主题经常出现在他关于民主的文本中。在比较这些作者时，我们还应该区分他们隐含的社会本体论，即描述个体主体和社会群体之间的构成关系。

② [RAW 03，pp.26–31，66–72，134–136]。 这个问题将在结论中进行更深入的讨论。

共领域的综合理论与使用相同理论在伦理领域可以进行评估的理论之间的分歧。罗尔斯所考虑的伦理方面，是相对基础的，是与政治相融合的，主要关注的是公平、平等的合作问题。虽然我们同意，一个具体的全面的学说不能为制度结构提供足够的基础——尽管对罗尔斯来说，它们是宪法秩序的一部分——但我们不认为在实际的实质性判决的背景下，排除它们是合理的。将这个问题转移到参与式技术评估和负责任研究与创新的背景下，我们需要考虑程序的制度设计和辩论的计划执行之间的联系[①]。

3.2.2 哈贝马斯：对未定义的论证的依赖

现在让我们考虑哈贝马斯。作为一个新康德主义者，他唯一的预设来自公共领域。与罗尔斯最初的无知和宽容立场相反，哈贝马斯创造了一个空间，允许在讨论不受任何限制的情况下发展批评和有效承认，而不会对讨论造成损失。在这一点上，哈贝马斯克服了我们观察到的限制之一，即罗尔斯由于其特殊的特点拒绝让全面的道德强加于他人，同时利用这些道德来支持他的政治观念。我们可能希望在哈贝马斯的工作中找到更多的“可操作的”资源，特别是从他的辩论主义时期。罗尔斯仍然不信服，批评“哈贝马斯对理想话语中推理和论证过程的描述也是不完整的。目前尚不清楚可以采用何种形式的辩论，但这些形式的辩论是决定结果的重要因素”[②]。

在参与式技术评估或负责任研究与创新开发框架中，在可用

---

① 在次要评估分析中遇到这种困难，这是第一种情况的优先次序。在 Reber［REB 11b］中，我们试图创建两种类型的分析，一种是在程序层面，另一种是在语言交换层面。

②［RAW 95b，p.177］。

性方面的限制可以在这两种方法中找到。

首先，关于确定真实讨论的具体分析，由于受到社会语言学方法论上的重大困难的困扰，很少受到哈贝马斯的关注，罗尔斯的关注更少①。

其次，他们在社会、制度和政治理论方面的一般起点肯定有在为参与式技术评估或负责任研究与创新制定程序和规则时有所贡献的要素；然而，这些“社会和政治实验”还需要使用方法论，这些方法论利用伦理理论来制定和澄清其道德形式的分歧。

再次，在前文的基础上，我们注意到罗尔斯和哈贝马斯在伦理理论领域的立场是不同的。罗尔斯的方法主要建立在道德直觉的基础上，而哈贝马斯则表现出一种道德认知主义的形式，其目的是找出一种道德原因，并将其置于一切之上。根据前一章给出的关键伦理理论，罗尔斯可以说是契约主义者，而哈贝马斯则采用义务论的方法。

最后，罗尔斯考虑结构。对他来说，协商过程是假设性的②。他在“正义论”中没有提到深思熟虑。然而，在政治自由主义中，他考虑了协商民主的各个方面；有关工作的主要目的是考虑到合理多元化的事实。罗尔斯认为，他以普通公民在公民社会中的原始地位为表现形式的分析工具，以及作为一个无穷点的反思平衡的运用，不同于哈贝马斯提出的以理想的言语交际情境为基

① 有关允许这类分析的方法，请参见 Reber [REB 11b]，特别是在导言中以及 Habermas 拒绝的程序 [HAB 84]。在这部重要的著作中，作者提出了一种与语言交流分析大不相同的社会理论。

② 更准确地说，罗尔斯考虑了个体理性生活项目的一般结构，“考虑了关于人类心理和社会制度运作的一般事实” [RAW 95a，p.310]。

础的分析工具[1]。

我们可能想知道，如果罗尔斯和哈贝马斯的工作远远超出了参与式技术评估或负责任研究与创新的研究范围，特别是当这似乎适得其反时，他们为什么会受到如此多的关注。事实上，罗尔斯感兴趣的领域仅限于司法问题，而且，正如我们所看到的，他并不考虑与环境有关的问题。在“在事实和规范之间”中，哈贝马斯对理性的伦理辩护表现出一定的怀疑，在他看来，这是法律的天职[2]，“[……]它可以抵消主要作为知识存在的道德的弱点”。对于哈贝马斯来说，主体“在道德话语中享有的交流自由只能在解释之争中产生错误的洞察力”[3]。他声称，“在复杂问题中的理由和应用问题往往使个人的分析能力负担过重”。继哈贝马斯之后，很难看出个人如何能够在参与式技术评估甚至负责任研究与创新的背景下进行道德和伦理评价；他认为法律（或其与道德的互补）是“通过减轻个人形成自己的道德判断的认知负担”的一种来源。

罗尔斯和哈贝马斯除了承认他们的创造性和作品的开创性（这些作品已被广泛分析和批评）外，还经常被用来作为使参与式技术评估和负责任研究与创新类型程序合法化的参考。组织者甚至研究人员经常把这些哲学家称为权威的来源。然而，仔细阅读他们的长而复杂的文本就会发现上面讨论的问题、障碍和缺位。本章所指出的局限性很少在参与式技术评估和负责任研究与

---

① [RAW 95b，pp.131–140，142ff]。

② 还请参阅下面的摘录，这显然是黑格尔欠下的债：“判断和按道德行事的人必须独立地运用这一道德知识，吸收它，并将其付诸实践。她受到前所未有的a）认知、b）激励和c）组织要求的约束，作为法律主体的人从这些要求中解脱出来。”

③ [HAB 15，pp.113ff]。

创新领域进行讨论。然而，罗尔斯和哈贝马斯的文本在真正的参与式技术评估和负责任研究与创新程序的背景下，特别是在设计阶段，在为制度选择辩护时，有其自身的地位。为了使这些程序取得成功，我们必须求助于公平合作和定界规则。

因此，我们必须在其他地方寻找能够处理不那么抽象的协商并将实际的判断、评价和深入、详细的协商结合起来的民主理论。协商民主理论是目前比较流行的一种可能的解决办法。再一次，就像参与式技术评估的情况一样，罗尔斯和哈贝马斯被多次引用。在参与式技术评估和负责任研究与创新的案例中，他们似乎被用作“担保人”，而不是协商程序的领导者。仔细阅读就会发现罗尔斯和哈贝马斯在这个问题上没什么可说的。此外，正如我们所看到的，他们的方法是非常不同的。哈贝马斯的《在事实与规范之间》中关于协商民主的章节，在很大程度上是基于其他作者的著作，很少有补充。作者较早的一篇文章“关于哲学辩护程序的说明”经常被引用[①]，然而，哈贝马斯似乎放弃了在这一点上的任何努力。无论如何，这一主题没有在《在事实与规范之间》一书中进一步发展。

虽然罗尔斯主张在政治自由主义中为协商民主做出贡献，但他的理念非常有限，仅适用于基本结构。

我们的意图是在一个比罗尔斯所界定的范围更广的背景下考虑道德问题，以其自身的权利来对待这个问题，这是欧洲委员会[②]提出的第五“支柱”所包含的参与式技术评估和负责任研究与创新的隐含要求。但在此之前，我们将更详细地探讨协商民主

① [HAB 90，pp.43–115]。
② 本系列中关于 RRI 的几个工作涉及这个维度。

的资源。这一次，亚测定的问题仍然是显而易见的，就像罗尔斯对哈贝马斯的批判一样（第 3.4 节）。

3.3 | 民主协商

这一表述可以追溯到本章所依据的问题，即在受讨论规则约束的辩论中进行集体协商的可能性。在协商民主理论的背景下，协商似乎是在政治层面上考虑的。适用于有限公共背景下的辩论，它现在扩展到一系列复杂的实体和系统[①]。考虑到与协商本身相关的某些理论问题尚未得到解决，这种模糊系统的跳跃，包括各种情景和协商空间，可能看起来令人惊讶。

应当指出，协商民主是集体政治辩论的一部分，不是从个人层面延伸到集体层面的概念。然而，这是我们将遵循的路径。协商民主的规范性理论资源[②]，如前面提到的程序正义，可以为澄清和对抗政治和伦理上的分歧提供适当的框架，就像在参与式技术评估和负责任研究与创新的范围内那样。该框架提供了一种可行的管理方法，虽然它可能不能使我们克服分歧，但它可能有助于维持合作关系，使“协商性分歧”[③]得以建立，以便在不损害每个人的观点的情况下容纳“对手”所持有的最大数量的道德信

① 关于这一理论的辩论的最新发展之一是协商制度的概念。参见 Parkinson [PAR 12]。有关这一理论演变的介绍，见 Dryzek [DRY 10]。

② 除了关于这一主题的大量英文出版物外，法文著作还包括 [LEY 02]；[REB 11a，pp.219–303]；[REB 12]；[DUH 01]。协商民主的创始文本被广泛认为是 Joshua Cohen [COH 89]。这个规范理论的许多版本已经被提出，并且它仍然是激烈辩论的主题。

③ 请参见 Gutmann [GUT 96]；[GUT 00]。

念。这种方法可以说是深思熟虑的。

协商民主的政治理论，或者更广泛地说，协商在政治活动中的重要作用，近年来日益被广泛接受[①]。连奥巴马总统也谈到了协商民主[②]：

> 我们的宪法框架所能做的，就是将我们就我们的未来进行辩论的方法路径有效地组织起来。其所精密构建的全部机制——包括其使权力同对权力的监督与制衡相分离、联邦制原则和人权法案，都旨在促使我们进行对话，即“协商民主”，在其中所有公民都需要参与一种测试过程，测试他们对外部现实的反对意见，并对他们的其他观点进行规劝，以建立不断变化的一致联盟。

这一理论被认为具有广泛的好处，包括处理多元主义和社会复杂性的限制的能力，以及管理（如果不是解决）由于我们社会中所表达的利益、身份和概念的多元性而产生的冲突的可能性。与其他政治理论一样，协商民主被许多哲学家认为是既尊重多元主义又尊重稳定的最合适的方式，在更广泛的哲学传统中，协商民主往往是对立的因素。多元主义只是在最近才发挥了核心和宝贵的作用。

协商民主理论反对以讨价还价或偏好聚集为核心的民主概

---

① 例如，cf. [CHA 03]，它强调了研究的范围和多样性以及解释性辩论的水平。参见 Bohman [BOH 97]。

② [OBA 06，p. 92]。书名的灵感来自牧师耶利米·赖特（Jeremiah Wright），他本人的灵感来自乔治·弗雷德里克·沃茨（George Frederic Watts）的象征性画作《希望》（Hope）。

念。它促进了对公民和政治社会的更雄心勃勃的概念。公民被赋予一种能力，即通过公共协商，共同考虑和拟订在每一情况下可能采取的共同利益的形式，这种公共协商可以是真实的，也可以是虚拟的，将共同利益的概念同正当理由和合法性结合起来。因此，协商民主不同于大多数政治行为方式，后者可能限于对公民的偏好的处理。

这一理论无论是在理论上还是在实际实施方面都引起了一些争论[①]。这些辩论涉及的主题包括：协商的评价、自由与机会之间的优先概念、互惠问题、决策的公共性质、选定的目标以及对参与者相互尊重的积极或消极贡献。显然，这一理论也受到了诸如杨（Young）、桑德斯（Sanders）、豪普特曼（Hauptmann）、巴苏（Basu）、桑斯坦（Sunstein）、夏皮罗（Shapiro）和穆夫（Mouffe）[②]等作家的普遍和部分批评。同样，它也不能幸免于争议，其定义有许多不同的方式。

现在，让我们从高度制度化的角度来考虑协商民主。在这方面，该理论被认为包含一套确定公平合作条件的原则。基本原则是，相关的个人有共同的责任提供理由、主张或法律，供整个群体集体采纳。从协商民主的角度评价参与式技术评估和负责任研究与创新程序的最低标准包括**互惠性**、**公开性**和**可归责性**。互惠性意味着公民或参与者有共同的责任为规则、制度、法律和公共政策辩护，使群体集体参与到其他参与者中。它的目的是找到基

① 虽然对这一理论缺乏实证分析是令人遗憾的，但近年来已经发表了大量使用各种方法的工作。然而，在理论和方法两级仍有许多工作要做，特别是在改进协商和辩论的准则方面。

② [YOU 01]; [SAN 97]; [HAU 01]; [BAS 99]; [SUN 97]; [SUN 02]; [SHA 99]; [MOU 99]。

于对其他人来说是合理的原则的协议，朝着合理协议的相同目标努力。公共性原则要求理由必须公开，保证相互证明。可归咎原则要求那些以他人的名义作出决定的人（例如国家代理人）对这些其他个人负责，这些人使整个社会群体参与其中。

尽管对协商民主存在争议，但在哲学和政治科学上都进行了有价值的工作，通过对协商质量的分析，在理论的实证检验方面取得了重大进展。这项工作始于对议会政治空间的研究。例如，一个政治观察员小组[①]创建了一个协商质量指数（DQI），该指数在他们的学科范围内足够强大。为此，他们首先对该理论的一般标准进行了更深入的规定和确定，旨在提供最大限度的概念澄清。经过考虑，他们选择了钱伯斯（Chambers）在一篇概述文章中给出的定义："[……] 协商是一种辩论和讨论，目的是产生**合理的、知情的意见**[②]，参与者愿意根据讨论、新信息和其他参与者的主张修改他们的偏好。"[③]

请注意，这一理论特别强调信息和个人修改其立场的意愿。虽然第一个因素是参与式技术评估和负责任研究与创新的核心，但第二个因素，基于目标和所涉及的人员类型，很少受到尊重。公民与团体和利益中心的联系越紧密，他们的处境就会越接近政治家和民选官员，他们就越不愿意改变自己的立场。公民与利益相关方在参与负责任研究与创新方面存在显著差异；正如我们可能预期的那样，后者不太可能尊重第二个因素。

钱伯斯强调了这样一个事实，即协商一致并不是协商的目

---

① [STE 04]. 有关关键的部分，请参见 Reber [REB 06c]。

② 斜体字部分，这些条款很重要，稍后将更详细地加以考虑。

③ [CHA 03，p.309]。

标，各方应该捍卫自己的利益。因此，参与者对结果感兴趣这一事实不是问题。但是，在协商的范围内，我们需要找到一种方法，确保所有人都承认利益，并确保受决定影响的人理解这些利益的理由。尤尔格·施泰纳（Jürg Steiner）的团队用一种有六个不同标准的类型学勾勒出协商民主的轮廓①。这可以总结如下：

（1）论点必须以“公共利益”②的方式表达。因此，需要具备某些素质，包括同情或团结他人的福祉，无论是参与者还是进程外部的人。如果一个人希望捍卫自己的利益，他或她必须能够证明这些利益与共同利益和对共同利益的兼容性和贡献。

（2）参与者必须以真实的方式表达自己的观点。

（3）参与者必须认真和真实地听取他人的论点，并以真正的尊重对待这些论点。

（4）有关各方必须以合乎逻辑和有效的方式，通过有秩序地交换资料和理由，表达其主张和理由③。

（5）参与者必须愿意接受更好的论点。这意味着他们的偏好不应最终确定，而必须根据需要进行讨论和改变。这一论点不是先验的，而应通过共同的协商来寻求④。

（6）每个个体⑤都平等参与公开的政治进程，不受任何限制。

这种特征可以用来概述参与式技术评估类型的辩论的讨论规则。同样，在考虑负责任研究与创新的治理结构时，它也很有

① Steiner 和 Bächtiger 随着时间的推移修改了他们的指数，采取了不同的途径。
② 罗尔斯在他后来在［RAW 95a］的文章中使用了“公共理性”一词。
③ 哈贝马斯在这一点上走得更远，相信这些理由的普遍性。
④ 有些作者甚至说，没有人在一个问题上有特殊的权威；某些人可能只是拥有很好的论据。
⑤ 有些作者在这种情况下使用“任何公民”一词。

用。如果我们认为协商是对民主进程中的一种限制的地位，我们可以假定它在性质上已发生变化，从个人道德思考的层面转变为集体政治思考的层面。因此，我们不应再设想一个人单独协商，一个接一个地面对其他人的协商，而是一个共同的协商对象，但受到某些限制。

可以看出，这些限制大多涉及其他参与者的尊重（体现于上述第 3 点、第 6 点中，在某种程度上，亦体现于第 1 点中）。第 2 点为个人协商和表明个人立场留出了空间，平衡了在尊重他人福祉和他们的论点方面压垮个人观点的风险。鉴于参与式技术评估和负责任研究与创新涉及的利害关系，协商不能局限于其他参与者的尊重。

请注意，没有提到相反的论点，这将是一个受欢迎的事态发展，不仅对这种类型的辩论，而且对任何协商过程都是如此。

第 4 点最接近对伦理协商可能采取的形式的表述。然而，这种形式仅仅被表述为一种信息和充分理由的交换，这种交换必须保证请求的有效性和辩护的逻辑性。经过进一步的思考，这条路径是相当不协调的。没有被明确加以表达的逻辑性辩护仅仅被看作是有序信息和充分理由的交换，这是否恰当？逻辑性是信息排序的驱动力，还是关联有序信息与充分理由的驱动力？即使不去进一步思考这些问题，“信息和充分理由的交换”这一概念也表明，有必要分几个阶段来论证一种观点的合理性，其中不仅涉及批判，而且涉及协商。

第 5 点涉及最佳论据的力度，它似乎是一种倒退。我们可能会认为，这一论点可能出现在信息交换的背景下，并有充分的理由。然而，对建立偏好的关注引起了对这一主题的怀疑。有一个明显的要求是选择一个首选的论点，尽管这可能是经过深思熟虑而产生的，而不是预先确定的。因此，我们有两种可能的情况：好争辩的共同构建（5.1）；一个有“现成的”、已完成的争论的市场（5.2），竞争偏好。

在参与式技术评估、负责任研究与创新或任何其他形式的理性辩论中，这两种解决方案都是可能的。第二种类型（5.2）通常占主导地位，尽管这种主导地位可能是隐含的。由于参与式技术评估和负责任研究与创新的跨学科性增加了复杂性，场景中固有的强烈不确定性，特别是在伦理和协议方面使用的各种可能的正当途径，第一种解决方案（5.1）给我们的印象是更现实和更有希望。这将在第6章中详细讨论。在这个版本中，“最佳论证的力量”经历了一次转变，更多地指的是在跨学科背景下，以合作（共同构建）的方式创建的新论证的各个组成部分的吸引力或相关性。

因此，我们必须深入思考论证问题。尽管它在这方面发挥了关键作用，但在关于协商民主的理论和经验文本中，它仍然存在着很大的模糊性和不确定性。

3.4 | 致力于论证

那么，协商民主理论又需要什么论据呢？正如我们所看到的，罗尔斯认为哈贝马斯的定义是不够的。尽管标题很有希望，但他的“**交际行为的重要理论**”[①] 并没有给出一个特别精确的定义。他使用了一个被称为“论证理论的外场”[②] 的概念，这个概

① [HAB 84]。
② [HAB 84，p.43]。

念是受沃尔夫冈·克莱因（Wolfgang Klein）的关于论证理论应用的工作的启发而形成的[①]。继克莱因之后，他批评了这一领域的两个最重要的人物图尔明和佩雷尔曼（Perelman），这些哲学家的作品构成了重要组成部分。

在克莱因之后，哈贝马斯认为，在他的正确论证模式中，图尔明“[……]并没有对人们实际上是如何争论的建立一种实证调查”[②]。他发现图尔明的方法并不令人满意，因为它“未能清晰地协调抽象的逻辑和经验层次”[③]。

尽管哈贝马斯称赞佩雷尔曼和奥布莱茨-泰特卡（Olbrechts-Tyteca）所提出的观点“最接近真实的论证”[④]，但他们并没有具体说明他们的理论中的普遍受众是由真实的、活生生的个体构成的，还是一个不确定的实例。从那时起，哈贝马斯几乎只考虑在法律背景下的论证，主要基于罗伯特·阿列克西（Robert Alexy）[⑤]的著作。请注意，这种对法律上下文的关注是由佩雷尔曼共享的。

因此，我们要作两点评论。首先，即使在法律上，论证也比哈贝马斯让我们相信的要复杂得多，而且并不总是令人信服的。其次，法律论证的概念并不能解释什么是伦理论证。

（1）佩雷尔曼似乎接受一种道德和伦理多元化的形式。如果几个必须在相同情况下作出决定的人喜欢非常不同的选择，那么，对于佩雷尔曼来说，所观察到的分歧并不一定会归结为选择

---

① [HAB 84，pp.25ff]。

② [HAB 84，p.27]。哈贝马斯的这种批评令人吃惊，因为他自己并没有花太多时间进行实证研究。此外，图尔明的工作已经在许多实证项目中得到了应用。

③ [HAB 84，p.31]。哈贝马斯再次未能在自己的作品中对这一因素做出解释。

④ [HAB 84，p.27]。

⑤ Robert Alexy 写了一篇关于法律论证的博士论文。

过程中的错误理性。从这个意义上说，佩雷尔曼预示了罗尔斯的“判断的负担”。佩雷尔曼指出，对选择的统一性的信念源于对复杂现实情况下实践论证的特殊性理解不足。一个选择所涉及的各种各样的有效动机常常允许将各种不同的论证“优势”分配给不同的考虑因素。佩雷尔曼举了最高法院根据投票而非一致结论作出决定的例子①。多数表决程序最终用于在多个同样合理的立场之间作出决定②。

（2）法律上的争论不是伦理上的争论。正如我们在第 1 章和第 2 章中看到的，规范性维度的差异远远超出了法律领域。考虑到规范伦理理论的领域，如前所述，“伦理层”是很厚的，特别是如果我们不像哈贝马斯或韦伯那样将我们的考虑局限于价值③。

我们现在将从伦理论证的角度出发，把规范性问题分解开来。如黑尔（Hare）在其著名著作**《自由与理性》**中所述，他认为前一章所讨论的伦理理论本身就是一种论证，将某些伦理理论等同于伦理论证④。

黑尔确定了发展道德论点⑤所涉及的四个“因素”或“要素”⑥：

（1）一组事实；

（2）提供“应该”（规定和可普遍化）含义的逻辑框架；

---

① 请注意道德（伦理）与法律的不正当结合。

② 请参见 Perelman [PER 90]。

③ 许多作者考虑过法律和伦理之间的差异。一个值得注意的例子是 [DWO 13]。

④ [HAR 63，pp.89–98]。

⑤ [HAR 98，pp.71 and 75]。

⑥ 和大多数英语道德哲学家一样，黑尔再次使用了“道德”这个词。

（3）倾向（作出承诺）；

（4）想象力的力量和能力。

然而，黑尔注意到这些“成分”并不能帮助我们得出一个可评价的结论，而是“拒绝一个可评价的命题”[①]。

这可能已经被看作是进步，但是黑尔在这里的贡献不足以产生用于形成论证的提议。请注意，黑尔的方法不如卡根，或者是我们对多层次伦理理论的伦理多元化的表述。只有第 2 点和第 4 点与道德理论严格相关。想象力是评估和证明道德问题的重要因素[②]。关于事实的第1点将在本书的第2部分中详细讨论，因为这些事实可能会有争议。此外，黑尔本人指出这些事实可能是真实的或假定的。第 3 点与道德心理学或动机问题更密切相关，可以涵盖协商民主的特征清单中的某些要素，例如需要以真实的方式发表言论。

我们现在可以回应史蒂文森（Stevenson）的观点，他认为所有的道德家和伦理学家，甚至道德哲学家，都是有效的宣传者。史蒂文森在描述（非理性的）“理由”对伦理结论的影响时，缺乏对**规劝**（persuading）和**说服**（convincing）之间的明确区分，这是可悲的。任何与这个问题有关的决定都取决于我们对论点的理解。我们可能认为争论的唯一目的是说服，或者相反，以一种理性的方式证明或说服他人，仅仅基于道德资源。在这一点上，佩雷尔曼的观点太接近史蒂文森的道德论点[③]。这种级联的影响

① [HAR 98，p.71]。

② Pelléand Reber [PEL 16] 第 4 章的标题提到“道德创新”。另见 Pellé 和 Reber [PEL 15]。

③ 见“Perelman”中基于史蒂文森关于说服工作的文章 [PER 91]。原出版物 [PER 00，pp.35，150，188 and especially 593]。

解释了为什么那么多使用这些参考资料的辩论家对伦理问题认识不足，或者在不知不觉中采取了道德上的反现实主义立场。伦理上的争论，或者佩雷尔曼的门徒们所称的**精神气质**[①]，归结起来就是以一种说服他人或听众的方式来定位自己。

在他的论证形式的集合中，佩雷尔曼确实考虑了另一种类型的论证，与结果主义的论证相融合，他称之为“实用主义论点”。对佩雷尔曼来说，这些论点让我们能够“将一个行为或事件作为其有益或有害后果的函数来评估”。这种论证在论证中起着如此重要的作用，以至于有人认为它是价值判断逻辑的唯一可能方案：“要评估一个事件，我们必须考虑它的影响”[②]。

3.5 | 结论：道德和政治哲学家的多元主义

如前几章所述，伦理背景下的多元主义似乎与政治背景下的多元主义大不相同。它要么受到高度限制，要么不允许使用其完整表达所需要的空间，正如我们在第 1 章和第 2 章中所看到的那样。哈贝马斯、罗尔斯或协商民主理论家所确立的政治主张都声称，他们欢迎尽可能多的多元化，试图在各种限制条件下容纳这一因素，包括尊重其他伙伴或旨在创造最公平的合作形式。

从相反的方向来看，我们想知道，更激进的多元主义者所提出的方法，从个人和伦理的角度而不是从政治的角度出发，是否适合适应政治环境，甚至与国家预期的作用有关。这个问题对道德哲学和政治哲学之间的关系有影响，在这种关系中，第一种哲

① 这个词是从亚里士多德借来的［ARI 92］。
② ［PER 00，p.358］。

学不应受第二种哲学的支配[①]。

实际上，这一点对参与式技术评估至关重要，对负责任研究与创新更是如此，如果我们希望尊重欧盟委员会制定的负责任研究与创新表述中包含的“伦理”和“治理”要素。

道德哲学与政治哲学、伦理理论与政治理论之间的关系是复杂的、有争议的且很少被研究的[②]，尤其是如果我们认为伦理领域超越了关系和政治合作的规则。可以采用的各种形式的道德多元化对政治哲学或整个政治都有影响。此外，对政治哲学的这些后果，对于同一道德哲学来说可能是不同的。伦理相对主义也是如此。伦理相对主义的一种形式很可能被用来作为支持自由主义的论据，或者恰恰相反，用来表明这种方法的局限性。在第一种情况下，当我们确认存在几种不同形式的美好生活时，我们推断，国家应对这些做法采取中立立场。另一方面，如果我们的生活方式和任何其他生活方式一样好，就没有必要改变它，以确保与具有新思想的新成员保持一致。

在道德哲学和伦理理论中遇到的一些问题，在政治理论中也遇到了。政治理论家让·莱卡（Jean Leca）在其翔实有力的文章《民主的多元主义考验》（*La démocratie à l'épreuve des pluralismes*）[③]中意识到了这一情况，但没有来得及对其展开任何具体论述。围绕文化多元主义、融合、宽容、政治现实主义、外

① 罗尔斯做了一个重要的尝试来证明第二种观点不能从第一种观点衍生而来，甚至修正了他自己在罗尔斯［RAW 71］中表达的观点；新的形式出现在罗尔斯［RAW 95a］中。

② 在 Weinstock［WEI 06a］一书中，我们可以找到对伦理多元主义（价值观）和政治多元主义之间的明确区分的诉求。参见 Reber［REB 11a］。

③［LEC 96］。

交实用主义展开的论辩，乃至围绕对自由民主的辩护及其批判展开的论辩，都可能被联系到关于“伦理理论中的道德多元主义”的论辩，其中又会涉及相对主义，美德的多样性、目的和价值观，或者相反，都被联系到关于正义行为的单一性、客观性及冲突原则，关于用以作出判断的道德观点，或者关于对人性之善和幸福生活的不同评价。

因此，我们将简要概述各种多元主义的某些政治后果，首先考虑道德哲学和政治哲学的汇合点。这只是一个反思的起点。还应考虑特别适用于后者和前者的限制因素，如果只是在公私分开方面，还应考虑可能在公开场合有效的理由和可以公开提出的理由，或为尊重个人隐私而不应表达的理由。

为了证明伦理与政治在价值的伦理多元性方面的联系（第一章），我们将考虑伦理多元性的两个主要倡导者。第一位是约翰·凯克斯（John Kekes），他是一位激进的多元主义者；第二位是乔治·克劳德（George Crowder），他是一位自由主义的多元主义者。请注意，这两位哲学家都将他们的考虑几乎完全局限于价值观。

正如我们可能预期的那样，凯克斯不接受一种价值或一组价值优先于其他价值的可能性；这将是一种一元论的立场。另一方面，自由哲学家——秉持多元或其他立场——也会优先考虑一种价值观或一组价值观，尽管这些可能性极其有限。因此，他们的立场不那么激进[①]。我们看到，政治自由主义和伦理多元论之间的交集取决于相对主义，并带有相对性。

---

① 对于不同类型的自由主义道德多元主义者，参见 Merrill［MER 06］。

凯克斯文本中体现的实体价值与程序价值的区别值得进一步关注。第一类由美德、理想和与美好生活的特定概念相关的内在商品组成。第二组是根据规则、解决冲突的原则、资源分配或保护个人的原则，以及在一套实质价值范围内选择优先事项来规范对第一组的追求。对于凯克斯来说，实体价值也有内在价值，而程序价值纯粹是工具价值①。

接受这一区分，可以从程序的正义优先于冲突情况下的善的概念，或者更简单地说，在管理优先事项和秩序方面，我们可以怀疑自由主义的凯克斯。事实并非如此：对于凯克斯来说，真正的政治多元化能够接受比政治自由主义更广泛的价值观。从这一角度来看，自由主义者是不一致的，因为他们主张多元化，同时优先考虑某些价值观②，如自由、平等、自主、"保护人权或罗尔斯式的公正"③，这些价值观因提交人而异。这些价值观优先于繁荣、社会团结或秩序等其他价值观④。对于凯克斯来说，这最后一组价值观可能被认为是另一种政治制度中的程序性价值观。自由主义立场不是中立的，因为它捍卫特定的程序价值。此外，从另一个角度看，这种中立同样可以用保守的办法来保障⑤。

那么，我们该如何回应凯克斯的论点呢？克劳德赞同拉兹对捍卫自治的完美主义自由主义观点，他提供了一种可能的回应。

---

① [KEK 93，p.204]。

② 他们承认的事情。以 R. Dworkin 为例，他认为自由主义与保守主义的区别在于对不同原则的依附 [DWO 78，p.123]。

③ 在这里我们应该区分罗尔斯的正义的两个版本，就像罗尔斯的 [RAW 71] 和 [RAW 95a]。

④ [KEK 93，p.206]。

⑤ [KEK 93，p.209]。

克劳德认为凯克斯是一个保守的人，这是他自己承认的一种倾向，在他后来的一部著作“**保守主义的案例**”[1]中，他承认了这一点。然而，对克劳德来说，传统也有价值观念，这些价值观念可以发挥作用，具有自己的等级制度。这一观点存在于相当多的作品中，在这些作品中，宗教、族裔或其他群体被认为是同质的。正如我们所看到的，凯克斯对传统的概念以及它们之间的相互作用，无论是彼此之间还是与成员之间的相互作用，都是比较微妙的。他在评价时更多地考虑到传统和习俗可能向个人提供的援助，但是，应以他们关于美好生活的概念为出发点，并应优先考虑这些传统和习俗。

最后，从整体上看，克劳德的完美主义与凯克斯的立场并没有太大的不同。克劳德似乎采取了更加个人主义的立场，提倡由国家提倡的“多样性伦理”[2]。在这一点上，他接近罗尔斯的方法。然而，他也认为国家应支持“近似中立”[3]，并应促进自由价值，他认为，自由价值提供了“[……]实现更优越的善的概念的最佳政治形式”。

凯克斯还认为，国家不应是中立的，而是出于不同的原因。对凯克斯而言，国家应创造条件，使公民能够获得足够广泛的价值观，从中选择其“美好生活”的要素，并与之管理价值观冲突。他提出了国家可以保证的一些条件，例如教育制度使学生认识到价值的多元性并为他们提供管理这种情况的工具；能够解决价值冲突的立法和司法制度；灵活的宗教、世俗、文化或道德建

---

① [KEK 98]。

② [CRO 02，p.63]。

③ [CRO 02，pp.223–224]。

议制度，如神职人员或世俗对等人员提供的建议，每个公民都能接受。在价值冲突的情况下，可诉诸（同样）非正式或其他制度，以促进容忍和鼓励个性。这将需要资金，这些资金可能来自特定的税收制度。同样，“违法者必须被逮捕、[……] 和惩罚，因此也需要刑事司法系统”[①]。

虽然这些主张本质上是前瞻性的，但凯克斯承认，超越国家中立[②]的多元政治的细节需要更多的工作[③]。这句话还帮助我们认识到有效尊重多元主义所涉及的困难程度，超越了为参与式技术评估和尚未成文的负责任研究与创新所确立的标准。

那么，考虑到个人获取信息、为涉及道德或伦理利害关系的问题辩护和作出决定的方式，凯克斯是否应该被认为比克劳德

① [KEK 93，p.215]。需要对这一政策作进一步的定义，以解释这类法院可能如何运作。

② 凯克斯的论点与查尔斯·泰勒的论点相似，他试图解释为什么所有加拿大人都有权通过具体的援助形式保证两种语言的存在，同时尊重对平等和真实性的要求，这可能看起来自相矛盾。正如联合国教科文组织在 20 世纪 80 年代所考虑的那样，关于文化例外的辩论，或捍卫较弱或较不广泛的文化的辩论，也受到同样的问题的影响。这里的新要素在于考虑不同的价值体系、文化或宗教传统，这些传统似乎比语言产生更多的冲突，不能以同样的方式对待。

③ [KEK 93，p.214]。

更现实[①]？虽然凯克斯和克劳德有一个共同的出发点，但他们为国家和社区分配了不同的角色。对克劳德来说，国家主要负责通过促进一些价值观来保护个人。对凯克斯来说，国家也为个人辩护，但事先没有强加价值等级制度。他认为，价值冲突管理系统的多样性很重要，特别是认识到传统在这一领域所发挥的（非排他性）作用。

在考虑个人与社区（传统或其他形式的结社）之间的联系时，协商多元化的各种可能的出发点是重要的。多元化可以是个人主义的、主体间性的、政治性的，甚至可以从国家的角度来看。重要的是要确定这些隐含的分析观点，确定一种多元化的方法，并理解其分析模式和要求。

这些问题，连同内隐的社会本体论问题——例如，个人与群体之间关系的类型——也适用于不同层次的伦理理论。贝克尔的“第三层次”，与实质性的实际推理有关，强调了我们认为道德推理是由独立个体进行的，还是在外部影响下进行的，这一区别。最后，在道德、伦理和政治之间进行过渡的问题也许是**辅助性**问题之一，即确定任何问题的最佳解决办法。虽然托马斯·阿奎那

① 对法国国家健康与生命科学伦理咨询委员会（Comité Consultatif National d'Ethique français pour les sciences de la vie et de la santé，CCNE）内部作出的种种决定进行考察，分辨真正出于道德而或多或少用到像前面提到的涉及伦理学理论的程序步骤所开展的论争在其中发挥了多少作用，再分辨已经应当被视为陈腐的形式和办法在其中发挥了多少作用，考察的结果会显得意味深长。从这个角度看，CCNE 通过确保在组成成员上来自犹太人、天主教徒、新教徒、穆斯林和各世俗传统的代表的广泛参与，使传统形式和办法的影响力得以延续。这方面最大的困难在于为世俗传统选择代表。同样是在法国，2009 年的生物伦理公民代表大会组织了大量局部性的分“公众论坛”，其中有些宗教团体（天主教徒、穆斯林、犹太人、新教徒）的代表就发挥出了特殊作用，他们不是作为舞台的“旁观者”，而是作为正式代表与其他各种社团的代表完全对等的共聚一堂同商大计。

不是一个伟大的多元主义者，但他确实为这些问题的关键原则的发展做出了贡献[①]。这一原则今天仍在欧洲建设的背景下使用，在欧洲建设中，不同的领土共享不同的决策级别。因此，主要问题是为正确的问题找到正确的层次。这个问题对于参与式技术评估的责任分配至关重要，在负责任研究与创新中更是如此。

因此，可以从个人、人际、集体甚至体制的角度来看待多元化。因此，可以用不同的方法来处理。个人的出发点，面对人际关系正当性的需要，有更多的机会解开多元伦理评价的美德，能够构建论点，然后在讨论过程中或通过暴露其他人的论点或论点序列加以修改。

最好是从政治哲学的角度出发，而不是从道德哲学的角度出发。前者对后者的限制性更强。然而，即使是政治哲学，也不过是一个人所想出的一套广泛而复杂的社会政治实体。这个人对集体协商的定义是基于他的直觉、对评价多元化的可能性的了解，以及他可能预期或期望从其他人那里作出的判断。我们可能希望减少自上而下的方法[②]，从多中心方法开始。这种方法优先考虑实际协商的水平，或探索最大可能的规范因素，就像我们处理伦理理论的方法一样。德勒兹（Deleuze）使用的这一"中间"切入点，进入了互动、协商对抗和共同协商的核心，就像更传统的单一思维投射到一个基本的、抽象的、对有关的人来说是理想的结构一样有效。

在上述层次的道德哲学和更高层次的政治哲学之间选择起点，对参与式技术评估和负责任研究与创新具有影响。政治切入

---

① 关于适用于环境伦理的辅助性问题，见雷伯 [REB 14]。

② 这里提到的大多数政治哲学家都关注宪法文本，这并非偶然。

点将促进伙伴之间的尊重与合作。这个初始阶段是一个必要条件。然而，它很快就会变得不足和令人失望；辩论产生的新材料很少，不包括冲突、学习、论点的巩固和（或）对所谓的“无法解决的”分歧的解构。在这些政治哲学中，伦理多元化被认为是一个不可逾越的障碍，几乎没有比一元论政治更发达，只有少量的规范、权利、主导价值或仅仅是一个单一的、强加的优先权。

通过判断的负担来接近情况的“中间道路”也受到一元论者立场的影响，这一次是个人立场。多元主义的事实，在更大程度上，伦理理论的多元主义，在个人，甚至是道德哲学家所做的判断中并没有得到特别广泛的承认，他们希望捍卫最好的和最连贯的理论。这在道德判断的情况下是可以理解的，道德判断通常是自发的。伦理判断更具有反思性和商议性，可能采取多种途径，包括实体评价、规范因素和依据规范理论，它们以“根茎状结构”而非树状结构结合在一起[①]。

参与式技术评估和负责任研究与创新所涉及的集体协商第一次清楚地表明，对其他方面的规范性评价可能有所不同，但仍然完全理性，有时甚至是合理的。这是一种多元主义的体验，伴随着讨论，而不是相对主义，在这种体验中，每一个个体都会与其他有影响力的实体或其他类型的依恋联系在一起。正如道德哲学家所表达的那样，政治哲学的多元性不应过分地限制政治哲学的多元性。

综上所述，我们注意到伦理多元主义可能受制于政治哲学，

① 同样，这个想法来自德勒兹和瓜塔里文献［DEL 87］。作者还请我们考虑一种方法，一本书的结构也可以是根茎结构而非树状结构；德勒兹本人承认在这方面的失败。另请参见雷伯文献［REB 10b］。

但也可能从伦理多元主义的角度出发，目的是为这些考虑留出尽可能多的空间。再次强调，道德多元主义的扩张，在本质上应该允许把道德作为一个整体来考虑，而不仅仅局限于政治伦理。

结论：公共领域的“应然”地图

某些哲学家认为罗尔斯把规范伦理学从元伦理学的阴影中拉了出来，元伦理学更接近语言哲学，而不是道德哲学。这一事态发展是值得欢迎的，特别是考虑到道德问题的要求和重要的社会期望。然而，我们可能想知道，罗尔斯是否优先考虑伦理，他将伦理置于某些政治规则之下，而牺牲了合理的、全面的理论，除非这些理论支持他的政治自由主义思想。我们不同意这一观点；面对道德和政治，罗尔斯优先考虑后者。基于判断的负担，根据我们的参与式技术评估和负责任研究与创新的主题，我们选择了相反的道路。我们对审判负担的处理以及它们在我们研究中的地位是不同的。它们并不是赞成“合理多元化的事实”的“论点”，这是一条使我们能够捍卫公平合作条件或公正社会基本体制秩序的途径。对我们来说，判断的负担本身就是一个问题，是一个需要长期、仔细和公开考虑的哲学问题的所在地。第一至三章所展示的不同可能的“应当”的“心理地图”，突出了不同的角度，如暗室中闪烁的探照灯，揭示了一个世界在交流过程中逐渐发现的规范方面，涉及被评估的实体和规范因素。这个需要讨论的世界是公开的，因为这关系到我们这一代人和子孙后代的正常日常生活。

因此，这个问题不仅限于制度设计方面的选择，罗尔斯的政治理论可能不仅会进一步扩展[①]，而且还涉及促进具有不同或竞争、技能或道德、然后是伦理（反映和合理的）评价的个人之间的会晤。合作当然是一个先决条件，但避免争议的事实似乎表明，我们认为这种合作太脆弱。

同样，不应将伦理评价中的认知上的节制与尊重伙伴混为一谈。更进一步，我们可能还想知道，是否可能存在优先于平等合作的考虑因素——例如出于对我们所生活的这个星球上人类安全的考虑。“共同”一词的不同含义有助于界定所涉及的各个步骤：一致行动带来的共同归属感或涉及最大多数人的共同归属感。可以理解，鉴于我国的政治历史，主要问题一直是自由与平等之间的仲裁问题。然而，鉴于对环境的关注和某些新出现的技术，已经在导言中提到的关于瓦拉多利德争端的世界安全问题可能会优先于这一仲裁。无论如何，它表明了合作本身的局限性，而没有考虑到全球关切的真正范围和深度。讨论的对象——公共利益——是一种**额外**的否定，有其本身的有形和内在价值，即使它尚未实现。这一公共产品的一些特征已经很明显，使科学家能够尝试理解和评估这些特征。

在这些空间中，往往是公开的，参与式技术评估活动的组织者和那些希望将负责任研究与创新应用于研究和创新领域的组织者通常会邀请公民参与，以便推迟和检验他们的个人判断。这些判断首先放在一种伦理评价的情况下，使用的情况和问题往往对

---

① 尽管存在与公共原因和裁定问题的延期或其他有关的问题，参见 [MER 08]。

世界各国都有影响。因此，合作和尊重不应妨碍道德评价，使其不那么可信。

在摆脱某些压力的情况下，公民的处境与议会政治家大不相同，他们必须对选民和他们的政党负责。这些判断中的多元性主要与伦理理论有关。那些涉案的人更倾向于修改他们的判断。在民选官员的情况下，这种情况更为罕见，因为需要保持党派的多元性，以免破坏这些政党所代表和捍卫的政党制度。对于负责任研究与创新而言，我们必须对待"共同"，因为它不仅是普通公民所看到的，而且也是协会和利益攸关方代表所看到的。协商民主理论的标准在这里是有用的，为我们提供了一种普遍的利益表达方式。然后，我们需要像处理公民的多元性一样，具体处理与道德多元性有关的这些问题。

通过使用参与式技术评估或负责任研究与创新或通过尊重协商民主的某些特征而获得的一个好处是，持有不同意见的个人之间的民事讨论的能力和时间。然而，考虑到所涉及的风险规模，参与式技术评估和负责任研究与创新可以更进一步。参加参与式技术评估活动的公民有义务指导[①]整个过程，相处和自我协商，同时尊重集体协商的某些限制，而不受其中某些原则的严格指导，并有义务编写报告，有时遵循[②]相互矛盾的禁令。因此，参与式技术评估的"参与"因素似乎过于不精确，无法反映以评估为中心的复杂认知活动；"协商性技术评估"可能是一个更好的

① 这完全取决于负责领导过程的人的角色。所涉及的实践可以使用 Klüver［KLÜ 03］提出的标准进行概述。

② 例如，在法国关于转基因的公民会议（1998 年）中，组织者要求参加会议的公民既要捍卫自己的意见，又要达成协商一致意见。

术语。负责任研究与创新也是如此[①]。

协商可以采取各种不同的形式，可以应用于各种情况和上下文，也可能有各种限制。因此，考虑到上面提到的所有困难，是否有可能一起进行协商？

虽然有些人认为可以分离协商和决定[②]，但大多数思想家认为这是荒谬的，遵循亚里士多德提出的经典路线。那么，可以“一起决定”吗？术语“在一起”意味着“**彼此相互**”，并且还可能涉及**同时发生的**元素——如在法语术语**集合**中。“决定”一词意味着一种选择，字面上“删除”一个元素，**作出判断**，并**采用明确的结论**。这些含义大多数时候都暗示着个人主义的观点。因此，我们有一个相当复杂的集体和个体元素的组合“共同决定”。那么，我们能否为民主投票提供一个更好的选择，即基于长期和深刻反思的投票具有与之前没有反思的投票相同的权重和价值，或者甚至可能因错误印刷的名称或实际情况而打折扣？例如，投票卡的穿孔问题[③]。

对于一位专攻政治多元化的哲学家来说，这个问题也不容易解决，比如威廉·加尔斯顿（William Galston），他曾担任比尔·克林顿（Bill Clinton）多年的顾问：“我在政府期间处理政策争端的经历极大地强化了我对价值多元化的信念。在一次又一次的情况下，我遇到了**相互冲突的论点**[④]，**每一种**论点在某种程度上**似**

① 正如我们所看到的，RRI 的一些工作促进了协商。关于协商和责任之间的关系，见 [REB XX]（即将在本工作的同一系列中发表）。

② 例如法国国家公共辩论委员会（CNDP）或哈贝马斯，在他的一些文本中。

③ 在穿孔卡片投票系统的情况下，这导致在美国乔治·W. 布什第二次选举期间在一个州重新计票。

④ 我们都以特殊字体标示。

乎都是合理的。每个人都呼吁我们个人或集体利益的一个**重要方面**，或根深蒂固的道德信念。通常情况下，既没有办法将这些考虑因素减少为**一项共同措施**，也没有明显的办法使一种道德主张**优先于**其他道德主张”[①]。

这些情况并不容易处理，但可以看作是初步的，我们需要检验加尔斯顿的“在某种程度上是合理的”。

上述论点这里同样适用。他们是可靠的吗？他们是详尽的吗？更重要的还是，他们是否形成正面冲突？为什么我们希望确定出一套共同的衡量尺度或回到共同的原初立场？这可能会导向一元论。正如我们在前两章中所看到的那样，真正的论争很少发生，我们需要的是时间和耐心，来准确定位冲突发生的具体冲突点。这些冲突点很少根深蒂固。同样，许多道德哲学家认为，责任之间的冲突，或真正的道德困境，是极其罕见的。

哈贝马斯在《在事实与规范之间》一书中指出，个人享有的交流自由和在道德讨论中获得的自由只能导致在解释冲突中容易出错的意识[②]。那么，法律和公共机构会不会被认为不那么容易出错呢？考虑到与石棉有关的公共卫生危机的例子，这一点值得怀疑。

最重要的一点是，这种解释的冲突以及论证的冲突，是涉及多个行动者和学科的情况下的正常阶段。这些冲突与政治和伦理有关，但方式不同。

在《尤西弗罗》一书中，柏拉图的苏格拉底可能只有在需要很长时间才能达成协议或找到解决伦理分歧的途径方面才是正确

① [GAL 99，p.880]。

② [HAB 15，pp.113ff]。

的。不能保证在有争议的问题上达成科学协议所需的时间会更短，例如与参与式技术评估和负责任研究与创新有关的问题。毫无疑问，道德是困难的。然而，如果是这样的话，在大部分参与式技术评估的辩论中和在负责任研究与创新的实体中，缺少专业人士，如哲学家①，是令人惊讶的②。这些解释可能不局限于应用伦理学的有限框架，为问题的处理提供了支持的论据，同时指出了相反的论点③。他们可能采取更多的元伦理立场，或基于规范伦理的立场，有能力协助参与者准确确定其理由。在罕见的真正道德分歧的情况下，它们也可能有助于确定确切的争论点。

我们可以简单地将这些参与式技术评估或负责任研究与创新实体看作是收集各方给出的理由、阻力点，或者只是按主题对问题进行分类的地方。这个参与式技术评估或负责任研究与创新的概念将仅限于收集以构成一个多元群体的方式选出的个人的第一系列判断。这一选择所使用的标准超出了传统的社会人口标准（性别、职业、年龄、居住地等）。以便在讨论的议题上包括不同的立场。对利益攸关方而言，这一点更为重要。然而，我们需要能够发展这些判断。虽然在本案中，判决合理多元化的可能性高于罗尔斯所讨论的问题（罗尔斯只关注正义），但我们认为，

① 从这个角度来看，他们与参与 *Etats Généraux de la Bioéthique* 的公民论坛的准缺席令人担忧，并且一般拒绝承认法国医学界的道德专业知识。尽管（有争议的）使用“生物伦理法则”一词，但在这种情况下对法律的处理并不是更好。

② 我们认为，除了创新和研究进程外，设立一个具体的“道德操守”单元或报告并不是特别理想的做法。最好是将道德操守纳入整个项目。

③ 见 Reber [REB 11b，第 2 章]，对应邀参加这类辩论的少数几位伦理专家之一的发言的分析。本案发生在瑞士。

试图通过对这些假设持中立态度来避免争议，未免过于武断。否则，所涉公民可能会沦为不知情和自发反应的公民*Lambda*[①]。在这种情况下，高素质专家的参与甚至可能受到批评。这些集体评价要求我们对这一问题的各个方面的理由进行理解和相互检验。

在处理分歧的手段和条件方面，参与式技术评估和负责任研究与创新的“社会政治实验室”需要更加雄心勃勃。那么，我们如何处理这些辩论的核心所产生的道德和伦理分歧呢？道德和伦理方面的分歧特别难以处理，因为每一方都希望通过追求各种往往处于竞争中的商品，利用不同的理由、不同的辩论方式，甚至使用不同的叙述，从而采取良好的行动[②]。我们所考虑的整全性学说，仅限于伦理理论，并不像罗尔斯所说的那样不相容，从太远的地方看判断。深思熟虑需要我们明确地列出我们的判断，以便潜在地改变观点，或者创造一系列可供选择的可能性。同样，这个过程允许我们测试它们的健壮性。参与式技术评估和负责任研究与创新的空间为我们提供了超越自发的、未经检验的基于我们最初直觉的判断的机会。在日常生活中的许多情况下，这些判断是足够的；然而，在评价新技术时，情况并非如此，我们无法与新技术保持距离，而新技术可能对未来世界的设计作出持久的贡献。

---

① 选择我们可能认为是轻率、天真或坦率的公民，考虑到他们最能代表普通公民，并假设他们不了解某一主题，以便以尽可能最有偏见的方式向他们提供信息，这多少有点虚幻。在这种情况下，他们变了，失去了一些坦率。我们需要知道，对于已经参与这一主题的公民来说，这一变化是否可能。

② 见［KEM 97］。关于协商民主的实证研究旨在比较叙述和论证，以便理解两者的优点和局限。

此外，促使建立参与式技术评估系统的问题，以及现在更有限的研究和创新领域中的负责任研究与创新，往往是复杂的，可能会引起争议；在这种情况下，自发的判断和直觉可能会使我们处于一种不确定和混乱的局面。即使是从伦理的角度来考虑这些项目，参与者会发现自己也经常存在分歧。

然而，通过系统地探讨某一特定情形所涉及的因素，可以对不同道德因素的在场或缺席情况加以利用。在这种情况下，对个体伦理协商和集体伦理协商的运用达到了极限。我们对多层次理论下伦理多元主义的列举和对辩护语境下伦理评估可能路径的列举，揭示了使用这些工具的一些可能的方式。在这种情况下，各种判断之间正面冲突的可能性大大降低。然而，对于价值观冲突而言，这不再是事实；正如我们所看到的，这些冲突的内部和个人形式也许是最重要的[①]。其他人的在场可能会限制可用选项的范围，并通过趋同要求而使选择变得更容易。同样，合理的集体评价可能会突出混沌的内部冲突的存在。维持协作的愿望可能有助于限制冲突，而且，需要明确说明评价方面的差异的要求，甚至似乎有助于加强协作。罗尔斯是这种协作的坚定支持者，但与罗尔斯不同，我们打算从单方立场及单方权利出发探讨判断的负担。

我们甚至鼓励超越个人讨论，以发展共同讨论或共同辩论的形式。然而，对于某些哲学家来说，思考和论证的关键因素在于他们的对话[②]。

那么，我们有没有给一些人所说的“健谈”的深思熟虑留

---

① 罗尔斯也是这种观点。

② 请参见[JAC 89，QUI 05]。

出很大的空间呢？我们在这里想的是社会学家菲利普·乌法利诺（Philippe Urfalino）的一项贡献[①]，他希望超越政治哲学中主要是分析性的甚至可以称为哈贝马斯主义的讨论的限制性框架。他挑战了协商民主的对话主义框架，并驳斥了哈贝马斯和所有受其著作影响的人，以及乔恩·埃尔斯特（Jon Elster）著名但不抱幻想的关于协商民主的文章[②]。根据乌法利诺的说法，讨论和辩论的概念被用来理解口头交流对集体决策的影响。他补充说，在哈贝马斯（Jürgen Habermas）的影响下，深思熟虑通常被视为一种对话，也就是一种纯粹的争论交流。这种将决定提交辩论的做法，要求尊重某些规范性要求，这与谈判和追求私利形成对照。乌法利诺对人们所认识到的区分协商和谈判的概念重要性提出了挑战，将其与辩论和谈判之间的对立区分开来。他指出，辩论的强度与利益集团的力量之间的矛盾是由不必要的会话模式产生的。总之，乌法利诺认为，把深思熟虑与谈话融为一体是值得怀疑的。然而，我们注意到，同化的论点和讨论也是有问题的，而且是没有道理的，特别是鉴于前面概述的道德论证的原则。最后，乌法利诺还规定，虽然对话模式在某些情况下是足够的，但这些情况过于具体，不能作为协商过程中最频繁发生的情况的模式。对他来说，适当的协商背景包括专家委员会，但不是过于复杂的公众集会，在这种情况下，“人们可能会违背参与者的利益”[③]。

---

① 请参阅 Urfalino 及其批评文章［URF 05］所指导的“协商和谈判”文件。

② ［ELS 95］。
伯纳德·曼宁（Bernard Manin）“在他的一些作品中”并非不受乌法利诺批评的影响。

③ ［URF 05，p.111］。

作为一名社会学家，乌法利诺对社会科学的评价是严厉的："[他们] 正在重新发现一些对古希腊人和罗马人来说是平庸的东西 [……]。言论有能力修改意见，甚至推翻集体决定中各当事方的相对分量。"[1] 他进一步指出，社会学未能产生一种描述性的讨论模式作为讨论的检验，同时（与哲学）在民主国家的公开辩论中发挥核心作用；这一点甚至更为明显，因为讨论采取对话的形式，"就像纯粹的争论交换……与谈判和利益的自私追求形成鲜明对比"[2]。对于乌法利诺来说，"正是由于这种（异质）社会状况的存在，相当于政治集会，亚里士多德才认为修辞是有益的"。在他看来，会话模式应该被演讲艺术所取代，也就是一种修辞模式。他引用亚里士多德**修辞学**的以下一段话[3]："修辞学的职责是处理我们在没有艺术或制度指导的情况下所协商的问题，在那些不能一眼就能听懂复杂论点或遵循一长串推理的人的听证会上。"[4]

正如前面所讨论的那样，亚里士多德的方法至少与目前形式的协商民主理论的四个特点背道而驰。首先，我们需要作出推论，以便理解而不是简单地听到其他人所表达的论点（第3章）。其他三点分歧涉及提出论点的能力（第1章），赞成或承认胜诉的能力（第5章），特别是关于异质性的陈述："所涉各方必须通

① [URF 05，p.99]。乌法利诺会感谢雷默的工作 [REM 00]。

② [URF 05，p.100]。

③ [URF 05，p.112]。

④ 亚里士多德，修辞学，I.1357a 1–3，而不是 I.1537a，如乌法利诺的作品所述，因为这本书在 1420b 停止。文本来自 http://rhetoric.eserver.org/aristotle/rhet1–2.html#1357a（检索日期为 2016 年 7 月 20 日），基于 W. Rhys Roberts 的翻译。

过交换有序的信息和充分的理由，以合乎逻辑和有效的方式表达其主张和理由。”（第4章）

亚里士多德的协商概念不同于协商民主意义上的集体协商。此外，在协商方面，乌法利诺不认为专家之间的辩论之外的任何东西都是可信的。这与以前的摘录相矛盾；专家们有能力一目了然地了解相关内容，至少是在他们自己的学科范围内[①]。因此，修辞功能是不必要的。

乌法利诺和其他人一样，强调了通过共同论证和在其他外部个人面前进行协商之间的区别，这些外部个体需要确信自己的立场。第二种情况经常发生在参与式技术评估的范围内，特别是以专家听证会的形式。在负责任研究与创新的情况下，可能需要外部专门知识。例如，在欧洲项目的科学中期审查中就出现了这种情况。然而，在整个漫长过程的其余部分，公民或利益相关者会一起讨论这个问题，以得出他们的结论。此外，多个专家、利益相关者和公民之间的互动可以导致共同论证和共同商议。这些时刻构成了这一进程最丰富和最富有成果的方面。

我们稍后将从**修辞学**中回到这个节选。乌法利诺使用的是梅德里克·杜福（Médéric Dufour）和安德烈·瓦特尔（André Wartelle）翻译成法语的版本[②]，这与另一个被广泛使用的版本非常不同。第二种翻译版本可以用来以不同的方式考察修辞的运用与功能，并提出一种更适合参与式技术评估和负责任研究与创新

① 第2部分将讨论跨学科性问题。
② [ARI 91a]。这个翻译接近 Rhys Roberts 的英文翻译。

所涉及问题的思考方式。不过，我们将超越**人文**[①]的抽象领域，扩展研究的范围，以考察其他科学的本体，这些科学涉及发现和操纵，涉及侵入和改变现实，而我们考察的目的则是为了当下这个脆弱的世界。现在我们需要找到一条从预防理论通向预防实践的有效路径，来考察这种脆弱性。

① 在德语中对自然科学和人文科学的区别似乎比在英语（和法语）中对“硬”科学和“软”科学的区别更为恰当。

下篇

预防语境中的伦理多元主义和政治多元主义

导　言

本书上篇始于对柏拉图《尤西弗罗》的节录。那段文字至少同三类问题相关：同科学相关的问题，同道德与伦理相关的问题，以及同前二者之间关系相关的问题。我们已经深入考察了伦理问题，表明柏拉图就此问题所采取的立场同上述文本中的立场之间极具争议[①]；有可能克服它提出的问题，特别是关于伦理辩护的发展和寻求协议模式的问题。正如我们所见，真正的伦理困境其实凤毛麟角。同时上述文本仍切中要害，反映了广大群众乃至科学家们所持有的立场。现在，让我们切换到对现实语境的考察。我们不妨想象一下苏格拉底和尤西弗罗把他们对数字、大小和重量的思考统统搁置一旁，由此转而思考在属于国家的土地上种植少量转基因玉米的问题——比如种植在法国总统官邸爱丽舍宫的庭院里。

让我们思考另一个更加严重和近切的例子：援引预防原则谴责蜂窝电话中继天线安装者的法国地方法官，同法国国立医学院（Académie Nationale de Médecine）之间根深蒂固的分歧。法

① 第 1 章中将柏拉图的立场阐释为一元论，然而在《尤西弗罗》中，他令人惊讶地成了相对主义者。

国国民议会所表达的观点被前国家数字发展部长娜塔莉·戈舒斯科－莫里泽（Nathalie Kosciusko-Morizet）采纳，而她此前一直积极参与将预防原则纳入宪法的运动。随后，在巴黎市长办公室举办的一场公民会议上，格雷内尔·德·安特恩斯（Grenelle des Antennes）参与了这场论辩。[①]

一个更简单的方法是考察事实。我们该如何从六种假设[②]当中选择一个纯粹基于科学的假设，来解释在图卢兹的AZF化工厂发生的爆炸？

其次，我们应该怎样看待相互矛盾的事实——包括未来的事实、未来可能发生的事实甚至是其发生的可能性尚存争议的事实？

对此《尤西弗罗》中的对话到达了瓶颈。在关于虔敬的问题上，虽然苏格拉底力图以一种带有普遍性的方式动摇尤西弗罗的观点，但我们此刻正面临着令人吃惊的疑问，即涉及特定科学问题的专业意见是否可能。

所谓“未来理性主义”[③]，就其本质而言是一种协作性。以转基因农业为例，使“衡量”其风险成为可能的条件，如同使“衡量”很多其他创新技术的风险成为可能的条件一样，是存在问题的，而苏格拉底的简单“测量”放在今天则明显要复杂得多。如果不深入至此，则通常难以获取全面衡量与转基因相关风险的初始条件，原因很简单，独立的专业意见——特别是统计数据——依赖于解释，几乎不可能精确地再现某一实验。竞争造成的成本和保密问题是这方面的障碍。同样，影响性研究也会在短期内

---

① 法国环境卫生机构（AFSSET）就该问题撰写的报告尚未出版。
② 包括最终被选定的称为“三明治假说”在内的这六种假说，被公认为是最严格的。
③ [SAI 07]。

进行。

无论如何，苏格拉底和尤西弗罗如果活在今天，都需要培养自己谦抑的美德，以静待结果的证明和避免造成更严重的分歧。谦抑美德可以被视为与预防原则共享了某些特征。

面对这种类型的问题，生物哲学家汉斯·乔纳斯在其强调一种被社会技术实践所纠缠而没有出路的未来主义的著作《责任义务：探寻技术时代的伦理》中，并不去祈盼科学世界以这种方式变得平静，甚或变得不再透明[①]。科学社会学和技术社会学的研究已经记录并证实了乔纳斯的恐惧。这些努力在很多领域中都引发着争议[②]，特别是在科学前沿领域，这种类型的研究项目应该会遇到阻力[③]。

请注意，科学社会学也存在着争议，如结构主义[④]、理性主义和批判理性主义之间的争论，认识论和证明约束的区分和平衡，规范和科学真理之间的争论[⑤]，以及科学知识的社会决定问题。

然而，乔纳斯迅速转向他在科学中发现的不可能的未来学。我们的问题在于，鉴于这种不可能，乔纳斯把伦理放在不知情

---

① 在这平静跟不透明两个词当中，藏着整整一出戏的内容。

② 参见［REB 06d］。

③ 这种表达方式在科学政策中经常出现。而在工程科学语境当中，这种表达方式却可能在环境保护方面形成干扰，尤其是在社会实践层面，新的技术特别容易引发新的问题，这些问题不仅需要被理解掌握，而且即便无法被消灭于无形，也要做到提前预测并加以防范。

④ 国内也有争议。参见布鲁诺·拉图尔（Bruno Latour）和大卫·布鲁尔（David Bloor）之间的辩论，或哈金（Hacking）调查的问题［HAC99a］。

⑤ 伯特洛（Berthelot）遗作的名称［BER 07］。大致翻译为“紧握［或掌握］真理”。

的仲裁地位。这可能是决策主义的一个案例，这是哈贝马斯[①]概述并在本工作导言中讨论的信息与决定之间可能存在的第二个关系。我们首先考虑的是伦理评价应以科学数据为基础。在数据本身有争议的情况下，我们简要地提出了一种永久修订的形式，以考虑到新的结果及其可信度。我们还考虑了不同程度的不确定性的使用。这两点将在下一章中进行更详细的讨论。第 4 章采用了一种更细致、更详细的方法，更接近于风险评估的实践，而不是乔纳斯的未来学——考虑到不确定性背景下的预防原则和决策。这是为了使我们能够对于防范（prevention）和预防（precaution）之间的差距问题采取比乔纳斯所设想的更小的极端立场。这些新方法的目的是减少对未来前景的限制，而不是对长远预期的限制。诚然，我们将考虑采取行动的决定所涉及的压力，这将把伦理放在有关推定损害的规模和程度的第一线。乔纳斯的“蔓延的警示”[②]（rampant apocalyptics）的想法是正确的，因为技术侵入了社会和自然[③]。

然而，如乔纳斯所建议的那样，单一的伦理不能履行仲裁这一任务。

首先，正如我们所看到的，伦理是多元的。因此，它需要加以强化，并根据被评价的不同实体加以描述，每一实体都有助于

---

① 见 [HAB 73]。

② 这与突如其来的天启现象有明显的不同，如一次突然的大规模核攻击的例子所示。这个例子在劝阻辩论中被广泛使用，是让 - 皮埃尔・杜佩（Jean-Pierre Dupuy）最喜欢的例子，他是预防原则的解释者之一。和许多从事世界末日主题研究的人一样，杜佩的目标是勾画出技术灾难的发展历程。请参见 Reber [REB 00]。

③ 关于与技术有关并涉及技术伦理的不同立场的问题，见 Reber [REB 03]，这是一项由法国资助的探索性研究。

选择道德问题的某些方面，并通过使用本身在不同途径（无论是一元论还是多元论）上加以规范的因素，使之成为相互之间的关系。这些因素构成了伦理理论。乔纳斯只设想了一个开明的、有能力作出勇敢决定的合法权利的情况；在现实中，政治家的授权很有限，选民往往不会把目光投向他们这一代的利益之外[①]。当然，这个问题很难转化为哲学或经济学的术语，也很难在公共政策层面上体现出来。乔纳斯没有进行这种尝试。然而，与伦理多元主义有关的问题仍然更为复杂。

此外，我们应避免将“科学”这一婴儿与其“过渡”的洗澡水一起倒掉。科学和伦理[②]必须共同努力，最终达到预防的目的，但不能低估某些风险和不确定因素。

因此，有关的协商现在比以前更加复杂，因为我们需要考虑科学争议以及伦理评价方面的各种问题和各种可能的解决办法，但须受政治限制。以下三章将说明与这一新要素有关的困难，特别是在有严重或不可逆转损害嫌疑的情况下的预防，不确定情况下的伦理和政治决定，各种形式的承诺和对未来的期望（悲观主义 / 乐观主义）。

我们将提出协商民主理论的新版本，侧重于它作为一种未来流派的特殊性，并以用来捍卫合理性的论点为基础。伦理理论的道德哲学被应用于这一背景下，作为一种因果关系的形式，涉及概率，而不限于应用伦理学框架内的案例研究。然后，我们将考虑科学、科学实践和伦理之间的关系，事实和价值观的相互交

① 这一看法越来越不真实，《京都议定书》的签署（1997 年）以及最近在气候变化背景下于 2015 年底在巴黎举行的第二十一届缔约方会议的成功就证明了这一点。
② 伦理，多元，兼顾不同的伦理理论。

织，共存学科之间存在的争论，学科间和学科内相互竞争的认识多元主义方法，以及跨学科背景下的争议性共存。

我们还将概述可能的解决途径，特别是对话共同论证的途径。然后将重新讨论伦理理论的多元主义问题，重点放在可能改变评价的相关因素上。被评估的实体的类型，以及在更大程度上的规范性因素，突出了科学调查的不同途径，将这些调查的实证结果应用于支持伦理决策。因此，规范层面不会留待最后一个阶段，一些科学和技术社会学家对这一趋势提出了批评，他们的观点将在这里提出。从一开始，在任何实验之前，在向金融支持者、保险公司和伦理评估委员会提出的论点中，在涉及生物的研究中，就涉及规范方面的问题。此外，在科学研究过程中，认识意义上的和伦理意义上的价值观与规范，经常被谨慎地用来划分实践阶段和结果验证阶段。

随后，将从预防原则及其对自然科学研究人员日常工作的影响两方面考虑假设在研究中所占的位置。

我们并不认为，这些问题以及它们所要求的可能复杂的解决办法远远超出了参与式技术评估和负责任研究与创新的范围，或超出了对其两个关键方面的评价：一方面是科学因素，另一方面是伦理和政治因素。这些问题在辩论中迅速出现。的确，这些辩论可能不足以作出令人满意的答复；专家回答参与式技术评估人员提出的问题的最低要求往往得不到满足[①]。然而，这并不必然导致失败。此外，备受赞誉的和制度化的预防原则可被用来构成这一新评价的框架，条件是对这一原则的整体理解是正确的，也

---

① 法国“生物伦理公民代表大会”（Etats Généraux de la Bioéthique）提供了这一差距的一些例子，这些例子发生在选定的公民小组成员实际提出申诉的时候。

许还可与从哲学或战争机器的马厩中取来的其他“战马”结合使用——用德勒兹和伽塔利的这两个术语来说[1]。

① 德勒兹谈到了战争机器，法语中的“machines de guerre”。参见 Deleuze [DEL 87，第 12 章]。

第 4 章　诉诸预防元原则：针对不确定性的商定与协定

得益于科学，我们已经习惯于生活在一个已知世界当中，在很多方面，有着一个确定而可预知的未来。某些哲学家对时间、技术及本体论的概念感兴趣，如海德格尔，生怕那些没有被预测或计算出来的事物，将永远不会出现或发生[①]。其他具有创造性的哲学家，如埃里克·沃格林（Eric Voegelin），认为这种观点是诺斯替主义[②]的一种形式。正如我们所看到的，这些观念已不再牢固。科学和技术对知识、模拟、建模和预测的能力尚未被质疑，但在不确定的情况下却发现了一个新的地方；此外，还在技术进步的背景下发现了这一点。科学和技术在进步时提出新问题的能力有些自相矛盾[③]。这种不确定因素可能会被接受，作为一种接受最好的和最坏的合同的一种形式的一部分；至少，我们必须接受缘于知识的挫折，对此我们宁可越发信其有。未来再一次

① [HEI 77]。

② [VOE 87]。见 Reber [REB 01b] 乔纳斯可能已经同意这一观点，这可能与他关于技术科学的不可能性的未来学观点判决相比较。

③ 见 Berthelot [BER 07]。

被渲染了不确定性色彩。或许是我们重新发现了不确定性，这种不确定性以前被认为已经借由科学排除掉了，或者被归结为是对科学的真正本质和实践产生的幻想。

然而，持有一种沉默的态度，接受这种不确定和冒险的技术文明，以至于放弃获取知识甚至采取行动的可能性是极不明智的。创新的过程和知识的力量使得被动的态度已不被接受，特别是在技术可能造成严重或不可逆转的损害的情况下。这样就引出了两个问题。

（1）第一个问题超越了简单的技术能力，涉及阐明不同知识阶段中的不确定性的表现。很显然，在不确定性的边界存在着很大的争议空间。不确定性甚至可能被视为争议的基石。面对证据，科学领域的争议不可能存在。然而，在其他领域仍然存在争议。

（2）第二个问题涉及针对这种不确定性采取的行动。例如，这是欧盟为了确保高等级的安全性的一项基本原则。

这个问题与哈姆雷特的疑问相映成趣：我们需要决定“行动还是不行动（to act，or not to act）”，以便我们可以继续思考“生存还是毁灭（to be，or not to be）”的重要问题。

在欧洲[①]，预防原则已经成为一种政治和伦理的基本元素，旨在为某些有关科学和技术选择的政治决策提供框架。它应当在某些特定情况下应用，特别是在可能造成严重的和（或）不可逆

① 正如1992年6月10日通过的《关于环境与发展的里约宣言》或6月25日《关于在环境问题上获得信息，公众参与决策和诉诸法律的公约》所述，这一原则在国际上得到承认。1998年，俗称奥胡斯公约。

转的损害[1]的风险评估中由于科学技术专业知识限制而导致很大的不确定性的情况下。预防原则可以为进行深入的参与式技术评估的评估类型提供适当的框架，同时也对负责任研究与创新存有相当可观的承诺。

本书第一部分所思考的内容主要是跨学科的，使我们能够进一步探讨与认识论多元主义有关的问题；这方面涉及科学，将在第6章中详细讨论。还将进一步考虑风险评估与预防原则之间的联系以及道德和政治多元化之间的关联性。值得注意的是，在预防原则的作用范围内，第二个要素受到的关注较少。

在法国，自2005年以来，在《环境宪章》（*Charte de l'environnement*）的框架内，已将预防原则载入“宪法”。某些分析人士认为这在全球范围内是史无前例的。虽然该原则已迅速成为处理某些公共科学争议（如转基因问题）的主要参考资料之一，但它仍然需要进行解释性的讨论[2]。与预防原则相关的重要性、新颖性和不稳定性要求这种预防原则更加精确，正如前法国总理[3]的一份报告中所要求的以及预防原则委员会的通讯[4]中所提及的那样。

---

① 法国的表述（L. 95-101，1995年2月2日；法兰西共和国宪法，2005年3月1日）使用“和”一词，而1992年里约宣言的原则15则称“严重或不可逆转的损害”。就难以界定真正构成不可逆转的损害而言，法国的表述要求更高，而且可能过于严格。

② 一些法律专家认为这是一种逃避实施预防原则的制度设计。参见文献Foucher K., presentation in the context of the *journée scientifique, Et si la précaution n'était pas qu'un principe？ Le principe de précaution et les normes,* Grison D. and Reber B.（eds），Université Paris Diderot Paris 7，19th May 2009。

③ Lionel Jospin 授意并由 Philippe Kourilsky 和 GenevièveViney 起草。见［KOU 00］。

④［EUR 00］。

在不详细说明在国际范围内逐步承认这一原则的情况下，我们现在将考虑其第一个法律上的表述。目前已经使用了多种表述，例如出现在20世纪60年代后期的德语版本“Vorsorgeprinzip”，以及从20世纪80年代中期开始的国际法中的若干文本，它们都具体涉及了该原则。1987年第二届北海保护国际会议的部长宣言就是一个例子。随着1992年《里约宣言》原则15的纳入，极大程度上增进了某种国际公认，其中规定：

> 为了保护环境，各国应根据其能力广泛采用预防方法。如果存在严重或不可逆转的损害威胁，则不应将缺乏充分的科学确定性作为推迟采取预防环境恶化的符合成本效益的措施的理由。

几个月前，即1992年2月，《欧洲联盟条约》将预防原则作为欧洲联盟环境领域政策的基本要素之一。

因此，在对法国法律进行保守处理时，预防原则在国际上已广为人知。我们的《转基因民主》（*La démocratie génétiquement modifiée*）的章节之一就是致力于预防原则中的争议之一：控制转基因生物的应用和传播。这场争论产生了1992年7月13日的法国N° 92–654号法律，该法律规定了任何关于将产品推向市场的进行授权请求的“使用预防措施”，“这可能被认为并非是保密的”。

但是，根据1995年2月2日的巴尼耶法律，法国的预防原则才真正体现出来。它现在构成了环境法规的第L. 110–1条的一部分：

鉴于目前的科学和技术知识状况造成的确定性的缺失，不应推迟采用有效和适当的措施，以便以可接受的经济成本防止对环境造成严重和不可逆转的损害。

1996 年 12 月 30 日法国有关空气质量和合理使用能源的法律将该原则的适用范围扩大到公共卫生领域。此外，1998 年 7 月 1 日关于加强观察和检查供人类使用的产品的卫生安全的法律，其灵感来自预防原则，但并没有明确指出。

4.1 | 预防原则的无端批评

一项原则在全世界范围内被如此迅速地加以采用，并对政治、科学甚至道德领域产生影响，这种情况是罕见的。对预防原则不是只有赞扬的声音，它也成了世界贸易组织内部欧洲跟美国之间激烈辩论的主题，美国甚至指责其欧洲对手为反启蒙主义者。一位善于引导舆论的法国顾问雅克·阿塔利（Jacques Attali）指出，这一原则应对经济滞长状况[①]负责，并称这一原则为“开倒车”[②]和“哗众取宠”。同样是在法国，法国国家医学科学院[③]也

① 在经济危机之前，但在 Grenelle de l'environnement 期间。一个涉及可持续发展关注的主要利益相关者以制定围绕生态挑战、生物多样性和能源转型的巨大政策的过程。

② 法语“ringard”。

③ [DAV 98]。然而，由于缺乏关于危机的科学证据，ANM 确实在 2004 年 10 月第一次应用该原则而没有明确引用该建议，仅反对用额外的产前超声波“取乐”而非医学原因。

反对将这一原则的使用从环保领域扩大到医学科学涉足的领域，并指出应有的审慎态度乃至预防举措已经在医疗过程中得到了充分贯彻。医学科学领域同环境科学领域的情况到底不同，环境科学或许显得更加“不成熟”。

仅就哲学领域而言，知名专家在这个问题上就采取了截然相反的立场。如卡斯·桑斯坦（Cass R. Sunstein）[①]和让·皮埃尔·杜佩[②]所发表的著作当中，出现的两位作者意见相左的情况，即可以作为例证之一。两位作者都积极参与哲学活动，同时桑斯坦还是一名法律专家，杜佩还是一名工程师，后者曾在久负盛名的巴黎综合理工学院和巴黎国家矿业学院进行深造。这两位作者的分歧并不仅限于各自所持“灾变论”观点同“反灾变论”观点的对立。他们第二部作品的副标题甚至彻底反转了之前的对立：杜普伊指出其之前认为不可能发生的灾变，其实是在劫难逃的。

另外，杜佩还引用了伯纳德·威廉姆斯关于“道德运气”[③]的思想观点和高更的著名案例，高更为了成为一名伟大的画家而抛弃了自己的家庭（如前所述）。威廉姆斯则打破了所有形式的理性辩护：他认为，在道德选择当中，必将涉及侥幸和（或）冒险，并且二者将会对结果产生影响。我们想知道的是，伦理是否应该提供一种防御风险和不幸的方式。这种差别的重要性可能不仅体现在责任方面，而且还体现于行动的正当性。威廉姆斯并非

① [SUN 05]。桑斯坦和杜佩没有互相引用，他们的作品是独立的。

② [DUP 01]。让·皮埃尔·杜佩也被这个原则的专家奥利维尔·戈达尔所反对，但这种分歧集中于灾变论和反灾变论的分歧。例如，见戈达尔等 [GOD 03]。

③ [WIL 93，pp.35–55] 和“Postscript”在同一部著作中，第 251–258 页。在这项工作中，需要区分内在危险（取决于代理人）和外在危害（属于代理人控制范围之外）。

唯一一个对道德运气思想加以引用的作者。托马斯·内格尔[1]提供了一种更为复杂的方法，没有被杜佩所引用。这种方法与个体对自身行为的控制有关，个体对其行为负责。内格尔划分出四类运气：（a）结果的（以某一行为或事件的结果作为方式）；（b）环境的；（c）因果的（以先在环境作为决定性因素）；（d）构成的（取决于行为个体的倾向、能力和性格）。

这些论点都难免要受到批评[2]。就像我们将在预防原则的案例中看到的那样，在这种经常出现的、不得不在充满不确定性的情况下作出决策的情境当中，存在着几种可以被科学地加以实施的方法。在伦理学背景之下，风险问题也得到解决，这种情况在这门学科的整个历史当中很容易看到[3]。

至于在哲学和其他人文及社会科学中就这一原则所展开的大量研究工作，使分布在广阔范围之上的很多不同侧面和细节都得到涉猎，以至于我们有时会怀疑作者们是否真的在就同一思想观念进行讨论。

抛去这种怀疑不谈，该领域中的这种百家争鸣是几个不同因素相互作用的结果。第一，最近预防原则被纳入了工业、公共政策、科学专业和社会之间的关系中[4]。第二，这一原则未明确命

---

① [NAG 79]，[NAG 93，pp.57–71]。

② 关于这个问题，请参阅 Andrew Latus 关于道德运气的文章，对于两种类型的道德运气的回答：http://www.iep.utm.edu/moralluc/。

③ 例如，见 Jonsen 和 Toulmin [JON 88]。 它涵盖了神学家和哲学家在伦理学领域所引发的所有可能性和确定性的细微差别。

④ 关于 Wingspread 会议，请参阅 Myers 和 Raffensperger [MYE 06]。这次会议在 Johnson 和 Alton Jones 基金会以及马萨诸塞州洛厄尔大学的赞助下，汇集了威斯康星州的科学家、法律专家、环境协会和决策者的代表。它已成为预防原则的主要灵感来源。组织者声称会议包括加拿大、美国和欧盟的参与者。仔细观察清单，大多数受邀代表来自北美。 一位农民也参加了为期三天的活动。

名的事实并不意味着它没有以另一种形式应用。对于美国的某些程序来说就是这种情况，这些程序在概念上类似但未提及预防原则。除此以外，也还需要对有效的做法和法律进行仔细和详细的比较。第三，涉及地缘政治问题，如WTA内部的冲突。预防原则及其解释加剧了各国之间的分歧。最后，还涉及一些其他更具体的要素，这些要素与我们的讨论更为相关，具体探讨如下：

第一，预防原则受制于一种严重的解释性的波动。对于某些涉及广泛的原则来说通过不同机构间的协商使对该原则的解释留有余地已经司空见惯。然而，正如我们所看到的，某位总理一直要求对预防原则进行阐明，这项任务由两名研究人员完成：一名是生物学家，另一名是法律专家。

第二，预防原则涵盖了并在一定程度上阐明了科学、伦理和政治评估的问题，这是这项工作的核心。

第三，严格来说许多作者只是思考或解决了元原则的一部分。出于纯粹的说明性目的，一些作者关注风险的性质，而另一些则关注风险假设的比较；对于最灾难性的情景的信贷；对于可能造成的严重的和（或）不可逆转的损害的（新的）情况发展的可选择解决方案的思考；以及应采取或可采取的措施。即使在这些选择中，也可以找到一些更微妙的细微差别。例如对于选择预防措施的程度，其中一些作者采用基于不同可能决策的连续统一的常识方法，对应于不同的程度预防措施[①]。

马克·亨亚迪（Mark Hunyadi）这位哲学家试图在三个“预防学派”的基础上创建一个“近似”——这几乎完全是法国的

---

① 见Myers和Raffensperger［MYE 06］。

分类——每个“预防学院”都涵盖了“预防性质的不同范式”[1]。这些范式不仅仅局限于哲学领域。简而言之，这些具有代表性例子的“学派”包括灾变论学派，根据最大的风险，人类遭到破坏来律令预防原则（Hans Jonas，Jean-Pierre Dupuy）；审慎学派（Philippe Kourilsky and Geneviève Viney）和协商学派，它利用预防原则作为参与式民主的杠杆，以达到所有人都能接受的决定（Michel Callon，Pierre Lascoumes，Yannick Barthe）[2]。所有这些作者都已在本文的其他地方引用过。

马克·亨亚迪的论文的第一部分反对这些作者，并且提出一种“预防的困境”[3]，基于风险的唯一性质反对区分预防（precaution）和防范（prevention）。亨亚迪认为，许多作者将潜在风险（预防）与已知风险（防范）区分开来。然而，对他而言，这些潜在的风险“必定被视为真正的危险（因此文章[4]中从‘潜在风险’转变为‘危险’），否则就不会采取措施来阻止它们。那么，预防和防范之间的区别在哪里？对我们来说，风险是肯定的”[5]。亨亚迪感到惊讶的是，这种情况没有任何改变，因

① Hunyadi [HUN 04a]，其中包括一个名为“La logique delaprécaution”的附录，pp.149–193。[HUN 04a，p.157]。在脚注中，作者基于该原则的规范性强度提供了另一种分类。他还指导了另一项工作 [HUN 04b]。

② [HUN 04a，pp.157–171]。

③ [HUN 04a，p.173]。考虑到 Pierre Lascoumes（忘记了他的合作者）在这里非常接近“可能被合理地称为预防措施的东西”，作者对 [CAL 01，pp.125–126] 的摘录提出了异议。Hunyadi [HUN 04a，p.271]。他抛弃了其他作者的支持，这些作者支持 Lascoumes 的引用，包括伯恩斯坦和贾斯珀 [BER 98，pp.109–134]，以及 Chatauraynaud 和 Torny [CHA 99]。

④ 在这里，他的批评目标是 Pierre Lascoumes，在 [CAL 01，p.271]。此外，戈达尔等人。[GOD 03，pp.125–126]，作者认为是“新风险圣经”，在这一点上不能免于批评。Hunyadi [HUN 04a，p.171]。

⑤ [HUN 04a，p.173]。

为在两种情况下——假设风险和已知风险——都采取了措施以避免“不良后果”[①]。对这两种风险的处理是相同的：“我们有义务将假设风险视为已知风险。”因此，他坚持认为，面对“必须避免被判断为过于具有损害性的后果”[②]，这种概念上的区别就会消失。

接下来亨亚迪对这些作者以及文献 COM［EUR 00］进行苛刻的批评。对他而言，所有这些文本都是盲目地接受“一种公然的矛盾，这种矛盾在他们推理的每一步都像红灯一样闪烁”。这一矛盾聚焦于对以预防原则为名采取的措施，这种措施“在规模和性质方面不应与在类似风险背景下采用的措施相比较”[③]。他认为，通过这种方式，我们避免了“真正考虑预防和防范之间的区别，如果这是根据风险的性质进行区分的”[④]。

亨亚迪的工作的第二部分“预防的困境”，是基于最大风险的简单可能性，这总是导致一个或多个相应的预防措施，这些措施将迅速变得不可通约[⑤]。

正如乔纳斯所讨论的那样，我们认为亨亚迪对风险类型的区分使得未来学的不可能性问题太过清楚。在以下小节中将更详细地考虑科学中遇到的不确定性，这些不确定性在预防方面都很常见，同时应考虑预防措施的时刻以及决策者可以选择的方式。

同样的，亨亚迪在第二部分中对其“预防的困境”的阐明

---

① 请注意，预防原则的表述涉及严重和 / 或不可逆转的损害，而非可取性。

② ［HUN 04a，p.174］。

③ ［GOD 03，p.174］。

④ ［HUN 04a，p.171］。

⑤ 虽然没有明确说明，亨亚迪在这里指的是灾难论的说法，尽管他并不认为任何被引用的作者都会做出如此荒谬的结论。

以及其关于最大风险的内容更加平衡，并在文献 COM［EUR 00］中进行了更为详细的介绍。这使我们有理由怀疑亨亚迪对最大风险覆盖率的不可通约性的分析。

最后，亨亚迪的预防概念[①]有些局限：它“只是一种推理的方式［……］与后果的计算有关［……］只是一种用于工具推理的工具。［……它］只是为了合理地管理不确定性，这些不确定性本身就是工具思想的产物”[②]。他补充说，真正的问题是在基于预防措施的推理之后出现的。亨亚迪继续考虑与政治哲学和评估相关的问题，其中一些与本书中提出的问题类似，也可以使用参与式技术评估和负责任研究与创新方法进行处理。

亨亚迪的研究工作结束于考察表现的方面，例如我们可能希望或不希望看到的关于我们或我们种群的某些表现，例如类似于尤尔根·哈贝马斯（Jürgen Habermas）[③]或彼得·坎普（Peter Kemp）[④]所讨论的那些内容。

严格意义上的伦理学的某些支持者拒绝这种对哲学人类学[⑤]问题的延伸。这些问题无论多么有趣，都会使我们远离预防原则。我们认为，有可能并且更可取的是，彻底考虑与这一原则直接相关的问题，而不是迅速转向更为一般性的问题，这些问题与哲学人类学或人类理想的愿景更为密切相关，其中的共识将是很

① 而不是“预防原则”。但是，正如 COM［EUR 00］的引用所证明的那样，这是针对此的原则。

② ［HUN 04a，p.192］。

③ ［HAB 03］。

④ ［KEM 97］。

⑤ 这些规范主张与人类学相比，与道德哲学相关，是与相对较新的社会学学科进行的激烈辩论的起源。例如，参见 Merllié［MER 04］。

难获得，这远远超出罗尔斯的判断的负担和预防原则。

尽管亨亚迪工作的主旨和上述评论具有局限性，我们也将在第6章就其利用假设推理[①]，基于逻辑假设而非经验确定的区别而对“皮尔士”（Peircean）提案的有趣用法进行更详尽的思考。然而，我们需要更深入地理解预防原则的应用的逻辑阶段，而不是简单地将“基于预防的推理”用于实际推理[②]。

其他哲学家，特别是英语语系内的哲学家，已经反驳了这一原则。但是，遗憾的是他们没有引用欧洲联盟就此问题提出的参考文本。例如，华盛顿大学的斯蒂芬·加德纳在《预防原则的核心》中发表的一篇经常被引用和引人入胜的文章，该文章在摘要的第一行强调指出“预防原则仍然存在，既不是一个普遍接受的定义，也不是一套指导其实施的标准［……］。没有人确定［……］如何实施它”[③]。

不出所料，加德纳的参考书目中有一个明显的遗漏，关于预防原则的应用：2000年2月2日《预防原则委员会关于预防原则的通讯》。然而，加德纳的战略是原创的，尽管他的目标与《恐惧法则》中的桑斯坦的目标相同，反对该原理的灾变论的阐释。正如我们将在下面看到的，加德纳利用约翰·罗尔斯的工作来发展他的这一原则的方法，特别是关于未来的信念问题最大化的应用标准和对风险的厌恶程度。正如哲学中经常出现的那样，为了避免弄巧成拙或离题万里，我们将使用关于该主题具有权威性的文本。只有经过欧洲联盟委员会所有总体方向的认可，才能在经

① [HUN 04a，p.176]。
② [HUN 04a，p.180]。
③ [GAR 06，pp.33–60，p.33]。

过长期艰苦的斗争获得广泛共识后获得该案文。正如我们将要看到的，某些作者所言与预防原则大相径庭。

4.2 | 预防原则：组成部分和触发因素

预防原则由若干不同的要素和原则组成。在本节中，我们将思考这些组成部分，主要从它们与科学评估的基本关系出发。在英文版的《预防原则委员会通讯》中，第 12 页第 5 小节题名为"预防原则的组成部分"。这部分内容将在此处列出，并附有一些评论。

这部分内容首先确定"两个不同方面"①：

（1）"与触发预防原则的因素有关的，采取或不采取行动的政治决策"。

（2）肯定了"如何采取行动，即通过运用预防原则所形成的方法"。

《通讯》接着讨论了关于不确定性的思考方式的争议②，即是否属于风险评估或（简单）③风险管理。文章认为"应用预防原则的方法应在结构化方法中思考风险分析［……并］与风险管理有很大联系"④。

---

① COM［EUR 00，p.12］。正如我们将要看到的，一开始区分的两个阶段是粗略的，它涵盖了其他子部门。

② Stirling 等人［STI 99］。早在风险评估阶段就捍卫让利益相关者和受影响公众参与的想法。

③ "简单"是我们添加的。

④ COM［EUR 00，p.2］。因此，Stirling，Renn，Klinke，Rip 和 Salo 所表达的担忧部分地通过沟通来涵盖，因为它将风险分析打开到更一般的框架，同时专注于管理。

这种说法在通常的“分析1—管理2—风险传达3”的三重关系中看来有些令人惊讶。在这里，管理可能被视为更广义上的风险分析概念的一部分。

接着，《通讯》提醒了不要混淆并鼓励明确区分审慎（prudence）和预防（precaution）[①]。“这两个方面是互补的，但不应混淆”[②]。

第一个方面，触发预防原则的因素包括三个主要组成部分[③]：

1.1 辨别潜在的负面影响；

1.2 科学评估；

1.3 科学的不确定性。

1.1 第一部分是运用预防原则的先决条件，“辨别一个现象的潜在负面影响”。准确的表述很有意思：“为了更彻底地了解这些影响，有必要进行科学的审查。在没有期待额外信息的情况下进行审查的决定与对于风险的少空谈多务实的认识能力有关”[④]。因此，对某种现象进行科学评估的决定是基于一种与对实际融会贯通的认识能力[⑤]。

我们也不妨考虑这些新信息的性质。我们认为，这很可能是基于理论发现和理解的新研究的结果，它可以更好地理解这一现象。

此《通讯》似乎优先考虑对潜在负面影响的实际情况的认识

---

① 有关这些区别，请参阅 Grison [GRI 09c]。

② COM [EUR 00，p.12]。

③ 为清晰起见添加了编号。

④ [EUR 00，p.13]。

⑤ 这意味着理论感知和实际感知之间的差异。

能力，在此辨别阶段的背景下无需等待其他可用的信息。

1.2 第二个因素，即“科学评估”，本质上更加激进。这得到了题为“风险评估的四个组成部分”的附件三的支持。这些相同的要素在相关的第 4 节的最后一段中有所说明[①]：

1.2.1 危险辨别；

1.2.2 危险描述；

1.2.3 曝光评估；

1.2.4 风险描述。

文章承认这四个要素中的每一个都可能受到科学知识的局限。它还指出，在作出决策之前，应实施所有这四个步骤。

在此语境中，我们认为对行动的决定仅适用原则（2）的第二个主要方面，该原则涉及措施[②]的实施，并与“如何采取行动，即应用预防原则”[③]相呼应。

1.3 第三个因素涉及科学的不确定性。讨论[④]以传统的“科学方法的五个特征”[⑤]为中心：

1.3.1 选择变量；

1.3.2 形成量度；

1.3.3 抽取样本；

1.3.4 使用模型；

1.3.5 利用因果关系。

---

① [EUR 00，p.28]。

② 通过阅读附件三的开头可以证实这一信念。

③ [EUR 00，p.12]。

④ 文中的第 5.1.3 节。

⑤ 在使用单数术语“方法”时，文中暗示该方法对于任何学科都是相同的。然而，后面描述的特征表明存在几种不同的方法。

文献 COM［EUR 00］补充说“科学上的不确定性也可能来自对现有数据的争议或缺乏某些相关数据”。此外，它“可能与分析的定性或定量要素有关”[①]。

然而，在这最后，更为详细的阐述并未得到普遍接受；一些科学家更倾向于 1.3’.“更抽象与更普遍的方法”其中所有不确定性被分为三类：1.3’.1. 偏见、1.3’.2. 随机性和 1.3’.3. 真正的可变性；其他“专家”，1.3”.，则使用“对事件发生概率的置信区间和危害影响的严重程度方面的估值”对不确定性进行分类。

面对这一问题的复杂性，欧盟委员会要求提交四份报告，旨在“全面阐述科学的不确定性”[②]。

如果没有更好的办法，这可能被视为一种涉及针对多种不同形式的不确定性的方法的决策手段；然而，文献 COM［EUR 00］指出，风险评估人员通过将“审慎”[③] 的部分纳入其中（不要与预防原则混淆）来适应这些不确定因素，例如[④]：

1.4.1 依靠动物模型确定对人的潜在影响；

1.4.2 利用体重范围进行种间比较；

1.4.3 采用“**安全**”[⑤] 系数评估可接受的每日摄入量，以解释

① ［EUR 00，pp.13–14］。

② 最后制作了一份报告，而不是最初计划的四份报告：Stirling et al.［STI 99］。该报告与评估的这一部分没有什么特别的不同。然而，根据协调员 Andrew Stirling 教授的说法，研究人员受到了欧盟委员会总委员会成员的压力，这种情况极为罕见。他们在报告创建期间被传唤，以处理预防原则与风险 / 利益评估之间的反对问题，某些游说者希望委员会采纳这一问题。 令人惊讶的是，此类风险 / 收益评估后来被例如美国法律专家提议作为一种更好的选择。C. R. Sunstein.

③ 我们添加的和标为斜体的。

④ 为了清楚起见，以这种方式编号。

⑤ 我们标为斜体的。

物种内和物种间的变异[1]；

1.4.4 对于被认定为遗传毒性或致癌物的物质，不采取“**可接受的**”每日摄入量；

1.4.5 采用 ALARA[2]，“**尽可能低的合理可行水平**”作为某些有毒污染物的基础。

黑体字部分表示我们现在正在实施的安全措施。仅仅对现象提出质疑已经不够了。这些工作或许可以被视为属于预防原则的第二方面，即采取的措施。

值得注意的是，评估阶段包含的大篇幅的细节使某些哲学家的声称变得一文莫名。他们声称预防原则缺乏方法，转而鼓励认知禁欲，或者回归反科学的蒙昧主义。

因此，文献 COM 2000 承认存在这样的情况：“科学数据的不‘**充分**’[3]使得人们在实践中‘**应用这些审慎的部分**’。即，那些由于‘**缺乏参数进行建模**’以及‘**存疑但尚未证明的因果关系而无法进行推断**’的情况。正是在‘**这种情况**’下，决策者面临着必须‘**采取行动或不采取行动**’的两难抉择。”

本小节的摘要补充说，“采用预防原则的先决条件是确定现象、产品或程序可能产生的负面影响”，而且，更重要的是，“对风险的科学评估，由于数据不足，其不确定性或不精确性，‘**使得所涉及的风险无法得到充分确定**’”。

到目前为止，预防原则不能与防范区别开来。这篇通讯指

① 请注意，该因子的大小取决于可用数据的不确定程度。

② 这个术语用于 cyndinics（风险科学）和希伯来语 halakha 之间存在令人愉悦的共鸣，表示在 Talmud 中发现的实证法。

③ 我们标为斜体的。

出了明确强调和阐明众所周知的科学实践中的不确定性的益处所在。

4.3 | “行动，还是不行动”

接下来，我们可能会采取行动。根据文献 COM［EUR 00］的说法，这一决定“具有明显的政治性”，并且是“对于风险强加于其上的社会而言风险水平‘可接受的’一个功能”[①]。

如果决策者决定采取行动，他可以进行“一系列行动”：司法审查，“为研究计划提供资金的决定，甚至是决定向公众通报产品或程序可能产生的不利影响”[②]。某些法哲学家，如桑斯坦所表达的恐惧，基于某些法律造成的弊大于利的破坏性影响，可能会导致错误的假设，即这些可能的行为纯粹是司法行为。

《通讯》的第二部分为实施这一原则提供了指导方针，给出的解释与上面所示的解释略有不同。该文章指出，科学评估应包括“对于用以补充由于缺乏科学的或统计的‘**数据**’而进行的‘**假设的描述**’[③]”。此外，“应思考对不作为的潜在后果进行评估［……］；在思考可能的措施之前，等待或不等待新的科学数据的决定应该由决策者通过采取最大限度的透明度来作出”[④]。

---

① 这里不考虑社会可接受性、分析、构造和可测试性的问题。但请注意，从这个角度来看，PTA 可以提供非常有用的帮助，并且代表了最好的工具之一。RRI 还有能力在这一领域提供答案。

② ［STI 99，p.15］。

③ 我们的斜体用于突出我们认为重要的元素，这些元素都是为了回应对原则的无根据批评和分析目的。

④ ［STI 99，p.16］。

因此，必须有两个不同的时刻决定等待或不等待新数据；关于引出使用预防原则的第一个因素，已经提出了这个问题。

文献 COM［EUR 00］指出，不应当使用缺乏科学证据为不作为做辩护。它还强烈建议适当考虑可信的少数派的意见，并且所有有关方都应该从一开始就参与该决策程序[①]。同样，它规定了所有风险管理措施的“一般适用原则”，而不仅仅是预防原则。这些适用原则包括均衡性、不歧视性、一致性、审视采取或不采取行动损益，以及对科学发展的审视。虽然这些要素并非特定于预防措施，但它们通常是分析师考虑的唯一原则[②]。

考虑到这一系列原则，我们认为预防原则可以使我们避免限制用于管理风险的可用选项的数量——这些选项尚未得到充分评估。同样地，它思考了在因果关系或科学验证的难以证明情况下那些只在暴露出来后才产生的负面影响。最后，请注意不歧视原则加入竞争的最后一点：举证责任的（非系统性）逆转，“转移举出科学证据的责任”[③]。通讯作者认为，这是立法者采用预防原则的一种方式，特别是对于“被认为是先验危险的物质或在某种吸收水平下具有潜在危险的物质”。

早些时候，我们表示打算回归罗尔斯在政治自由主义关于判决责任的说明中作出的区分。他明确表示，他的意图不是要在法律案件中扭转举证责任，将此责任转移至原告或被告[④]。与举证责任相关，这种联系现在可以在预防原则的背景下进行，这迫使

① 这一点已经是［STI 99］关于早期参与评估的建议的一步。这是由 RRI 推动的。

② 不仅是哲学家或社会学家，其中一些人已被提及，而且还有法律专家。一个值得注意的例子是 Icard［ICA 05］。

③ COM［EUR 00，p.20］。

④［RAW 95a，note 9，p.55］。

新技术的生产者[1]证明其安全，而不是强迫受害方提出造成损害证据。那么，这种新的理解如何作用于举证的责任呢？这个概念肯定与罗尔斯提出的版本不同，包括额外的责任。判决已经很难产生且可能导致多种结果；现在，生产者还有义务证明他们生产的产品是无害的。如上篇中所论述，这种判断的负担不应该被用作在优先选择对等合作的前提下，仅仅满足于姑且容忍与众不同但合情合理的个体判断的理由。由于所涉及的复杂的技术行动可能产生的后果，不对称是不可避免的，是我们彼此不同角色和责任所固有的。

简言之，对于文献 COM［EUR 00］中规定的预防原则来说，其对自然科学和工程科学起到了更加激烈的推动作用。至于人文科学和社会科学[2]，较小程度上推动社会对风险的可接受性，以及可能需要的高水平安全性的模糊概念的形成。从这个角度来看，决策者是相当孤立的。科学术语中的不确定性的细节与规范性、决策性较强的部分之间存在着严重的不平衡。

是否有可能创建评估政治方面的工具，并如引言中描述的模型那样首先发展伦理方面以摆脱某种看起来形式薄弱的决策主义？

官方的文献 COM［EUR 00］提供了对不确定性的描述，反驳了许多讨论预防原则的哲学工作并对乔纳斯的不可能性未来学提出质疑。但是，如果没有在充分反思不确定情况下的决定，我们就不应该屈服于过快决定的冲动。当科学带有不确定性的标志时，我们必须避免过快地扭转柏拉图在《尤西弗罗》中的情景，

① 对于已经使用的技术，这种情况也可以应用于事后情况。

② 包括法学和哲学。

改变我们的策略并在确定性和某些伦理学的臂膀中寻求安慰。

4.4 | 冲突的情景和未来的“语法”

通常，对于这种类型的决策，当可用的科学数据包含太多的不确定性，并且当某些（但不是所有）个体的道德直觉表明存在可能的威胁时，这些情景将被用作论辩或讨论的基础，而不是根据文献 COM［EUR 00］中所规定的方法总结出来不确定的类型。这特定类型的前摄方法，即对可能的事件序列进行预判的方法，将在本节中得到讨论。接下来，我们将更详细地思考在不确定性情景下对于决策制定进行不“模糊”的支援①。

给予最坏结果的情景的优先性的讨论首先与乔纳斯有关②，然后是与预防原则有关。一些最著名的法国预防原则分析师并没有质疑汉斯·乔纳斯的论点和直觉。例如，弗朗索瓦·埃瓦尔德（François Ewald）接受了“责任律令”的主题：“由于科学和技术［……］，人类的无限力量［……］掌握了自然，我们生活在一个世界末日的境地，即由于科学、技术和工业社会的过度维度而面临普遍灾难的迫在眉睫的威胁。③”在同样的工作中，杰拉德·胡贝尔毫不畏惧地列举了乔纳斯的“厄运预言”，这让我们

① Armin Grunwald 在本系列的另一卷中介绍了基于叙述，叙述和方向使用的这些场景的类似方法。见 Grunwald［GRU 16］。

② ［EWA 97，pp.119ff］。后来，Ewald 对这一原则的看法变得更加怀疑，强调了采用笛卡儿方法避免解决问题的必要性。见 Reber［REB 11b，第 4 章］。

③ ［EWA 97，p.120］。

感到“个人受到威胁”[1]。

乔纳斯对未来的态度，包括人与技术之间相互作用的历史，与恩斯特·布洛赫（Ernst Bloch）的态度相反。正如《希望的原则》（*The Principle of Hope*）三卷中所表达的那样，“责任律令”就是一种回应。这两位作者可以作为他们各自模式的代表，特别是我们已经看到预防原则通常归因于乔纳斯。乔纳斯没有直接谈到这个原则，他更喜欢“责任”一词，但许多作者并不承认这一重要区别。根据布洛赫的说法[2]，在保护创新的背景下会遇到不同的“模式”，就像乔纳斯说的那种“厄运先知”（prophets of doom）或告密者的形式，远远超出了艺术创造力的范畴。

这里，我们在包括他们自身的、世界的和技术的未来场景框架上展开对“新”技术之新颖性的测试，立足于平衡希望和责任，这使我们触及了公共科学争议的“热点”之一。除了预测、知情、模拟、预估之外，这里提出的叙述[3]、隐喻和设计构成了一种“未来的语法”。这可以很容易地在不同的文化认知之间共享，避免在复杂问题的检查中会涉及可及性问题。这些设计方案超出了对可能发生的对未来的判断的简单描述。此外，令人惊讶的是，这些相当过时的方案仍然在“新技术”[4]的开发者的现代

① [HUB 97]。乔纳斯对这种恐惧的个人经历是可以理解的。但是，我们拒绝接受乐观主义和悲观主义之间的简单对立。 没有必要在希望原则和责任原则之间做出选择。

② 2015 年，某些法国政客提出了旨在取代预防原则的创新原则。这个概念的一个支持者是共和党人 Luc Chatel，他是 L'Oréal 的前执行官。

③ 目前在政治和研究政策中使用故事或叙述以进一步理解甚至吸引支持是批判性研究的重要主题。除了媒体宣传，其中叙述是一个关键因素，以便在竞争环境中引起公众的注意，叙述不应该垄断其他传播能力。“讲故事”的方法可以隐藏需要使用关键交叉检查检测到的问题。

④ 见雷伯 [REB 00]。

的、千禧年主义的话语当中使用，正如这种话语通过对技术的使用推进千禧年主义及消除所有不确定性因素以寻求历史意义的诺斯替主义的方式一样[①]。

乔纳斯和布洛赫的对立观点并非“**未来的历史**”的唯一论证[②]。此外，对天启论、千禧年主义或末世论等几类学说的概念研究也提供了一种更具拓展性的、消解二元论的论域，它更贴近现实，并展示了诸话语之间融合的可能性。这些或选择直面或拒绝直面灾难性风险的种种不同方法进路，都可被视为道德评估的重要决定因素。然而，它们仍然相对粗糙，尽管它们广泛用于参与式技术评估或负责任研究与创新的讨论。它们通常接近于变种的“滑坡”类型的伪论辩，其形式为“如果你允许这种情况……那就会发生”[③]陈述，没有任何事实或甚至规范的关系理由。这些伪论辩常常导致混淆，禁止推理或伦理责难。

由于在有关现象知识方面的水平不确定，概率在预防原则的背景下并不是特别有用。在这种情况下，各种形式的情景、叙述和不合理的推论都十分相关。面对这些不同的不确定性，科学家和（或）决策者可以选择是否考虑它们。这不是唯一的选择，另一种选择涉及风险和危害评估。在处理这些问题时，我们发现不同的人对风险有不同的敏感性，从而导致不同程度的保护或保险的要求。我们再一次面对更复杂的乐观/悲观情景形式。在一系列重大公共卫生危机，以及更早的预兆着预防原则的行为之前，

① 见 Reber [REB 01b]。

② Cazes [CAZ 86]; Fraser [FRA 78]; Chesneaux [CHE 96]。

③ Etats Généraux de la Bioéthique 为这些伪论辩提供了相当大的空间，同时在公开辩论的背景下很少使用道德论辩。见 Reber [REB 10a]。

乐观主义在风险方面占据主导地位。就发生概率和危险程度而言，风险被认为是相对微不足道的。应该区分乐观主义者和前面提到的“风险爱好者”或“亲善爱好者”[①]，即那些喜欢或不担心冒险的人。两种方法之间的差异在于，在分析背景和简单的风险承担行为中，对损害风险的估计较低。在欧洲条约中包含对公民和消费者的高度保护的保障，为悲观主义者提供了强有力的杠杆。关于风险发生的更悲观的方法现在在分析和行动中都更为常见。

4.5 | 不确定性情景下的政治决策类型学

超越上述不满的要素，我们现在将思考用更准确的方法来辨别存在可以造成严重和（或）不可逆转损害风险的不确定性情况下的决策路径——通过使用预防原则的各种定义中给出的术语。为了与被技术改造过的世界相比较，我们还需要能够预测这些技术的影响：既包括正面影响，也包括那些强烈疑似造成严重的和（或）不可逆转的损害以及可能的潜在的风险的影响。如果由于

① 因此，在评估所述现象的危险程度和发生概率之后，“风险恐惧症”和“风险管理者”之间的区别仅发生在第三阶段。如果无法获得可能性的估计，则在缺乏概率的情况下，很难获得确定性知识。

因此，可能是从勇气到鲁莽的转变，前者包括承认风险或危险。因此，将“风险爱好者”与勇敢等同起来就是一个错误。我们将不希望在未经他们同意的情况下对他人施加风险的个人的情况置之不理，这在 PTA 框架内经常被视为问题。正如我们在欧盟内部所看到的那样，在伦理评估方面可能会对此进行某些研究要求。见 Pellé 和 Reber [PEL 16]。

在考虑未来的和潜在的不同利益时，获得同意存在明显的问题。在这些情况下，可以使用 Jonas 提出的解决方案，这些解决方案旨在真实地保证人类生命，或者在欧洲条约中找到的高水平安全性和耐久性的不太明显的保证。

可用数据的不完整和不精确的性质或认识到相关现象所涉及的关系的复杂性而导致基于概率的预测是不可能的，那么这就提出了为决策环节配置评估部分的问题。基于最新技术①，我们在更广泛的科学不确定性背景下提出了以下政治决策类型②。包括：

（1）基于"效用的标准"，其基于所得效果的值作出决定。这些可以使用成本 / 收益或风险 / 收益余额来计算③。

可以有以下五种计算方式：

① 使用决定论的方法④；

② 概率性的方法，特别是当不确定性被纳入评估时；

③ 使用效率标准，基于经济（或其他）考虑因素，以便以尽可能低的成本确定解决方案；

④ 使用有限成本标准，旨在最大限度地降低风险，同时兼顾预算限制。这被称为"多属性效用最大化理论"⑤（theory of maximization of multi-attribute utility），旨在指定效用函数，以便使用所有重要属性（包括风险和不确定性）评估结果；

⑤ 通过尽量减少潜在的最坏结果的可能性并最大化获得最佳结果的可能性。

（2）使用"基于权利的标准"，我们可以在其中添加一些与结果无直接关系而是与决策中涉及的进程相关的原则。这种决策

---

① 在这一点上，请看 Morgan 和 Henrion 的出色工作［MOR 98］，我们对此非常感激。本书的其中一章是 Small Mitchell 所作。

② 撇开决策相关尺度的具体但至关重要的问题，这也与辅助性原则有关。见 Reber［REB 14］；Cook［COO 08］。

③ 在针对预防原则的攻击中已经提到过，特别是美国研究人员，他们更喜欢这种方法。

④［MIS 73］。

⑤ Keeney 和 Raiffa［KEE 76］。

方法适用于一些对人类来说“新”的危险领域中。

同上，这组方法可以分为四种：

① 零风险[①]——独立于成本或利益之外，正大光明地不考虑风险问题；

② 强制的风险——如果我们接受特定程度的偏见或伤害；

③同意赔偿[②]——允许（我们承诺）对自愿表示同意的人施加风险，并对任何不便或可能的损失给予赔偿；

④ 一个合法的流程——保证所有相关和牵连方都尊重一套公认的程序。

（3）一种与成本 / 效果评估中使用的标准相同的基于技术的标准，但不同在于其目的是用于选择最佳可用技术来管理和降低环境风险。

（4）混合的类型，包含（1）和（2）的元素。

关于这种类型应该做一些评论。

首先，不同选择的最后效果可能是决定性的，概率性的或不可能的，因而需要通过程序和法律来解决。尽管这些在科学的不确定性情境下作出政治决策的方式并不罕见，但预防原则旨在不必诉诸权利的情况下探讨最后的选择（不可能的情况）。但是，它确实需要我们尊重完全透明的程序，保证高质量的科学评估[③]。

其次，不同类型的组合可适用于计算、补偿或进程中。

---

① 受此风险程度影响的技术很少见。

② [HOW 80]。

③ 例如，见 Icard [ICA 05，p.104]：“共同体机构已将预防原则纳入程序方面，这需要使用科学专业知识。”作者注意到 COM [EUR 00] 中规定的四个步骤（危险识别，危害特征描述，遭受损害所需暴露时间的评估，风险特征描述），“必须严格遵守以确保档案是科学的”。

再次，这些决策模型首先结合了不同类型的考虑因素和领域：经济学的、法律的、造成损害的风险的和技术的。我们将在第 6 章中研究它们的共栖问题。现在，请注意，除了已经引用的那些学科之外，每个学科都可能更容易成为其他学科的主导，这取决于在不确定性情境下为决策制定所选择的决策类型。例如，类型 2、类型 1、类型 3 和 4 分别对法律、自然科学和工程科学有利。

这一点可适用于预防原则。根据不同学科的特点，我们可能会关注不同方面。例如，在关注科学的不确定性时，自然科学或工程科学具有优势；在关注采取的平衡性措施时，经济和法律将占主导地位。我们认为最好避免这种偏见并涉及所有相关学科，例如参与式技术评估和高质量负责任研究与创新。这一点将在第六章中讨论。

尽管有广泛的可用解决方案，但仍存在不确定性：

（1）与技术、科学、经济和政治因素量有关；

（2）与技术、科学、经济和政治模式的应有职能有关；

（3）与不同专家之间关于模型数量或功能价值的分歧有关[①]。

然而，这些决策标准被广泛用于风险管理和战略政策领域以协助分析师，但是，我们应该更详尽地思考这些问题。

方案⑤，包括最小化造成潜在的最坏结果的可能性和最大化潜在的最佳结果，提供了预防原则的初步概念。

我们对文献 COM［EUR 00］的详细分析在描述科学不确定性的类型和来源方面更进一步。然而，就政治情境下处理不确定

① Morgan 和 Henrion 认识到这三种不确定性［MOR 98］。

性的方式而言，它仍然不如这种决策类型精确。

4.6 | 结论：为了不确定未来的一种协商

让我们回到苏格拉底和穷人尤西弗罗之间的讨论，作为考虑解决科学或伦理争议的可能性的起点。我们仍然不知道尤西弗罗对此事的看法。随着获取现代科学知识，他无疑会将收回对苏格拉底的简单让步。测量、称重和计数并不像苏格拉底让我们相信的那么容易。这种情况伴随着“即将到来的理性主义”[①]导致了科学的巨大转变。我们必须在不确定性的情境下做出关于其不确定性的决策。

尤西弗罗可能会试图扭转苏格拉底的战略，并认为伦理[②]更有可能导向共识而不是科学。鉴于伦理学已经在这种新的格局中重新出现，它是欧洲共同体法官[③]的灵感来源和社会参与的强烈要求的主题，也许苏格拉底是错误的：伦理可能被用来巩固关系，甚至在朋友之间。它构成了某些具有规范性的概念的一个重要方面，这些概念例如可持续发展以及对子孙后代的责任，以至预防原则联合起来，于 2005 年在凡尔赛宫正式纳入法国宪法[④]。

我们并不认为这种深刻信念的反转、这种“转变”（*metanoïa*）

① 见 Saint-Sernin［SAI 07］。

② 请注意，伦理在措施方面发挥了显著作用，尤其是有关近期金融危机的问题。

③［ICA 05］。

④ 译者注：原文采用法语，包括使用术语“roisoleil”和“loisoleil”的文字游戏，参考凡尔赛宫的建造者路易十四，因此无法将其翻译成英文。

是可取的；我们无意贬低或嘲讽“道德恐慌”[①]的观点。我们的首选战略更接近“嫁接”，旨在使伦理和科学更紧密地结合在一起。如果这些不确定性得到承认和认真对待，则可以从积极的角度看待文献 COM［EUR 00］中描述的科学不确定性的存在。对于科学家和专家来说，这是一种认识上的责任，他们需要考虑不确定性和结果的可靠程度，以及他们对合理风险结构的评估。承认或承认不确定性可能会使某些人感到不适，对于他们来说，科学是明确的并似乎仍然是无所不知的。一旦越过这一障碍，我们就可以更清楚地看到真实的实验室实践以及为了验证科学结果可能需要的长时间段的图景，特别是对于参与式技术评估或负责任研究与创新中遇到的那类问题——顺便一提，他们重新发现了合理怀疑的概念，这对鼓励科学进步是有益的。最好是全面评估这些不确定性，而不是匆忙拼凑措施。数据是有历史的，但其同样也有局限性。在决定是否使用它时，我们需要考虑不确定性的权重以及如何估计它。在参与式技术评估语境中，或在管理负责任研究与创新类型结构中，这些额外但必要的要素很少用于符合条件的结果或对公众提出的问题的回答。尽管如此，它们在术语的贬义意义上更倾向于修辞的伎俩——即“滑坡”式论辩，抑或以“灾难／乌托邦预言编年史”的形式积累规范性判决的情景解释

① 例如，见 Ogien［OGI 04］。然而，其他作者，如 Stanley Cohen，Joack Young 和 Stuart Hall，早些时候使用了这种令人回味的表达方式。
道德恐慌与忧虑或法语“inquiétude”不同，如 Canto-Sperber［CAN 01］的标题。这项工作主要关注的是证明哲学家（Alain Badiou，Luc Ferry）或社会学家（Gilles Lipovetsky）的局限性，在作者看来，他们谈论道德而没有充分意识到辩论，主要是分析哲学参与其中。她觉得“伦理理论太多比没有更糟”，就像“太多的沟通比没有沟通更糟糕”。

加夫列尔·加西亚·马尔克斯著名的“死亡预言纪事”（Chronicle of a Death Foretold）。

面对针对某些技术的怀疑，不确定性不能用作保护伞，也不能成为无所作为的借口。预防原则的反对者们错误地将预防原则扭曲为一种妄图无为而治的原则，却无视那些真正回避行动的原则的特征，因为他们缺乏对相关文献知识的掌握。我们所提出的两个层面，科学层面以及政治和伦理决策层面都需要采取行动。预防原则指出，在设想新措施之前应尽可能透明地作出等待或不等待新的科学数据的决定。虽然参与式技术评估的公民不是最充分意义上的决策者，但他们确实决定了共同报告中使用的表达方式。负责任研究与创新流程的参与者也是如此，他们更全面、更持续地参与其中。公民的报告可能只是一个详细的清单，说明我们关于争议的主题上不知道的事情，这将是有用的，但还不够。为了避免只单独使用道德或政治因素进行决策，或仅仅进行调查来评估社会对风险的接受程度，我们可以使用本章介绍的各种策略。

在科学不确定性的情况下进行政治决策的标准，旨在最大限度地减少可能产生的最坏结果的可能性并最大限度地提高可能的最佳结果，这为我们提供了预防原则的第一印象。我们对文献COM［EUR 00］的分析尽可能地利用细节来阐明研究的条件，同时对预防原则老生常谈的攻击进行反驳，使其在对科学不确定性的描述中更进一步。然而，由于其过于简单以至无法处理政治领域的不确定性问题；此外，我们认为，这不是唯一有关的领域。正如我们在本书中所看到的，至少应该包括伦理领域。虽然通讯承认决策者面临着是否采取行动的两难选择[1]，但鼓吹这一“哈姆雷特式”问题并未解决问题。道德哲学是一种可以用来处理这种紧张关系——或者更广泛地说，处理关于判决责任的问题的科学，条件是我们考虑伦理理论之间的竞争，并促进理性的伦理多元化（与价值观的多元化一起）。

我们受到摩根的启发的分类，就伦理理论方面这一点而言特别有趣。在基于效用的模型中可以很容易地认出后果论（consequentialism ）的形式，而我们已经添加了原则的基于权利的模型，表现出了义务论（deontologism）的形式。因此，伦理理论有助于在抽象层面上构建不确定情境下的决策过程，除道德哲学之外的其他学科提供必要的实际解决方案。

听取来自不同学科专家意见的参与参与式技术评估或负责任研究与创新活动的个体——其中一些人可能与其他人不一致，被要求参与协作构建评估。该评估应尽可能彻底，并且在数据具有不确定性的情况下进行尽可能完整的伦理判断。组织要素的不确切性、问题和答案之间的背离性以及推理的不连续性，常常使得这种判断难以做出（如果可能的话），这意味着该过程没有充分发挥其潜力。

从伦理理论的角度来看，预防原则本质上是后果论的。例如，正如我们所看到的，它需要评估“无所作为的可能后果”。然而，鉴于来自其他伦理理论的竞争，这种特权是有限的。这在实践中已经可以看出，即可以使用基于法律或原则的效用标准或程序标准。在科学数据尚未达到预防阶段时，采取石棉等极具争

① COM［EUR 00，p.14］。

议性的案例，不同科学假设之间的差距使决策者和专家无法建立适合使用的有效和可靠的概率以适用于风险 / 收益评估，从而确定后果，包括在遥远的未来和社会领域的影响。使用通过法律途径建立的解决方案可以挽救许多生命，从而避免现代最大的公共卫生丑闻之一。但是，在其他情况下，风险/收益评估更为合适。

在不确定性的情境下，功利主义和义务论决策方法之间的这种对立强调了它们在促进利益方面或相反地在避免恶的方面的差异，在我们讨论判决情境下的伦理评估的可能性路径的多层次伦理多元化理论时提到了两个因素。

所有提出的伦理理论都应该在参与式技术评估或负责任研究与创新类型的协商中加以考虑。它们是科学数据和伦理评估之间连续统一体的一部分，定期重新考虑前者的选择。双方都存在合理性差异的问题[①]。

最后，欧盟居民所希望的高程度的保护支持诉诸预防原则。但是，安全这一因素不应当成为单一的价值观给保持微妙平衡的协商施加过大的压力。在这一点上，欧洲共同体法官使用预防原则作为平衡各种形式考虑因素的指南，旨在确保公共卫生、经济效果、环境保护、提高自由度和货物自由流通[②]。重要的是在元原则中保持组成原则之间的平衡，包括比例原则，这有助于完成这项任务。我们认为二元平衡并不理想，相反，我们应该致力于平衡地考虑所有这些原则和考虑因素。鉴于我们在讨论伦理理论

① 例如，Kagan 在选择最佳伦理理论时使用了合理性。 见 Kagan [KAG 98，p.301]。

② 见 *Livre blanc du chlore*，2001.7：http://www.societechimiquedefrance.fr/extras/donnees/mine/cl/livre%20blanc%20du%20chlo re.pdf
同见 Icard [ICA 05，pp.108–109]。

的多元化时所指出的道德和伦理生活的各个方面，面对如此众多不确定性时使用一个原则来反思或决策并作出不同选择这一事实并不令人惊讶。

马克·亨亚迪关于在基于假设的情况下的预防措施和不需要假设[①]的防范情况之间的区别并不新颖。在亚里士多德的《修辞学》中给出的协商类型的定义中已经可以看到没有技术解决方案可用时的情况。正如前一章所承诺的那样，我们现在将重新考虑我们的文本摘录，这在今天仍然有用。我们不打算回到希腊语文本用于解释目的，而是基于我们对法语翻译的反思而不是我们之前使用的翻译来考虑不同的可能的翻译[②]，这次是由帕特里夏·范海默里克（Patricia Vanhemelryck）编辑的吕埃勒（Ruelle）版本。这个译本很有意思，因为它给出了与主题略有不同的视角，这与我们的讨论有很大关系。“那么，修辞的功能就是处理我们所考虑的事情，但是我们没有‘**系统的规则**’，并且在这样的听众面前，无法‘**对许多阶段有一个全面的看法**’，抑或是遵循一长串的争论”[③]。之前的翻译是：“修辞的责任是处理我们在没有

---

① 他写道：“在任何阶段不涉及假设的推理的情况下，可以说有利于避免的结论来自预防原则。相反，在任何时候涉及假设的推理的情况下，可以说结论来自预防原则。”Hunyadi [HUN 04a，p.178]。将在第 6 章末尾更详细地讨论这一表述。

② 译者注：Dufour（详情提供早期版本）。

③ Freese 英文翻译类似：亚里士多德 [ARI 26，1357 a]；我们标注的斜体。[ARI 91b，1357a，p.87] 他们的文本如下：“修辞的作用是在可以讨论的问题上发挥的，这些问题不涉及技术上的解决方案，而在存在观众的情况下，其表达方式会使总体思路被屏蔽。”注意我们标注的斜体部分。

请注意，这两种法语翻译都基于相同的希腊文字。这使得翻译的改变更加惊人。[ARI 91b，p.74]，Dufour 的版本：“修辞学的功能是处理那些我们必须考虑的问题，并且在听众面前我们没有任何技巧，因为这些听众没有能力从多个角度进行推理以及从陌生的角度进行推理。”

艺术或系统的情况下进行协商的事情，以指导我们，在听证会上不能一眼就看出复杂的论辩，或遵循一长串推理。”这种相当大的差异存在（特别是在两个法语翻译中）是由于两个主要原因。

第一个原因是这种问题不仅仅是对于那些没有经验的人而言的技术黑箱问题，因此社会学家菲利普·乌法利诺认为应该仅在专家之间进行协商。新的翻译表明，修辞被用于协商，其中不[1]存在“技术解决方案”（或英文版中的“系统规则”）。然而，这种解释不像以前那样表明“根本没有技术”的解释激进。它清楚地反映了我们发现自身所处的当前科学的绝境中的预防措施的情况，以及我们对有关现象的了解的不足之处。文献 COM［EUR 00］的文本规定，科学评估应包括用于“**补偿缺乏科学或统计数据**”的“**假设的描述**”[2]。关于假设的主题，皮尔斯（Peirce）说：“（…）c'est plus fort que moi（它比我更强大）这是不可抗拒的；这是当务之急。我们必须解放我们的思想并暂时承认它。[3]”

第二个原因是该表述“不能一眼就看出一个复杂的论辩，或者遵循一长串的推理”[4]与“无法对许多阶段有一个全面的看法”[5]有显著的不同。在新版本中，我们不仅仅是试图遵循推理，而是遵循一般原则，或者在更现代的术语中，采用跨学科方法，该方

① 抛开灵感来源于吕埃勒等人的法语翻译的一种或多种技术的选择。

② 注意我们标注的斜体部分。

③［PEI 92］。参见文献 *The Collected Papers of Charles Sanders Peirce.5*，Electronic edition，intro.Deely J.，581。
见：https://colorysemiotica.files.wordpress.com/2014/08/peirce-collectedpapers.pdf。
最初的会议是“第一个逻辑规则”（1898 年）。

④ 法语的翻译是：“faculté d' inférer par de nombreux degrés et de suivre un raisonnement depuis un point éloigné。”

⑤ 法语的翻译是：“les idées d' ensemble lui（à l' auditoire）échappent。”

法考虑与问题相关的所有数据。亚里士多德谈到“观众”，但参与决策的人也可以使用这种整体方法。

亚里士多德文本的下一部分也很有趣。“我们协商的主题似乎为我们提供了另外的可能性：关于尚未存在、当下不可能存在或将来不可能存在的事物存在的可能性，要不是因为这一点，没有人还会因为别的原因而浪费时间去协商”[1]。这表明对事实的解释是有争议的，并且涉及假设。此外，在现代术语中，有两种以上的解决方案或两种解释。同样，协商可能涉及必然性。在涉及未来的情况下，这意味着并非每一个未来都是必然的，从而产生了或有偶然未来的概念［同样在这个系列中，见 Lenoir[2]］。

然而，在授权引入新技术或过程的情况下，由于受到争议，这些元素的影响与相关假设的影响之间存在不对称性。乔纳斯从类似的观点出发，思考了康德假设的命令，“假设的普遍化”和涉及不同类型连贯性的新命令之间的差异：“不是自己的行为，而是其最终‘**影响**’。”[3] 在下一章中将更详细地思考这些对立和这些假设在科学中的使用。乔纳斯的新命令将在这项工作的最后结论中讨论。

---

① Rhys Roberts W. 翻译，同上，CIT。

法语的翻译是：“Or nous délibérons sur des questions qui comportment deux solutions diverses: car personne ne délibère sur des faits qui ne peuvent avoir été être, ou devoir être autrement qu'ils ne sont présentés ; auquel cas, il n'y a rien à faire qu'à reconnaître qu'ils sont ainsi” .

一种张力的元素可以在亚里士多德的文本中找到，该文本之前曾指出协商类型是未来的类型。

② ［LEN 15］。

③ ［JON 84.91，p.12］。

在没有公开表达的情况下，乔纳斯将一个后果论推理引入了康德的推理中。

法语的翻译是［JON 91，pp.31–32］：“effets ultimes”。

对《修辞学》中这段文字进行的这种探索凸显出了对协商民主的争论的一个重要遗漏，这个遗漏甚至连那些引用了亚里士多德观点的学者都没有觉察到。我们认为，他们忽略掉了作为一种未来趋势的书面协商的实质所在。这一点通常会被忽略，或者至少被低估。《修辞学》提出了三种类型的划分：协商的、司法的和规范的。这些类型中的每一个都与特定的时间段相关联：未来归于协商；过去归于司法；现在归于规范。这三种类型中的第一种涉及劝诫和劝阻。它由指责和辩护组成，其中特别是包括荣耀或责备的元素。更有意思的是，关于参与式技术评估和负责任研究与创新，这一类型涵盖了收益[①]和损害，这可能使其更接近风险评估方面的成本/收益分析。《修辞学》的第一本书也肯定了必须详细提交命题。文献 COM［EUR 00］中列出的详细信息与之有着异曲同工之处。

然而，我们并不认为这构成了提醒现代政治哲学家的义务，他们大多数采取分析方法，有时并没有历史背景并且持有从传统中挖掘出来的某些元素的过于自由的新亚里士多德式的观点。我们也不能像菲利普·乌尔法利诺那样相信社会学家由于缺乏传统而迷失了方向。我们仍然需要相当多的工作要做，特别是因为对于亚里士多德来说，协商只涉及“**可能的**”事实。预防原则用于处理围绕可能的风险或甚至是危险的可能性的争议的情况。这里的挑战是激进的。

---

① 这种方法可以使协商免受 Elster 在保护利益方面的指责。

这一原则的新颖性有三个突出的特征[①]：

（1）用于面对严重和/或不可逆转的损害；

（2）缺乏完整的科学知识，但不应以此为借口；

（3）绝不可能推迟采取行动的决定。

这种元原则使我们无法将科学的不确定性作为逃避决策的手段。科学不确定性不能作为不作为或不能采取快速措施以消除或限制损害风险的借口[②]。因此，科学知识的时间性与伦理评价的时间性不同。我们可能会等待更多信息可用，但不会在已经发生损坏并且仍在发生的情况下。我们可能会花时间记录和构建责任档案，但这并不会改变损害的性质，特别是如果这种损害是大规模的。这种决策方式鼓励我们在用不太了解的技术承担风险之前要三思而后行，因为怀疑到可能造成严重和/或不可逆转的损害。

像桑斯坦、莫里斯或加德纳这样的持怀疑态度的哲学家，他们声称预防原则鼓励蒙昧主义并首选进行风险/利益评估。但他们最终承认这种模式的局限性，并且在某些情况下确实运用到了预防原则[③]。

① 例如，见 Myers 的附录 A 和 Raffensperger 的 [MYE 06，p.323]。
2003 年 6 月批准的卡塔赫纳生物安全议定书中的条款在第 10.6 节中规定“由于关于改性活生物体对进口缔约方的保护和可持续利用生物多样性的潜在不利影响程度的相关科学信息和知识不足，同时考虑到对可能人类健康的风险缺乏科学确定性，不妨碍该缔约方酌情就进口有关改性活生物体 [……] 作出决定，以避免或尽量减少这种潜在的不利影响”。

② COM [EUR 00，pp.17–18]。

③ [MOR 00，pp.14–15]。

第 5 章　在科学与伦理之间：一场新的学术争端？

为了确保科学和技术评估的成功开展，专家的独立性[①]经常得到强调。然而，这只是一个必要条件，由此并不足以获得优质而系统的专家意见。我们还要用适当的伦理道德方面的专门知识进行补充[②]。我们可以期望科学家掌握如何规避各方利益冲突的办法，例如，冲突可能来自那些资助方的压力，可能来自推动其学科发展的大趋势的压力，甚至还可能来自他们自身对学科状况的看法[③]。同样，他们应该遵循与他们的实践相关的一些义务论

---

① 见 [REB 11b]，特别是第 3 章（是否存在独立的专家？）。在 1998 年关于转基因生物的法国公民会议期间，法国专家要求公民对其独立性负责，并未直接讨论以下问题。他们只讨论了一些经典的保证：专业知识多元化，利益冲突通知和阅读委员会。我们将注意到，在那段经历中，它只是得到部分人的尊重。

② 见 [PEL 16] 第 1 章。如果伦理学专业知识是讨论的主题，包括道德哲学家自己，那么事实仍然是他们有资格作为评估该领域项目的专家，就像那些评估科学项目的人一样。欧盟委员会的情况就是如此。值得注意的是，就独立性而言，伦理学家较少受制于缺乏独立性，而这种独立性可能源于评判其同行的专家之间可能存在的竞争。

③ 这个例子说明了科学与伦理之间的紧密联系。

式的规则，例如严谨性、准确性和诚实性[①]。然而，即便他们因为深层次的分歧或更进一步发表其研究成果而被逼到无路可退，他们仍应该努力克服这些困境。如前一章所述，管控不确定性或采用特定假说的可能性不能仅仅依赖于“我们并非中立”。相反，正如皮尔斯所说，例如，在考虑是否存在风险，或者为了提出假设时，将会有必要做出承诺。中立不是反对认识论多元主义，而是同意它。这不是科学的[②]不可知论或认知判断的悬置。那么，在一个研究领域或研究阶段就会产生一元论，其中恰好有几个理性论点是针锋相对的。但是，我们是否会因为新的学科之争而受到谴责？

在争议之前，我们至少必须要认识到争议必须要多元化发展并得到全方位的探讨。我们认为科学多元主义，我们称之为认识论多元主义，必须与我们在第1部分中提出的伦理多元主义联系起来。我们将在下一章中看到这两个多元主义是否以及如何相互作用。在此之前，我们将就试图思考科学的不同的共栖方式展开研究工作。我们将首先看到宇宙政治的形式，即用伦理修辞的论点声称专家对他们的学科的依恋。事实上，这就是哲学家伊莎贝尔·施腾格（Isabelle Stengers）的立场。然后，我们将考虑不寻常的科学社会学家布鲁诺·拉图尔（Bruno Latour）的尝试，以发现召唤形成一个新的“议会”的功能，这将在事实和价值上同样重要，以建立一个由人类和非人类组成的共同世界。他的论文

① 见［PEL 16］第1章，关于目前的各种标准和责任，有时与科学活动相冲突。本章试图将学科知识的具体责任与那些属于一般科学实践的责任联系起来，看看这些责任对所涉人员(人类、动物、环境)的影响，以及对直接或间接接受者的影响。

② 我们添加了这个形容词，以此将其区别于与宗教相关的通常含义。我们意识到可能的矛盾，因为任何科学都需要承诺建立其对象并验证其结果。

涉及知识的描述性[1]和规范性维度，对创新的参与式技术评估和新兴的负责任研究与创新经验具有重要意义。与著名的哲学家和历史学家托马斯·库恩一起，我们将以不同的方式探索认知价值观所起的关键作用，不仅在科学理论选择方面，也在科学事实形成方面，正如哲学家希拉里·普特南（Hilary Putnam）的辩护所言。最后，我们将看到认知价值与伦理价值之间可能存在的联系。

5.1 | 依附与独立之间的科学家

在参与式技术评估和负责任研究与创新中处理的主要问题之一，比中立性、独立性甚至是专家的完整性更为极端，是在描述性和规范性的两个方面、科学评价和伦理评价两个方面召集多种专业知识的人。这种困难经常在参与式技术评估[2]经历期间出现，而我们没有充分考虑它。如果要真正负责，建议在负责任研究与创新中更好地考虑这个问题。

伊莎贝尔·施腾格的作品特别关注学科之间共存的困难，因为他们知道科学家们“依附于”他们的实践。她甚至在必要时为这些依附关系辩护，并且要求警惕这些依附关系受到质疑的情况。她想知道为这种共存付出的代价是多少。 她以宽容的形式处理这个问题。在她的一本书的标题中，她煽动性地呼吁停止这

---

① 这个形容词不能让你忘记描述的困难，也不能忘记它所依赖的理论和方法，而这些理论和方法往往是非常复杂的。

② 我们在此撇开常见的错误不谈，因为专家们想直接影响公民，告诉后者什么是他们面临的真正问题，要提出的建议，甚至在没有人要求的情况下向他们展示他们在应用伦理领域的各种可能性，专横地和错误地声称自己是唯一的可能。

种关系。是否应扩大各项工作[1]中建议的二级评估标准清单？我们是否应该在其中加上一个标准，其中包括科学实践依附的问题，另一个标准会要求我们不宽容，或者更温和地，不要表现出任何宽容？

要回答这个问题，我们将使用《宇宙政治》[2]（*Cosmopolitics*）的最后一卷。然后，我们将把这个问题与其他伦理立场[3]进行比较。事实上，她的书不仅隶属于自然科学领域。《停止宽容》（*Pour en finir avec la tolérance*）放任我们以诸如“与我们的实践相关的话语……来指明那些能使我们始终处于上帝视线之内的应尽义务”[4]这样的措辞，对伦理问题展开追问。既然宽容是一种“诅咒”，停止宽容便召唤出了神秘的力量。

宇宙政治的担忧并不新鲜。莱布尼茨的门徒沃尔夫将宇宙学变成了一门科学，他已经和我们分享了这种担忧。康德给我们留下了一些关于这个主题的最著名的贡献，这些贡献在那之后已经被修正过了。当代哲学家试图像德里达（Derrida）一样呼吁建立宇宙政治[5]。在没有提及这些作品的情况下，施腾格从德勒兹的混沌而不是莱布尼茨的宇宙中汲取灵感[6]。她与她的两个合作伙

---

① 特别参见［REB 05b］。

② ［STE 97］。

③ 有关伊莎贝尔・施腾格的“宇宙政治学”思想的介绍和批评，见［REB 05a］。

④ ［STE 97，p.84］。

⑤ 关于这个问题，见［DER 96］。关于对其的陈述和批评，见［REB 01a］。

⑥ 但是，我们回想起德勒兹对莱布尼茨的赞赏。一个经常被遗忘的事实是，德勒兹赞赏莱布尼茨在神学方面的造诣，并在 20 世纪 80 年代的学生面前为其辩护。参见其文献［DEL 88］。

伴布鲁诺·拉图尔和民族心理学家托比·内森（Tobie Nathan）[①]一道修正了怀特海（Whitehead）、西蒙栋（Simondon）、德夫勒克斯（Devreux）的工作，这对她来说是极具挑战性的，正如她所言是在“苦苦求索”[②]。

即使她没有提到参与式技术评估，也没有分析实际案例，但她的项目仍与参与式技术评估息息相关。项目对负责任研究与创新同样有益，而后者尚未在欧洲形成规模。事实上，该项目确实使我们见识到，如何在各种各样的实践当中胜任对风险的承担。在一些参与式技术评估经历分析过程中，对称性的问题禁令令人质疑，这些问题引起了人们对其专业知识的特权的质疑[③]。它提出了莱布尼茨的问题，但比他更温和。事实上，莱布尼茨提到了世界创造的问题。它涉及一种试验，而且没有人知道其中的数据[④]。据她介绍，“宽容诅咒”在这次测试中扮演着操作者的角色。它应该促进对知识关系的禁欲主义。她补充说，我们将回到这一点，即在测试之前不可能进行排序。事实上，她对拉图尔的《我们从未步入现代性》（*Nous n'avons jamais été modernes*）[⑤]进行了批判。

我们从她的写作中提取出来以下必须遵循的标准，这些标准

---

① 德夫勒克斯和内森的观点是原始的，甚至是独特的，在这类属于科学哲学的问题上。请注意，布鲁诺·拉图尔在分析技术时也提到了后者，其关注点与施腾格的相似。参见［LAT 99］。

② ［STE 97，p.21］。

③ 这一禁令在法国公共辩论类国家委员会的辩论中经常被援引。然而，除了其有效性之外，委托给不同行为者的处理和任务也含蓄地承认不同的专门知识。

④ ［STE 97，p.133］。

⑤ ［LAT 97］。特别是［STE 97，p.83］中的长注释 7 的批评。

有时是非常文学的[①]。在这里，施腾格借助于由德勒兹（Deleuze）提出的伽塔利（Guattari）的“解域化”（deterritorialization）概念。在威廉·布莱克（William Blake）赋予它的意义范围内，宇宙政治、解域化的试金石强加于所有现代的游离的实践方面，被理解为一个悬而未决的问题：“如果一个政治家命令另一个人‘像其他人一样表达自己的意见’，声称他想要的约束条件，然后又听信那些利用宽容的口吻提出的论点，以取悦那些甚至没有意识到这种观点和争论是不可取的人，那么他就会受到诅咒。[②]”

换句话说，这是来自莱布尼茨的警告，它回顾了问题的艺术以及遏制即将出现的解决方案的必要性。我们强调 TPE 程序，特别是最丰富以及最长的程序，都参与了这一问题。负责任研究与创新中的那些程序更为冗长与拖延。在这里，莱布尼茨近乎支持技术哲学家吉尔伯特·西蒙栋（Gilbert Simondon）的关于技术的新兴伦理学中所明确的“制动”（braking）的要求[③]。

我们注意到在以下的两极之下禁忌之处[④]：

> ——游离的和定栖的（sedentary）组成部分之间的区别，认为“定栖”是对方的实践中不可协商的，这就是我们感到苦恼和害怕的原因；
>
> ——专家和外交官之间的区别，倾向于代表依赖和承诺的外交官，而不是专家；

① [STE 97，p.117]。

② [STE 97，p.93]。

③ [REB 99]。

④ 这对一个希望摆脱“[……] 或”地位的哲学家来说是令人惊讶的。见 [STE 97，p.145]。

——关注于实现和质疑其他人的愿望、怀疑和理想[1]。

为了创造一种排序的方式，而不需要援引某种每个人都应该在其面前拜服的超越性仲裁者，伊莎贝尔·施腾格捍卫了这一能力，该团体必须证明这一能力，才能认识到它的久栖的一面。并不是所有的东西对于这个团体来说都是等价的。体验这种不同“不是在一种权利的模式中，其合法性必须得到每个人的承认，而是在一种创造的模式中，其可能的破坏只能在痛苦或恐惧的模式中表达”[2]。

相反，在我们面前，我们看到的是一个“破坏性”和/或宽容的人，他认为自己是“纯粹的游离者”，不太可能感到痛苦或害怕。后者将委派专家，他们在任何地方都有宾至如归的感觉，脱离任何虚幻的联系，分析任何“地域性”。

她认为，考虑到沉默，这些团体就需要外交官，因为他们知道，他们的风险取决于独特的价值观和承诺，而这些价值观和承诺不是由一项权利来保障的，而这些权利只能受到环境障碍的限制。在这里，归属关系的要求上升到莱布尼茨的“纽带”，“使人群成为相互作用的风险的集体主体、承担相互作用的风险主体和只能说是‘主导’的灵魂之间的联系，因为通过它的东西，就像一个集体的回声，使它紧紧抓住其主体，把它转换成一个断言，‘我有一个主体’”[3]。在这里，我们可以认识到德勒兹的问题，在他面前的是一个自作自受的问题：一个主体能做什么？

---

① [STE 97，p.124]。
② [STE 97，p.117]。
③ [STE 97，pp.120–212]。

第三个区别包括他人的不确定、希望、怀疑、理想和恐惧，第七个“生态城市”[①]的“我们所不知道的”。她举了吸毒框架政策的例子，其中增加了“吸毒成瘾的外交官和吸毒成瘾的专家”，以便等待第三类外交官，对他们来说，这个问题主要不是政治的、主观的、医学的，也不是科学的。这个例子涉及梦想和恐惧、怀疑和希望，它创造了对我们的类别进行非地域化的经验，其中，“做不伤害他人之事的自由”的私人权利和国家禁止公民使用“破坏公民身份所隐含的社会联系”的权利在“可悲地”进行争论[②]。

《宇宙政治学》第七卷建议科学家进行冒险[③]。同样，他们应该能够听到他们的做法所提出的问题[④]。

然而，在参与式技术评估中，我们也有她所说的“共存”[⑤]，当然也是及时的。详细的分析[⑥]表明，专家是经过测试的，尽管多年来官方就研究人员的实践和评估模式所否认的跨学科问题发表了讲话，但很少有这样的情况。这一更简单的多学科层面甚至受到公民问题的推动，这些问题有时是离经叛道的、意想不到

① 她承认借用了 Bruno Latour 的思想帮助 [STE 97，pp.123–124]。后者在这里指的是“城市”，社会学家 Luc Boltanski 和 Laurent Thévenot 所建立的类别，可能与实用主义运动有关。这些城市是暗示某种形式的协议，不同的社会目标的世界，它们允许认识到局势的性质，并且知道我们必须在哪种冲突和争议解决方式上定位。这些城市被称为：家园之城，灵感之城，意见之城，民众之城，商业之城和工业之城。1999 年，Eve Chiapello 加入了“计划之城”。见 Boltanski 和 Thévenot [BOL 91]。“生态之城”是拉图尔的主张。

② A 可与海德格尔的法文译本竞争连字符数量的措辞 [BOL 91，p.127]。

③ [BOL 91，p.106]。

④ [BOL 91，p.129]。

⑤ [BOL 91，p.81]。

⑥ 见 [REB 11b，first part]。

的、滑稽的、顽固不化的，是其他相关背景的一部分，源于其他生活世界（Lebenswelten）——这里借用了现象学的一个词。

我们可以从伊莎贝尔·施腾格的研究中得出什么结论？首先，关于《不再容忍》（*Pour en finir avec la tolérance*），她的"宇宙政治议会"的雄心就其可能性和可行性而言是有限的。"今天（这个宇宙政治议会）有时以一种不稳定和近似即兴的方式存在[①]，没有记忆和长期后果，有点像在液体沸腾温度下形成的微小气泡。[……] 一个形象而不是一个程序"[②]，"不稳定和消失"，没有"[……] 或"[③]。她补充道："宇宙政治议会首先不是一个可以立即做出决定的地方，而是一个非地方化的地方。[④]"其议会仅限于"问题的正规化，这些问题有时没有任何稳定的差异[……]；（它）没有创造任何关于决定的程序。[⑤]"

这篇文章中谴责道，认识到所有这些细微差别将阻止我采取"现代"的立场，这太容易失去资格。必须指出，作者承认，违反这一原则，已经取消了一些"现代主义者"的资格[⑥]。

因此，无论是从制度设计的角度，还是从交易行为的角度，从经验可行性的角度来看，都是要求多准许少。相反，在我看来，我们必须能够制定书面的、得到承认和尊重的程序，以便对参与式技术评估和负责任研究与创新倡议进行二次评价和对比

① 我们在［CAL 01，p.223］中发现了这种即兴与不稳定，作者也主张这些形式源源不断地发明。他们用它作为论据，不再详细描述它们。

② ［STE 97，p.138］。

③ ［STE 97，p.148］。

④ ［STE 97，p.131］。

⑤ ［STE 97，p.126］。

⑥ ［STE 97，p.137］。

评价。

除了这个重要的限制之外，我们还有以下的讨论：我们是否应该把伦理领域的规约变成一个绝对的标准？让我们将伊莎贝尔·施腾格的“思辨哲学”与道德哲学辩论中衍生出来的“试剂”①进行比较，这种“思辨哲学”具有不同的规范和元伦理层面。事实上，它允许我们这样做，因为它邀请我们通过探索我们的知识来进行“一种形式的伦理实验”②。然后，我们将查看这种规约是否仅由一条线索串联③起来。

正如我的书的第一部分所证明的那样，道德哲学中存在着反理论的批评。其中一些可能与施腾格的规约标准有关。事实上，根据某些立场，它是整个人在一种情况面前的反应，是一种非命题的知识④，它引导着道德观念。有些东西只能从第二个维特根斯坦的主题——某种“生命形式”⑤中理解，只能从一个所在的角度和通过调动某些能力来理解⑥。例如，约翰·麦克道威尔（John McDowell）在道德哲学中就支持这一观点。它可以说服我们，因为否认有些事情只能从某种角度来看，甚至只能被理解，这似乎是很荒谬的。他认为，只有从个人、具体和坚定的角度来看，道德属性才能出现在我们面前。

这一点似乎令人信服，必须列入在伦理或科学问题上不持相

---

① 用伊莎贝尔·施腾格借用化学领域的术语来说［STE 97，p.146］。

② ［STE 97，p.6］或它对塞西拉－萨勒（Cerisy-la-Salle）专题讨论会的贡献，扩大了对［STE 07］这本书的接受范围。

③ 被其他分析人士不假思索地利用。

④ 而不是“知道”。

⑤ ［MCD 79］。

⑥ ［MCD 99］。

同意见的人之间进行讨论的最低限度能力，因为伊莎贝尔·施腾格的优点是，鉴于实际的科学实践，解构了虚假的普遍性。因此，她可以看到，那些似乎不属于她感兴趣的领域，而且有着非常不同的风格的作者加强了她的地位。事实上，没有她提到的这位作者，我们找到了接近罗尔斯的概念。当然，后者认为科学更统一，所以，在施腾格看来，他太“现代”了——他自己也会这么说。此外，他对社会秩序感兴趣。在提出了判断的负担之后，他写道：“我们个人和联合的观点、思想上的密切关系和情感依恋太多，特别是在一个自由的社会中，不能使这些学说［宗教和哲学］成为持久和合理的政治协议的基础。[①]”罗尔斯式的规约涉及情感规约和选择性规约[②]，因此比科学实践更不稳定。

然而，正是这种坚定的观点引起了强烈的反对，就像道德哲学家托马斯·内格尔（Thomas Nagel）在一本书中所说的那样，这本书的标题带有提示性和挑衅性，无视以前的说法：《本然的观点》[③]（*The View From Nowhere*）。在这本不同寻常的书中，他试图处理这样一个事实，即人类能够超越他们的特殊体验，同时以一种片面的世界观被本地化。他试图在实践、智力和道德层面调和这些观点。他认为，重要的道德和伦理属性，如对现有信念的批判性看法、为我们的行动辩护的能力，甚至是普遍性，只有在我们放弃我们的特殊观点而采取一种非个人和脱离接触的观点

① ［RAW 95a，p.58］。

② 这是歌德“选择性亲密关系”的深远回响？有趣的是，歌德的选择性亲和力指的是 Etienne-François Geoffroy（1718 年）关于化学物质的结合和沉淀的关系的化学学说。歌德在类比的基础上，探讨了造就和破裂情侣的浪漫魅力。他认为亲和力是自然规律。

③ ［NAG 89］。

时，才能得到理解。

因此，我们认为，放弃，或更好地理性地谈判一个特殊的观点，也是一个挑战，当它是与自己或其他人协商，甚至在不同学科之间。在理论的伦理多元主义范围内绘制“可能性”的图式，与认识多元主义相联系，为这些讨论创造了部署空间。当然，它们中的每一个都将能够涉及承诺和选择，并且只占一块领土。我们还回顾了伽塔利和德勒兹以施腾格提出的动态的解域化概念，并思考了再域化（reterritorializations）[①]。

除了在她的作品中这一契机的缺失之外，在整个伽塔利—德勒兹式的过程中，规约标准是否应该是必需的？

在直接回答这个问题之前，让我们看看道德哲学的其他资源。让我们考虑一下情感想象，这是一种非概念性的道德知识。哲学家玛莎·努斯鲍姆（Martha Nussbaum）在其关于教育问题的长篇著作《培育人性》[②]（*Cultivating Humanity*）中对此进行了广泛的阐述。她打算发展我们必须把自己放在别人的立场上的能力，甚至去感受别人的感受。据她说，我们设法想象了几种不同的观点。因此，我们需要培养这种想象能力，以促进同理心，因为这是防止种族中心主义的保证之一，也是不把他人变成陌生人的手段之一，而主要是因为这是培养公民意识的必要条件之一。

最后这一点，无论其形式、限制、挑战甚至是实施条件，都是世界政治的核心要素。这也是参与式技术评估和负责任研究和

---

① [REB 06b]。本文比较了布鲁诺·拉图尔、伊莎贝尔·施腾格和吉勒·德勒兹对这些术语的用法。平心而论，特别是如果我们忠实于德勒兹，我们必须把伽塔利与核心词“非属地”的发明联系在一起。

② [NUS 98]。

创新成功的一个保证，也是在已经提出的协商民主框架内恭敬地欢迎其他人的论点的一个条件。然而，这并不意味着我们不会为我们的观点辩护。我们必须在容忍诅咒（它促进了施腾格告诉我们的规约）和努斯鲍姆对他人的“设身处地”的能力[①]之间做出选择。这第二个方向更适合伦理和/或认识论的多元化，尽管它只依赖于想象力。

当然，根据伊莎贝尔·施腾格的推测，甚至是颠覆性的言论，在德勒兹之后的那些宣称自己是一位哲学家，创造了“概念更新了每个时代在‘微积分’[②]的拼凑中所发生的事情（它创造了我们所能做到的‘我们’[③]）”[④]的人，应该在某种程度上与评估参与式技术评估和负责任研究与创新经验的质量有关。她的话可以与在这一框架内已经制定的一系列其他质量标准相提并论[⑤]。然而，作为当代道德和政治哲学的又一次激烈辩论和抽象的口头规约，不能被认为是理所当然的，而且是有问题的。如前所述，通过非概念性方法突出强调的优点是恢复在发现过程中发挥作用的要素。这也是它们的局限性之一，因为我们感兴趣的语境是正当语境。此外，他们也有缺陷，把我们的道德和伦理信仰的正当理由放在背景中[⑥]。然而，这的确是参与式技术评估和负责任研究与创新盛行的辩护框架。道德的理论，甚至更多的伦理想象[⑦]，

① 例如，让我们想想舍勒的著作。

② [STE 97，p.131]。她采用了莱布尼茨的措辞。

③ [STE 97，p.132]。

④ [STE 97，p.136]。

⑤ [REB 05b]。

⑥ 这一经典命题是由 Ruwen Ogien 在 [OGI 03a，p.1612] 中提出。它可以在一本不太为人所知的书 [KUH77，KUH90] 中找到不同的含义。

⑦ 这一主题是在 [PEL16] 中提出的。

可以帮助我们理解，通过进入正当场，我们如何能够以不同的方式看待事物。然而，它是一种主要的活动，以应对因被归入“宇宙”一词的要求而变得更加复杂的争议、多元化或政治选择。对最好的世界的思考发生在一个具有这些要求的宇宙中，但是，正如其词源所表明的那样，一个有组织的宇宙。也许，我们应该把它看作是一个“国际大都市”①。无论如何，在“宇宙政治”的帮助下，科学进入民主仍是无能为力的。

5.2 | 自然的政治

布鲁诺·拉图尔与伊莎贝尔·施腾格分享了这一大胆尝试，试图将科学与社会，甚至科学与政治联系起来。很长一段时间以来，他一直在考虑建立一个由人类和非人类组成的议会的计划。令人印象深刻的《公之于众》(*Making Things Public*)一书确定了“建立一个由公共‘事物’或场所组成的议会”的多种方式②。作为其文章《自然的政治》(*Politics of nature*)的题目。《如何将科学纳入民主》③表明，我们在这里首先处理的是一个政治问题，而不是一个伦理问题。然而，我们将看到，这篇文章的一个主要问题是联系事实和价值观的问题，我们要提醒你，一些哲学家声称这是道德哲学的主要问题。拉图尔甚至更进一步，质疑事实和价值的分离。

关于区分事实和价值观的问题，以及通过讨论可能出现的美

---

① 图尔明在（Toulmin）他的一本书的书名中使用了这个词［TOU90］。

② ［LAT 05］。

③ ［LAT 99，LAT 04］。请注意，这不是一个问题，而是一个实现它的指南。

好新世界的问题，他赞同我们在整本书中都优先考虑这两个问题。这就是为什么我们在这里谈论他的贡献。他是一位在科学研究领域具有重大影响的社会学家，有时被称为哲学家或人类学家[①]。考虑到以前在施腾格《宇宙政治》中遇到的一些要求，他试图提出一种政治生态。

因此，在通过对贯穿整个陈述的简短说明，以及通过更实质性的讨论部分来说明其一些局限性之前，我们打算将这一尝试集中在与参与式技术评估和负责任研究与创新关系重大的一个交汇点上。

首先，他的书至少讨论了我们感兴趣的三个术语或表述："共同的善""共同的世界""宇宙"（和宇宙政治学），其次是"复合宇宙"（pluriversum）和"道德主义者"。

通往其个人的重新定义，他带来了这些有时看起来非常古老的概念，并且用了大量和不同的解释，首先参考他的术语表是非常有用的[②]。这将帮助我们了解它们在拉图尔的"剧本"中扮演的角色。

其次，我们将更具体地了解他对"这本书中最困难的一章"的结果，这一章涉及"对辩论必须采取的形式的描述[③]，以便理清这些事先没有任何统一的主张，特别是性质"[④]。我们发现莱布

① 这表明，在哲学部分的"agrégé"中，有一种将社会科学和哲学的要求结合在一起的意愿。他最近的课程更多地属于哲学的范畴。在这里，他谈到形而上学，甚至是实验形而上学。

② [LAT 04，pp.237–250]。前面几页是对论点的总结（供读者快速阅读）。

③ [LAT 04，p.239]。

④ [LAT 04，p.139]。这一摘录表明，与 Nous n'avons jamais été modernes 相比，他已经更进一步了，这使他在前面提到的排序中免受了施腾格的批评。

尼茨对一场挑战不是预先确定的辩论也有同样的关切。这些“命题”在这里从形而上学的意义上重新定义，指的是世界的存在或语言形式，但在它成为人类的正式成员之前①，并不是人类和非人类的联合。它并非真或假的联系，而是善或恶的联系。与这些说法相反，这些命题坚持通过集体的动力以寻求正确的联系，正确的宇宙*。为了避免重复，他有时写“实体或事物*”。本章主要论述了“事实与价值观念的一些弊端”。

这个术语表告诉我们，“撇开共同世界的问题不谈，一般性的善或善的生活问题通常局限于道德领域*，共同世界的问题界定了关注的事项。善与真是分开的；在这里，我们将这两种表达方式混为一谈，来谈到善的共同世界或宇宙*”。“共同世界[……]一词指的是外部现实逐步统一的临时结果（为此我们保留多元宇宙一词*）；单数形式的世界，确切地说不是被给予的东西，而是必须通过正当程序获得的东西”②。“宇宙”一词有时被宇宙政治所取代，它与更为传统的“世界”一词同时出现在希腊语中的“排列”以及“和谐”的含义上。因此，宇宙就是共同世界的同义词*，伊莎贝尔·施腾格在使用“宇宙政治”一词时（不是在多国意义上，而是在宇宙政治的形而上学意义上），她提到了这一点③。拉图尔于是提到它的反义词“cacosmos，尽管在《高尔吉亚》中柏拉图更喜欢‘acosmos’”④。

这样，重新定义的这三个概念联系在了一起：“一般性的善

① 星号表示术语也被重新定义，并在术语表第237–250页中列出。（此部分“*”皆为原文中所示）

② [LAT 04，p.239]。

③ [LAT 04，pp.239–240]。

④ 仅在法语原文中，p.352。

的道德问题*与共同世界的物理问题和认识论问题是分开的*相反，我们坚持认为，这些问题必须结合在一起，以便重新提出共同的‘善’的世界、可能的‘至善’世界和‘宇宙’的问题。”①

与“uni-verse”一词有关，“多元”一词“与‘自然*’一词有同样的局限性（因为统一是在没有经过正当程序的情况下实现的*）”。它指的是“在共同世界*的统一进程之前有可能共同存在的命题*”②。

拉图尔劝诫道：“我们不必像在旧的思辨形而上学下所做的那样，自行决定世界的装饰；我们只需要定义允许实验形而上学重启的设备、工具、技能和知识，以便共同决定它的栖息地、它的‘欧依蔻斯’③（Oikos）和它熟悉的处所④。”⑤“前交易”由他所称的“旧政权”动员起来，负责“在现实中人为分割的部门[……]”。以不同的技能发展同一份工作，并参与所有的工作⑥。因此，他对以下分布提出质疑：科学涉及自然、政治与社会事务、道德基础、基础设施的经济和国家行政。

让我们看看什么是“伦理学者”的作用，这对我们的研究意义重大。它们是“参与新宪法*规定的集体职能”⑦所需的行业类

---

① 英语文本中 [LAT 04，p.93]。

② [LAT 04，p.246]。

③ 关于这些问题和完全不同的演变关系，请参阅由今道友信发起的生态伦理项目。参见 [CHA 09] 和 [REB 09]。

④ 至于法语文本，由于我们没有找到这一术语的任何定义，我们将上下文联系起来，直到进一步注意到它是“存在”的意思，因此是一个打字错误。

⑤ [LAT 04，p.136]。

⑥ [LAT 04，p.137]。 见 [LAT 04，p.273] 注 15，拉图尔说，“交易是最难人类化的，那些与构建的实体有真正麻烦的交易”。在法语中，他在“Faitiches（Factishes）”中将事实和迷信联系在一起。有关详情，请参阅 [LAT 96，LAT 99]。

⑦ [LAT 99，p.245]。

别之一。界定这些行业类别的“既不是对价值的呼吁，也不是对程序的尊重，而是对集体构成*缺陷的关注，通过否定任何主张的手段的功能，并提出将其作为目的而将其具体化*”。

我们会在这里认识到康德在道德和伦理领域的格言。正如前面所讨论的那样，道德多元化表明了这种选择的任意性。康德主义或道义论并没有涵盖伦理理论的整个领域。这同样适用于以手段为目的判断，此外，其构成中可能的选择也是多种多样的。最后，拉图尔的伦理立场更多地关注的是元伦理。

布鲁诺·拉图尔如何“谦虚”地展示事实和价值观念的缺点以及区分它们的诱惑，让他们陷入长期的“教条式沉睡”[①]？我们稍后将看看他提出了什么样的替代方案。

首先，事实的概念在没有进一步的预防措施的情况下，掩盖了学者活动的多样性，冻结了事实的生产阶段，仿佛这些事实木已成舟。然而，除了已被证实的事实之外，历史学家、社会学家、经济学家和心理学家对各个阶段进行了识别和分类。“除了公认的事实问题外，我们现在知道如何确定事实不确定、温暖、寒冷、轻、重、硬、软、令人关切的问题的所有阶段，这些问题的定义恰恰是因为它们不会掩盖正在制造这些事实的研究人员、生产这些事实所需的实验室、证明这些事实为真的仪器以及他们有时引起的激烈的争论——简而言之，一切可以表达命题的东西”。

上一章中提到的各种不确定因素并没有像他所说的那样，提出了一个具有不同类型假设的框架，有助于解释数据，具有不同

① [LAT 99，pp.95–96]。

程度的不确定性、可靠性和可信性。

其次，为了被解释和有意义，事实必须“形成、塑造、预定、模式化、定义化”，他用“理论”或“范式”来概括这一点[①]。

另一方面，另一边的价值概念“有一个明显的弱点，首先是完全依赖事先对‘事实’的定义来标示其适用范围。价值观总是过于滞后，它们总是发现自己被置于既成事实之前”。

拉图尔然后痛惜道，“因此，对于那些简单地对（共同世界）‘是’什么的不可避免和无可争议的现实进行定义的人以及那些从地狱到浪尖都要坚持（共同的善）的不可避免和无可争议的必要性的人来说，二者之间的天平并不平衡”。

然后，他利用了他所称的价值的唯一来源，并补充说：“对普遍和普遍价值的呼吁，寻求一个基础、道德原则、尊重程序——当然是可以估计的手段，但没有直接、详细地掌握事实，而这些仍然顽固地受制于那些‘仅仅’谈论事实的人”。

伦理上的忧虑比拉图尔所担心的更好，就像我书中其他的拥护者一样。

简言之，拉图尔也反对哈贝马斯求助于规范的中介概念，“像他的许多解决方案一样，这是事实和价值之间的中介［……］，这一做法的缺点是保留了传统概念的缺陷，即使它找到了精明的社会手段来缓解这些缺陷”[②]。

拉图尔认为，问题在于“一旦一个人把某件事定义为事实，就不需要重新考虑这一事实的定义；它永远属于现实的领域”[③]。

---

① ［LAT 99，p.97］。我们将在下一小节中更广泛地讨论这些问题。

② ［LAT 99，p.266］。我们可以用［DEW 03b］的激进文章来强调这种批评。

③ ［DEW 03b，p.98］。

共同的世界和共同的利益可能被“秘密地混淆了，即使在官方上保持不同［……］；事实与价值的区别不但没有澄清这个问题，反而会变得越来越不透明，因为它使人们不可能从应该是什么东西中理清界限”。他甚至补充道：“一个人越是区分事实和价值观，就越会陷入糟糕的共同世界，这就是柏拉图所谓的宇宙［……］。可能的东西与理想的东西混淆了。”

这一断言似乎是自相矛盾的。事实上，他只是说“是”和“应该是”是无法察觉的。价值观对他来说尤其具有特定的功能，即“避免无数的小欺骗事件，通过这些事件，无论是有意还是无意，什么是可能的定义与什么是可取的定义会相混淆”[①]。

顺便指出，正如上一章所述，我们再次涉及预防原则的关切。

因此，拉图尔请我们不要轻易放弃区别表达的关键差异，“而是把它们放在其他地方，在不同的概念之间形成不同的对立，同时证明它们将在那里得到更好的保护”[②]。然后，他在表格中总结了必须确保事实/价值区别的“规范”[③]。

至于价值观，他指出：“3. 取代价值概念的概念必须允许对命题进行分类，同时密切关注事实细节，而不是将注意力转向基础或形式。4. 取代价值观念的观念必须保证防止欺骗，这种欺骗使价值被伪装成事实，而事实被伪装成价值。5. 取代事实—价值区分的观念必须保护科学的自主性和道德的纯洁性。6. 取代事实—价值区分的概念必须能够确保质量控制至少与正在被放弃的

① ［DEW 03b，p.99］。

② ［DEW 03b，p.102］。有了这一措辞，他就不像从根本上质疑事实/价值观区别的措辞那样过分了。

③ ［DEW 03b，pp.111–117］。

质量控制一样好，而且可能比正在放弃的质量控制更好，既涉及事实的产生，也涉及价值的产生。”

因此，拉图尔指出，“新宪法不是这样的，它的目标恰恰是详细地遵循什么是什么和什么应该是什么之间的中间程度，记录我所称的实验形而上学的所有后续阶段”[①]。

他（在我看来）正确地断言，在定义了世界各国**之后**，就不可能开始提出道德问题了。“正如我们现在所看到的那样，应该是什么的问题不是这一进程中的某一节点，而是与整个进程同义的问题”[②]。最后，它是关于用另一种区分来取代事实与价值之间的区分：“共同世界构成中的分野与由于对形式、正当程序的尊重而被迫放慢脚步之间”的区别。他称之为代表（representation）。这种对比起到了“规范作用”。“代表[③]而不是分野”的口号很好地概括了他的政治生态目标。

我们赞扬这种将科学、伦理、政治、经济、法律和各种形式制度化的世界团结起来的意愿。很多时候，也许是因为事实和价值观的区别，或者当然是因为学科的制度化形式，一个多层面的根茎问题，例如关于处理任何有争议的技术的问题，都被分割开来，而没有就更多元化的重组达成一致意见。它需要罕见的经验，例如通过协商从而达成共识的经验，才能使这种可能性成为现实，这项工作的相关性才有机会得到承认。这些争论是真正的社会政治创新，有助于拉图尔和我们已经提到的在他之前的伟大

① [DEW 03b，p.125]。

② [DEW 03b，p.125]。

③ [DEW 03b，p.126]。对于第二个含义 Latour 的定义如下：“从积极的意义上讲，它指明了重新提出的集体的动力，即再次提出共同世界的问题，并不断地检验重新考虑的真实性。” [DEW 03b，p.248]

技术哲学家吉尔伯特·西蒙栋[1]所捍卫的放缓。然而，我们听到了对这篇扣人心弦的文章某些方面的批评。我们希望进一步阐述他所谓的"道德"，但这也涉及伦理，以解决一些理论问题，以及在参与式技术评估和负责任研究与创新过程中出现的经验问题。

关于价值问题和更广泛的道德问题，正如布鲁诺·拉图尔所认为的那样，我们将作以下评论：

第一，我们为何要满足于说价值观过于滞后。如果不像舍勒[2]、麦克道威尔（MacDowell）或威金斯[3]（Wiggins）那样捍卫现实的立场，我们就可以摒弃这种对事物的表述。就像我们将要看到的那样，一些新实用主义者，比如普特南，和杜威甚至库恩一样，对同样的区别提出质疑。不知何故，他们甚至比拉图尔的质疑更进一步，这表明价值观"延伸到整个过程"。对他们来说，价值观是第一位的。当然，他们作为一个整体，并以某种方式混合了道德价值（伦理）和认识价值。因此，我们还应该考虑各种不同的方式来区分不同类型的价值，以便将它们连接起来，或者将它们彼此分离。

第二，自然体系、事实和价值观仍然非常模糊。我们不知道自然是属于本体论还是认识论。自然与价值之间的关系没有得到澄清。然而，许多哲学文献以不同的方式讨论了这一问题。例如，自然所固有的价值的可能性——这在环境伦理学中引起了很大争论——是不是不符合条件？同样，我们对事实与价值观之间

---

① [REB 99]。

② [SCH 55]。

③ 例如，参见 [OGI 99] 和 [REB16a]。

可能存在的联系了解不足。

第三，应作出一些澄清，以便使这一“模式”对个人或集体评价可行，即使它一开始只考虑道德方面，并考虑到一个事实的相对性质和力量。我们在前面的章节（第 1 章和第 2 章）中看到，道德和政治哲学可以帮助我们以一种比付诸道德主义者的“交易”的单一康德伦理更多元化的方式来定义这些理由的发展框架。价值观并不会耗尽属于道德世界的所有要素。如果拉图尔的按专门知识的类别进行的分配表明了它考虑到进行全球评价的各个方面，我通过参考我们的第 1 章，我们可以看到，为了简单地从道德上评价一个事实，这些职能是没有充分确定的。

第四，拉图尔对事实生产的陈述引起了关于认识论和各种科学技术社会学的争论。考虑到研究人员网络之间的关系，我们不能赋予它比它应有的更大的意义，而牺牲了科学界所实施的验证过程。

第五，令人惊讶的是，考虑到他所说的介于“是”和“应该是”之间的中间程度的细节，我们没有再次发现文献 COM（2000）中的不确定性，这些不确定性是科学实践的一部分，也没有发现论点“结构”中的模式。

5.3 | 价值观在范式转换中的重要作用

拉图尔不是唯一一个也不是第一个质疑事实和价值观之间严格二分的人。然而，这样的质疑是否有力呢？我们注定要屈服于自然主义诡辩的危机吗？这种对社会科学的方法和理论以及它们与哲学或更大的框架——自然与工程科学和哲学之间的关系——

之间的联系的深入提问将会产生什么样的影响呢？让我们来讨论分配给休谟和康德[1]的问题，这两个问题在哲学上已经很古老了，新实用主义和数学哲学家普特南通过谈论一个教条的结束而煽动性地重提了这个问题。他承认，他的论断在一定程度上归功于阿玛蒂亚·森（Amartya Sen），即事实和价值是相互交织的，没有价值，我们就不能产生任何事实。普特南以可靠性和一致性要求为例写道，对什么是合理的判断仍然是默认的，并以科学调查为前提。他认为，对什么是合理的判断既可以是客观的，又具有价值判断所特有的所有属性。与波普尔、赖欣巴哈、卡尔纳普和奎因不同的是，他认为，"实用主义教师"最终是正确的："对事实的了解是对价值观的了解。[2]"

但是，关于科学理论，我们该说些什么呢？他们是否依赖于认知价值观？那么，公民甚至科学家们能否弄清楚如何区分"坏科学"和"好科学"呢？我们是不是在这里也持有一种认识论上的多元主义？事实上，我们应该具有一种一致性，才能将其评价手段与认识论成分结合起来。科学史上的专家们把这件事复杂化了，特别是以一种好的理论标准。从我的观点来看，如果我们不想停留在语境和特质的层面上来回应长时间的证据生产工作，那么他们应该在参与式技术评估经验或负责任研究与创新过程的第二次评估中占据特殊的位置，以应对充满争议的长期的证据生产工作。让我们注意到，一些优惠贸易区的从业人员认为，我们有时应提高人们对科学领域范式问题的认识，并在会议上提高公民对范式的认同和转变的认识。有人特别提到托马斯·库恩的《科

① [PUT 02]。
② [PUT 02，pp.145]。

学革命的结构》[①]（*The Structure of Scientific Revolutions*）。的确，在更大的领域和更长的时间里，类似的问题已经引起了这位科学、历史和哲学专家的关注。他主要以他的不连续的科学动力学模型而闻名，因为他对范式的概念相当模糊，这使得人们可以理解他的模型。然而，库恩在对接受这一主要著作的不断误解中，试图回答对《科学革命的结构》和关于科学范式变化的棘手问题的批评，特别是对一个好的科学理论所承认的客观标准的批评。在一次题为“客观性、价值判断和理论的选择”[②]的会议上，他为自己辩护，这是我们在这里感兴趣的观点之一。如果舍勒提出的[③]知识社会学科学争论规则[④]的解释是多样化的，那么库恩的问题几乎完全转移到了独特的传记因素、格言、标准和价值观的领域[⑤]。

普特南并不是唯一一个坚持价值观在科学理论中被“启动”的人，即使库恩加入了其他规范因素。

在这本书中，库恩首先否认自己是一个相对主义者，因为他使用了一个关于好的科学理论的经典标准：准确性（accuracy）、一致性（consistency）、大规模性（large-scale）、简洁性（simplicity）和衍生性（fertility）。这本书的任务是回应人们提出的某些反对意见。然后，他列举了评估和适用这些不同标准的困

---

① [KUH 83]。我们注意到，库恩对他的地位的新潮性持怀疑态度，尽管直到今天，他被认为是一位革命家，这本书可以追溯到他职业生涯的第一部分，因为他当时40岁。关于其贡献的谦虚和匮乏的想象力，见 [KUH 90，p.442]。

② [KUH 73]。见 [KUH 77，pp.102–118]。

③ [SCH 93]。

④ 例如，见 [ENG 87] 和 [RAY 03]。

⑤ [KUH 77，p.103f]。

难。它们确实有助于选择好的理论，但不能“作为决定选择的规则，而是作为影响选择的价值观”[①]。

他补充说，他不同意波普尔的观点，即当理论被推翻时，它们就被抛在一边。根据库恩的说法，科学家可以根据相同的标准做出不同的决定。当个人或社区想要实施它们时，从上一个列表中选择的准确性或一致性可能会被证明是模棱两可的。因此，对于几个人共享的选择算法来说，它们是不够的。同样，他对是否拥有一份全面和明确的标准清单持怀疑态度。更根本的是，这位前物理学博士坚持认为，“这些标准的有效性只有在它们足够清楚地决定每个采用这些标准的人的选择时才存在”。然而，这些数值有助于确定每一位科学家在决定时必须要做出考虑的问题的清单。这个清单可以被补充。这就是有用性的情况，这在今天对参与式技术评估和负责任研究与创新的倡议，以及对创新，甚至对研究政策都起着重要的作用。

然而，库恩对评估和理由说得很少，这对参与式技术评估和负责任研究与创新来说是个特别的问题。他的解决方案有助于解释这样一个事实，即科学家仍然相对反对一种理论，而不是谴责少数群体的非理性，但它并不能帮助我们在他谈到的意义范围内结束对立，特别是价值观之间的对立。实践的认识论的运用将使我们在下一章更接近科学实践的现实。

① [KUH 77，p.111]。

5.4 | 科学事实、认识论价值和伦理价值之间的关系

参与式技术评估和负责任研究与创新的核心问题之一是伦理价值（或规范）和认识（或认知）价值（或规范）之间的共存问题。在这方面，我们不区分价值和规范，尽管这种区分是合理和有用的[①]。首先，我们想走得比普特南更远，普特南似乎混淆了这两种价值观。无论如何，他并不费心区分科学知识领域的价值和伦理领域的价值。科学知识领域的目的是寻找真理或仅仅是关于这一领域的有效性。其次，我们建议了几种方法来考虑它们之间的关系。事实上，如果像普特南这样的新实用主义者，甚至拉图尔，质疑认识事实和价值之间的严格二分法，他们没有对认识价值和伦理价值之间的联系给出任何解释，更没有对与伦理多元主义相联系的认识论多元主义问题作出任何解释。然而，即使这是含蓄的，这个问题一直存在于参与式技术评估和负责任研究与创新中。我们甚至可以说，这是进入科学和伦理领域，甚至政治领域需要解决的主要问题之一。

道德哲学家谢尔利·卡根（Shelly Kagan）在其规范伦理学和伦理理论的详细方法中，将伦理价值与化学或物理学的规则进行了比较："（一种完整的规范性伦理理论）必须包括的不仅仅是规范因素的清单。它还必须包括我们所称的相互作用原则，即规定各种因素如何相互作用的原则，以便确定具体行为的道德地位。（我们可能认为这些原理类似于化学和物理原理。某一化学

① 例如，请参见［FER 02］和［OGI 08］的相反位置。有关社会学，请参见［DEM 03］。

过程的效果取决于该过程中不同的化学因素所起的作用。化学原理描述了这一功能，具体说明了不同化合物在不同条件下的相互作用)。[①]”在认识论中，评价或道义的使用是否意味着这两种价值或规范之间的相似之处?

事实上，“经常，当我们讨论与知识理论有关的问题时，我们使用听起来合乎伦理的概念。我们想知道一个好的假设和一个坏的假设有什么不同，或者根据现有的数据，我们是否应该相信这一点或那一点。在这方面，似乎存在着认知价值和认知责任或义务，正如存在道德价值和规范 [……] 一样。同样，我们谈论规范的、道义的、价值论的或评价的命题。弗雷格说，逻辑中的‘真’一词所起的作用类似于伦理学中的‘善’和美学中的‘美’，我们常说逻辑是规范的，我们是否可以说，逻辑学是一种思想伦理学，认识论是一种信念伦理学? ”[②]

因此，下面对伦理价值（或规范）与认知（或认识）价值（或规范）之间可能存在的关系进行分类:

（1）对一个物种的评价可以归结为对另一个物种的评价。

（2）任何伦理价值（或规范）都隐含着一种认知价值（或规范）。

（3）伦理价值和规范与认知价值和规范无关。

（4）没有价值或规范，只有自然或社会规律。

命题 4 所涉及的惯例或正规性被理解为规则性。这对我们来

① [KAG 98，p.183]。

② [ENG 03，pp.171]。 本文是在法国分析哲学与道德哲学地位之争的一部分。一般和（或）通常意义上的哲学家是该争论的目标所在，就像桑德拉·劳吉尔（Sandra Laugier）一样。

说并不有趣，有几个原因。首先，它的反身性不是很强。此外，这很难与伦理多元主义相协调。此外，它较少考虑第 4 章所述的不确定因素。最后，恰恰是有时新兴技术的新颖性导致的不确定性，因而需要像参与式技术评估或负责任研究与创新这样的支持，因为一些人的不同于其他人的通常的评价和直觉被推翻了。

在我看来，最吸引人的解决办法是第二个。事实上，我们认为我们应该区分这两种价值观和规范，而不是减少和同一化二者之间的区别。这种区别来自于追求真理的信念和追求满足的欲望之间的差异。正如伊丽莎白・安斯科姆（Elisabeth Anscombe）的名言：信念和欲望有“调整的方向”。然而，这些调整方向是截然不同和相反的。信仰的调整是“从心灵到世界”。它们必须适应这个世界才是真实的。欲望的调整是相反的，因为它从世界到心灵。事实上，我们期望世界能满足我们的欲望。如果真理之于信仰，犹如欲望之于满足，那么真理就不是满足。信念和欲望起着不同的作用：第一种信念和欲望是为了传达某种信息，而第二种信念和欲望很可能激励我们采取某些行动。安斯科姆认为，与欲望不同，信念本身没有动力[①]。

用这一分类法，我们发现一个世纪前反对詹姆斯・克利福德[②]（James Clifford）的关于“信仰伦理学”的著名论战。克利福德甚至断言，我们随时随地都相信基于不充分数据的东西是错误的。对他来说，违背这一基本准则是一种“罪过”。

威廉・詹姆斯（William James）不同意这个观点。相反，他认为，当我们面对“至关重要的选择”时，我们知道的那些命题

---

① 参照［ANS 58］，见［ENG 03，p.173］，其中提及［PIC 96，特别是第 2 章］。
② 见［CLI 79］和［CLI 79］。

没有得到充分的证实，这往往是有益的。

在此，我们注意到这一立场对预防原则的及时性。当然，他还未能区分两个问题，一是没有充足数据支持的信念是否仍然是一种不合理的信念，二是没有充足数据支持的信念是否仍然不利于进行调查。很自然地，詹姆斯会在别处寻找原因。我们必须考虑到我们的“激情本性”，这属于我们信仰的源泉。他敦促我们不要局限于纯粹的理性和逻辑。

克利福德是证据学论点的提倡者，他错误地将构成规范的信念提升为伦理标准的地位。正如所见，他甚至使用了一个属于道德神学的词汇，而今天，我们不能真正看到它的相关性。

另一方面，詹姆斯也是错误的，他说，寻求真理必须让路于寻求有用性。他的实用主义是自愿的，因为他认为我们也许愿意相信。因此，他的错误与克利福德的错误是对称的，因为他把认知规范置于实践规范之下。两者都混淆了伦理正当性和认知正当性。

因此，必须避免认识价值和伦理价值从一个还原到另一个。在下一章中，我们将支持在持续的调查中进行科学论辩和伦理论辩之间的双向互动。然后我们将涉及第五个选项，穆里根（Mulligan）和恩格尔（Engel）没有考虑这一选项——与命题 2 的情况相反。因此，我的观点是，每一种认知价值（或规范）都隐含着一种伦理价值（或规范）。我们可以叫它命题 2’。因此，我们将专注于在这两种类型的价值观（或规范）之间来回切换。

5.5 | 结论：处理事实和价值的“知识界”

除了单纯地为了关注于公民性与合作性以外，参与式技术评估和负责任研究与创新由于聚合了多种专门知识，二者之间分歧的大门被打开了。即便宽容在政治哲学的背景下组织起了多元的自由社会，我们是否应该用科学哲学家伊莎贝尔·施腾格的口号，在科学层面上结束它呢？我们可以承认，要求科学家甚至是科学保持宽容是不和谐的。化学家看世界就像化学家，物理学家也是一样。他们甚至因此被召集在一起。科学家的方法，包括人文科学和社会科学以及他们的选择，使那些实践和改进他们的人能够在他们的研究中取得进展。另一方面，施腾格式的规约依然太过庞大。我们需要解构它。正如我们将在下一章中看到的那样，这些规约特别要求详细说明假设和论点。然而，施腾格拒绝悬置争论。她接受布莱克（Blake）的指控：“那些命令另一个人‘像其他人一样表达自己’，坚持他想要承认的约束，然后听从那些只能以宽容来接受的牵强附会的观点，以取悦那些甚至没有意识到这些观点是不可能被考虑在内的人。”[①]

我们可以部分接受她的立场。我们可以说，自称一致的参与式技术评估和负责任研究与创新并非必须把那些强行推行其论辩风向的政治活动放在首位。因此，我们认识到一个局限性，这也是由于我们在协商民主理论中对我们所说的“争论”的理解不足[②]。当然，存在着迫切希望保持公平合作的政治论点，但它们

---

① [STE 97，p.93]。
② 见 [REB 11a]。

并不是唯一的理由。此外，这种合作不应扼杀其他领域的逻辑。

还必须认识到，这些争论并不总是公开的。科学越来越接近它们的边界，甚至跨越它们。地域化、非地域化和再域化的时间，用德勒兹和伽塔利的术语来说，时间更短，交叉的次数也更多。科学界的战争[①]并不总是激烈的。在参与式技术评估内重新划分疆域，即使施腾格不大可能获得适当形式的经验，也可能使她认为主角面临的风险在更大程度上发挥作用。负责任研究与创新进程及其“支柱”“利益相关者或公民的参与”也是如此。我们可以感到遗憾的是，如果这种恐惧在起作用，争论没有为实践中科学进程的多样性留出足够的空间，而只是选择回顾结果，即使在参与式技术评估中，选定的专家也不再实践或不再实践所讨论的科学或技术。对于负责任研究与创新来说，这可能更为罕见，因为正在进行的研究和创新项目需要技能。

因此，我们想要强调的是，论辩对于知识和专门知识的多元化来说是一种宝贵的资源。它是一种应对“由于与不同文化、体现不同‘信念’[②]的令人不安的遭遇而造成的外部的不稳定性”的沟通能力。如果让－马克·费里（Jean-Marc Ferry）认识到第一个反应是不容忍和仇外心理[③]，“为了填补世界与其理解之间的空白”，他宁愿转到论辩上，以试图证明所说、所做或所想的是正当的，即使是对世界而言[④]，这也可能“使‘命题’问题化[⑤]”。

---

① 参考伊莎贝尔·施腾格最近一本书的书名［STE 01］，这本书以一种历史性和“幻想”的方式展开了莱布尼茨和牛顿之间的交流。

② ［FER 91，p.124］。

③ ［FER 91，pp.124–125］。

④ ［FER 91，p.128］。

⑤ ［FER 91，p.122］。

在这里，我们指的是费里写的关于评估有争议的技术或负责任地进行研究和创新的特征的文章。论辩比在科学中经常使用的解释更进一步，因为它是正当的。除法律外，它还侧重于正义或道德以外的伦理。

在科学领域，论辩着眼于解释冲突情况下的辩护程序。因此，我们欢迎与这种知识的相遇，这将不可避免地造成参与式技术评估和负责任研究与创新框架的不稳定。当然，承认这些不同的论辩，我们将不得不面对一个困难。如果我们引用最伟大的辩论专家之一斯蒂芬·图尔明[①]（Stephen Toulmin）的观点，论辩根据其学科背景是有效的。

拉图尔建议按职权范围将其分为四个[②]贸易类别："科学"[③]、政治家、经济学家和伦理学者。

他们各自处理六项[④]任务，作为要求（困惑：外部现实的要求；协商：困惑的要求；等级：公开的要求；制度：关闭的要求；

① [TOU 58，pp.113f]。

② 他提出了第五个，即"组织的工作场所"，但没有具体命名。尽管如此，他还是提到了管理者 [LAT 99，p.136F]。
然后，有必要将它们与"多种交易"联系起来 [LAT 99，p.165]。很难列举它们，因为理想情况下我们需要发现最"相关的陪审团 [……] 每个命题" [LAT 99，p.171]。
他以哈贝马斯为依据，鼓吹协商关注，根据哈贝马斯，"如果他没有参加导致作出决定的讨论，就不能让任何人 [……] 适用决定的结果"。
哈贝马斯在这个问题上并不是原创的。在参与式技术评估及其分析中，我们把召集有关公众作为先决条件。
然而，这个开放的清单使得对我们感兴趣的知识的如何共存的讨论变得更加困难。

③ 我们可以说"科学家"和其他功能在同一个语域中。

④ 例如，见第 162–163 页。他在他的表格中指出了其中的七个，第七个是"贯彻权力"，并不适用于所有人。
他在第 204 页 f 中对这几点作了解释。

权力分立；整体的演示化；后续权力）。也许，他在那里冒了一次险，并将再次因为这种排序而受到施腾格的批评，这当然是一种为了对称而进行的双向排序[①]。

拉图尔远远超出了参与式技术评估和负责任研究与创新的范围，他提出了更多的一般性意见。他并不局限于科学共存的问题，并重新组建了一个新的“议会”，将民主扩展到科学本身。尽管如此，这本书声称将重点放在专家在公开辩论中的作用，以及在一个放弃“一元论”[②]的世界中。那些被他定义为贸易类别的人必须“拥有自己的特定能力，共同承担所有的职能[……]”[③]。因此，他思考的是关系而不是合作，他在书中详细解释了这一点。这些“行业”是互补的，在集体的所有功能中合作，而不是混淆他们的技能为所有人所知，如泥瓦匠、水管工、木匠和建立相同结构的画家[④]。在他看来，每一项技术都将得益于其相邻技术的存在[⑤]，它们甚至是互助增进的。

尽管在其书中的一般性论点中，他反对“科学的非暴力”[⑥]，即定义了一个单一的共同世界，却没有给它提供手段，但他几乎没有给行业之间的潜在冲突留出多少空间。在他的书中，关于它们的一个罕见的条目是两个话语系统之间的对立，一个是“线性”的科学系统，另一个是“弯曲”的政治系统。如果说表述的成立基于各恰当片段的衔接，那么球体的生成则源于组合、聚积

---

① [LAT 99，p.214]。
② [LAT 99，p.219]。
③ [LAT 99，p.137]。
④ [LAT 99，p.149]。
⑤ [LAT 99，p.163]。
⑥ [LAT 99，p.218]。

和定义[1]。

因此，科学包含在一个不明确的和共同的核心中。我们必须进一步研究科学之间和科学内部的潜在冲突。

这篇关于关系主义者的[2]，而不是相对主义或绝对主义的有趣的文章声称自己是规范的，甚至是“更规范的”[3]。它提出的调整不仅是为了政治生态，而且更广泛地说是为了不同的专门知识之间的有效合作，以建立一个共同的世界。它请我们在能够界定简单的“是”（共同的世界）这一无法逃避和无可争议的现实和必须保持对应该是什么（共同的利益）的同样不可避免和无可争辩的需要的现实之间保持一种“平衡”。

因此，他提出了一个由持续和彻底的参与式技术评估可能引发的巨大变化的想法，以及可想而知的负责任研究与创新的重建。参与式技术评估可能是这样一个“议会”，一个真正的科学共和国或文学共和国。事实上，如果物理接触确实发生在不同技能的人之间的同一情境下，测试往往是过于肤浅的几个原因，包括在我的著作《DGM》中提到的，为了寻求一致性以及不同的合作伙伴所期望的，我们通过分析大量的经验克服困难，试图走得更远。我们希望，负责任研究与创新在分担责任这一根本关切

---

① [LAT 99，p.149]。

② [LAT 99，p.220]。

③ 在对描述性和规范性之间的差异的解释中，他写道：“在‘纯粹的描述’中有一种过度强大的规范形式：有什么定义了共同的世界，因此所有的东西都应该 [……] 与事实政治中的规范相违背，那么，我们就必须更加规范。” [LAT 99，p.224]
根据休谟的观点，由于对著名的自然主义诡辩的反驳，我们可以简单地谴责这种减少的“应该是”到“是”，除了在拉图尔的文章中，我们甚至会有“政治没有本质”的观点 [LAT 99，p.228]。
我们同意寻求掩盖规范或其他规范性实体，但不是希望更具规范性。这些应该是被迫披露的。参见 [REB 11b]。

的指导下，知道如何避免其中的一些问题。它的一个不同之处可以被看作是一种优势，那就是它与研究和创新过程密切相关。这种接近与连续性相结合，可以使它更好地把握现实，更具相关性。

如果在参与式技术评估类的争论中伦理不是唯一的层面，这类争论促成了同一空间领域和专门知识之间的各种对抗，而这些对抗往往是脱节和支离破碎的，一度模糊了自然科学与工程师、人文社会科学和常识之间的巨大交流。这似乎很难处理，公民和专家不仅是参与式技术评估的参与者，也是分析者或评估者。如果我们想用有争议的科学维度来共同处理它，那就更是如此了。这个问题仍然是负责任研究与创新的问题。它必须作为优先事项加以处理，而且更加谨慎，因为它的核心是道德责任。

拉图尔对康德式[①]的伦理学者的定义与伦理多元主义的可能性相差甚远，这不是他所指的多元化，而是他更喜欢的多元化民主，或者他想要避免的民主[②]："一种相当简单的容忍，因为（多元主义）除了借助一个没有挑战的共同基础之外，从来没有倾诉过它的共性。[③]"根据我书的第一部分，我们会在这种接受中发现一种一元论，而不是一种多元论。

如果通过其他手段，普特南也设法使我们相信严格区分事实和价值是徒劳无益的，那么，为了解决参与式技术评估或负责任研究与创新项目道路上的问题，即使是对这类实验进行实证或评价分析，依旧是长路漫漫。事实上，这并不是简单地承认一个或

① [REB 11b，p.155]。
② [REB 11b，p.182]。
③ [REB 11b，p.220].

几个有助于确立事实的价值观。首先，我们必须区分认识价值和道德（或伦理）价值，而不是将其降低到其他价值。然而，普特南、库恩、拉图尔或施腾格并没有为我们提供政治或伦理解决的模式，使同时进行的评估可行，考虑到符合各种可能性的事实、价值和不确定因素，以便回到我的分析中来。

对于所有这些作者来说，伦理问题仍然没有得到充分的发展。一方面，无论是在言语分析中，还是在伦理理论和元伦理学中，价值观都远远没有贯穿于所有的道德伦理问题。此外，道德价值很可能是有区别的（凯克斯）[①]、支离破碎的（内格尔）[②]和精炼的（舍勒）[③]，例如，不讨论行为与价值之间关系的困境问题。

另一方面，在参与式技术评估和负责任研究与创新这样的论辩框架内，如果没有大量伦理理论的支撑，以及伦理理论多元化的支撑，我们是很难做到这一点的。如果他们不能促进决策，如果他们可以是次要的，与直觉相比，他们有很大的优势，以帮助客观化的判断。我们不认为总是有可能达成决断结论，但我们不认为在这一问题上我们只应依赖（文化、认知、历史主义）相对主义。我们应该能够将我们在第 2 章中解释的价值和理论的伦理多元主义与正在形成的认知和认知多元主义结合起来，我们将在下一章中更详细地看到这一点。

那么，谁将能够缓和一场民间的新的学科之争，一场“科学

① [KEK 93]。
② “价值观的碎片化” [NAG 79]。
③ [SCH 55]。

之战”，一种拉图尔[①]或施腾格的争论？它会是结束了其宇宙政治的怀特海式神学家吗[②]？事实上，根据施腾格的说法，我们缺少神学家。

也许不是，如果我们想到一个古老的冲突，就像康德在他最后一本《学科之争》[③]（*Le Conflit des Facultés*）的著作中所评价的那样。这个标题似乎非常适合处理我们的问题和安慰这位比利时哲学家在她的神学期望。这一冲突极其反对神学和哲学。康德在《文坛》（*The Republic of Letters*）中对哲学学科进行批判，认为它公然讨论并控制“所谓的高级学科（神学、法学、医学），因为它‘独立于政府的命令’‘处理科学利益’和自由”[④]。

为了跟进拉图尔的命题，康德的命题也是相关的。事实上，对他来说，“科学战争把我们带回了17世纪迫使我们的前辈发明政治和科学的双重力量的宗教[⑤]战争的局面，同时将信仰推回到了内在的自我”[⑥]。我们离康德文本带来的挑战不远，只是他必须捍卫他的良心自由和他的宗教正统，反对普鲁士国王弗雷德里克－纪尧姆二世（Frederic-Guillaume II）的告诫，他的“亲爱的列日”。因此，拉图尔更愿意提出“他的实验形而上学”[⑦]，即负

---

① 这是一个章节的标题。它提及了一段较老的文本，“a tractatus scientifico-politicus”，Les Microbes，guerre et paix，Métaillé [LAT 84] and [LAT 99，pp.285-289，368]。

② [STE 97，pp.152-153]。

③ [KAN 97]。

④ 见 [EIS 94，p.395] 中的“faculté de philosophie”的入口。

⑤ 严格地说，这是宗教间和教派间的战争。

⑥ [LAT 99，p.222]。

⑦ [LAT 99，pp.241-242]。

责“目的王国”[1]的人类学和生态外交官[2]的“实验形而上学”。然而，我们指出，他们就其身份而言可能与伦理学家或管理者冲突。无论如何，我们不必害怕，康德并没有对人们在哲学上的利益寄予厚望[3]。

那么，为什么不把这个任务委托给一个形而上学家，“第三类具有最高交际能力的人（辩论的）[……]，其使命是为世界的构成建立足够普遍的原则以确定用于理解世界的真理，因为现在没有任何共识可以协调对世界的理解与对自己的理解，在宇宙学或神学的神父之间，[……] 都被本体论哲学家所废弃”[4]？

理想情况下，参与式技术评估或负责任研究与创新不应选择任何优先于其他学科的特定学科。应以相关性或辅助性问题为准。这种辅助性不应仅仅以在尽可能最佳水平上作出决定的关注为指导，而应适用于根据相关规则召集的科学。

在参与式技术评估的实践中，组织者并不总是拉图尔所言的优秀的“管理者”，在这项风险很大的活动中，那些在行业之外夸夸其谈（更不用说是滥竽充数）的专家与分配给他们的重要权力之间的平衡要差得多。我们希望，负责任研究与创新能够组织得更好、更稳定、更一致。

如果辩论是一种必要的资源，我们就必须根据第 4 章和第 5 章的额外复杂情况，重新考虑科学、伦理和政治之间进行跨学科共同辩论的可能性。

---

① [LAT 99，p.216]。

② [LAT 99，p.209f]。

③ 康德认为，与其他学科相反，哲学并不试图影响人。这就是为什么他认为政府对他的攻击是不公正的原因之一。

④ [FER 91，p.126]。

第6章　学科多元主义语境下的共同论辩

在实践中，受召参加参与式技术评估的公民必须听其自然，并设法亲自参与协商，同时尊重集体协商的某些条件限制[①]，而不是严格遵循有助于进行伦理评估的某些原则。有时，他们甚至对上述违背原则的行为感到困惑，在没有任何警告的情况下，他们面临着布鲁诺·拉图尔（Bruno Latour）在其“议会”中确定的欺骗性的陷阱，这种陷阱使价值看起来像事实，而事实看起来像价值。他们“集体思维”的方舟，暴露在不总是同向、同温度带吹来的且与同时预报着洪水与明媚阳光的学科之风下，向着四面八方漂流。尽管存在这些困难，而且“地图”也并不准确，但我们仍期待它们——有时甚至是在发出相互矛盾的命令之后[②]——根据最简洁的图式进行展示。

因此，最接近复杂评估活动的术语将不是过于笼统的参

① 因此，促进者的作用是至关重要的，因此一些分析师将其作为基石，并将其实践纳入应遵守的一些道德标准［KLÜ 03］的范围。

② 例如，法国转基因生物公民会议（1998年），会议组织者同时要求公民捍卫自己的意见并达成共识。

与式技术评估（TA），而是“协商式技术评估”（Deliberative Technology Assessment）。本书已经讨论过了对负责任研究与创新协商的呼吁问题[①]。

在专家和公民之间构建这种评估的要求之一是进行论辩，这一点比对评估进行定义更具有说服力。如果对论辩的定义是不同甚至有时是相反的方向的或多或少受到严格的限制的研究对象，且如果论点有缺陷或错误，存在或不存在规范性的批评，有关的讨论设计也取决于对技术评估所期望的定位。作为提醒[②]，这里再次提出以下问题：（1）评估技术后果和备选方案；（2）扩大研究和发展政策的视角；（3）安排时间；（4）评估后果和备选方案；（5）绘制公众科学争议图；（6）进行更具互动性的调查；（7）“找出论辩的根源”；（8）重新安排争论；（9）调解；（10）关于致力于新技术领域的政策的意见；（11）新的比较治理形式[③]。这些定位将有助于形成或选择某些商谈设计。

这些与参与式技术评估和负责任研究与创新有关的定位或目标意味着不同类型的争论。当然，根据不同的流程设计的相同类型的争论有时可能发挥相同的作用。

同样，在这些交流中，我们将期待不同类型的论辩。我们将要提到三种。

然后，我们可以对我们期望的知识进行挑选。他们既可以是多元主义的，也可以是怀疑主义的、相对主义的、一元论的，甚至是融合主义的。后者的确是非常有吸引力的，因为我们可以怀

---

① 同见［PEL 16］。

② 见［REB 11b］，特别是第七章第二部分。

③［REB 11b］。

有这样的雄心，不需要作出选择就能彻底找出问题的根源。我们将提出这些不同的立场，并将鼓吹认识论多元主义。我的阐述不会像关于价值观伦理多元主义的阐述那样冗长和详细（第一章）。我之所以简明扼要，是因为我关于价值的伦理多元主义的论辩和推理适用于认识论多元主义。

关于这些选择，我们还将具体说明在出现分歧时可能产生的回应。

然后，我们将讨论认识论多元主义以提高透明度，具体而言，即强调参与式技术评估特有的两个质量标准："学科间"和"学科内部的认识论多元主义"（the inter-and intra-disciplinary epistemic pluralisms）。这二者也同样适用于负责任研究与创新。前者是关于单一学科，而后者是包括所有现有的学科[①]，同时避免了它们的并列。然后，我们将看到在弱的和强的跨学科性的情况下，如何构想学科间的共存（互补、冲突、消解）。

接下来，我们将进一步建构商谈的微观"有机"结构，将图尔明的六要素论辩方法与亚里士多德的三段论方法——小前提、大前提、结论——结合起来，前者比后者更加复杂。尽管如此，由于图尔明的纪律划界主义，不能考虑论辩之间的共存，因为它们会从自己的领域中汲取力量。然后，我们建议把重点放在个体间的对话互动上，在这种互动中，可以在提问和回答的整个过程中构建论点，并可以考虑各种选择。在这一视角下，论辩作用于

---

① 我们应该加上缺少的学科，因为它们的专业知识和学科经常被遗忘。再一次，我们可以举出法国**"生物伦理总遗产"**（États généraux de la Bioéthique）的例子，以及它们在伦理专门知识方面的弱点，尽管这一主题明确包括这一术语，但这一点并未得到承认。

质疑，在真实而强烈的意义上表达出来。这些成就将使我们能够以比我们在第 3 章中所批评的不那么模糊的论辩设计来重新审视协商民主理论。

这种对话式的论辩设计更符合参与式技术评估甚至负责任研究与创新中的多种专业知识的召开，暗示着跨学科共同论辩的希望。这种对话形式甚至是伦理协商的本质。

然后，我们将主张将事实和规范结合起来，必须彻底审查与事实有关的背景因素以及更严格的道德和伦理因素。

如果技术的新颖性使人们难以了解这些技术，最好就获得和解释有关这些技术的结果的条件进行报告。这不是一场自相矛盾的争论。因此，我们必须回到假设在科学中的作用。我们将通过它发现文献 COM.（2000）中制定的预防原则公式所确定的不确定性。后者还将帮助我们组织这些集体协商的各种贡献，如果我们考虑到所收集的知识的多样性的话。我们将不得不根据相关性，即前面提到的学科辅助性，来确定分配的目标。这一点还涉及在负责任研究与创新的条件下尽可能负责任地分担责任。

在没有详细讨论论辩结构的情况下，我们已经提出了三种设想：（1）公开申辩（public pleading）[①]；（2）调解（mediation）；（3）调查（investigation）。根据这些定义，论辩的作用将根据参与式技术评估或负责任研究与创新中预期的任务而有所不同。

（1）公开申辩：我们使用的是从法律诉讼世界借用的这个词，在那里，一名或多名律师和一名检察官试图从不同的角度依

① 一些被邀请参加公民会议或地方论辩的行动者是苛刻的，他们把这些遭遇称为“马戏团”，正如我们听到一位前部长在法国全国公共辩论委员会领导下组织的公共辩论中所说的那样。

靠不同的法律机构来说服法官，有时以贬义意义上的修辞技巧来说服法官（这可能是令人痛惜的）。从某种角度来看，参与式技术评估非常类似于公开申辩。当然，由于其新颖性、程序的朴素性质和有时得不到尊重的性质，它的信心和框架要小得多[①]。此外，它在知识方面的领域要广泛得多，在被邀请的行为者方面也要多得多，这可以防止在审判期间进行法律翻译之后，对现实的描述作一些简化。另一方面，由于法律领域更加狭窄，程序更加稳定和可靠，我们既[②]更容易构建我们的论点，也更难用虚假论点欺骗法官，就参与式技术评估而言，这更容易由该领域或普通公民以外的专家，甚至是负责任研究与创新的相关方来完成。

在辩护的情况下，论辩更多的是权宜之计，甚至是捍卫一种立场的武器。通过只考虑其论点从而认为这一立场是正确、真实、可靠和最有用的。这意味着在这一框架内，专家或有关各方必须在必须被说服的公众或听众面前捍卫自己的立场。后一阶段的选择让人回想起佩雷尔曼（Perelman）和奥尔布雷希特-特蒂卡（Olbrechts-Tyteca）[③]的听众，他们肯定更为真实。

在不表示我对这些论点的真实性和有效性的意见的情况下，我们主要注意到，这些论点是以完整、有力、确定和明确的方式准备或提出的。

（2）调解：这种论辩设计在调解参与式技术评估与负责任研

① 熟悉法庭的法学家常常会震惊于所提到的规则有时被违反，而不能向可能的律师协会主席提出上诉。

② 这可能就是为什么哈贝马斯以法律理论家罗伯特·阿列克西（Robert Alexy）的著作为依托来关注这些问题的原因。阿列克西是一位法学理论家，他的论文是关于法律论证的。

③ [PER 88].

究与创新中由于有着不同的认知和（或）伦理标准而意见相左的群体的情况下显得过于局限。事实上，我们所处的格局是，如果有必要，每个人都必须相互说服，接受对他们的立场的审查。如果我们不想在论辩中完全对立，我们就必须发展这种分歧。这一表述似乎自相矛盾，因为它可以被解释为扩大了主要人物之间的鸿沟。相反，它是关于认真对待分歧，以了解其结构并审视它在各阶层的力量。根据所选论辩的理论，我们必须共同或独立地了解数据、理据、基础、情态限定词、例外或反驳的条件，或在完整论辩的构成中所使用的结论。

然后，我们必须移步到论辩的对话情境中。每个合作者都没有掌握所有的数据，必须询问其他合作者，才能知道他们每个人的推理依据是什么。

（3）调查：在调查模式上，参与式技术评估和负责任研究与创新的存在特别的是为了发现新的因素，这些因素超越了以前情境中的隐含因素。我们确实可以希望，这一问题本身及其未知因素的层面召集和强加了多种专门知识。在这种情况下，我们必须想象一下调查合作者之间的对话论辩，并结合对科学和伦理层面的内部和外部调查，这将在本章的倒数第二部分展开。

在此之前，我们必须回到认识论多元主义，看看它在哪些方面不同于其他相对主义、融合主义、一元论，甚至怀疑主义的选择。同样，我们也探讨了价值观的伦理多元主义，现在我们将考虑这些不同的立场，以证明多元主义更好。

6.1 | 认识论多元主义与竞争性立场

我们一直在谈论的书的第二部分涉及的认识论多元主义，更具体地和与真理有关的信仰的多元主义有关。我们可以在这里区分不同的观点和不同的情境，一种是暗示有不同和不相容的真理，另一种是解释同一单一真理的不相容的观点。

与各种不一致立场的对抗至少会引起五种反应。它们是对多元主义的竞争性反应，因此含蓄地描述了多元主义。

第一种态度是**怀疑主义**，认为任何立场都是不能接受的且不合理的。第二种是**融合主义**，认为任何立场都应该得到承认。第三种立场是**相对主义的无差别主义**，即只应接受一种立场，不是基于令人信服的理由，而是基于诸如品位、个人倾向、社会传统或其他缺乏理性基础的考虑。第四种态度是**理性主义或语境主义**的观点[①]，它捍卫某一个单一的立场，其接受取决于令人信服的理由，即使是基于不同的团体、场所甚至学派。最后一种解决办法是**一元论**，它认为，通过各种策略，特别是通过协商达成一致，我们可以消解信念的多元主义。

那么，多元主义如何才能区别并对前三种态度作出回应，以便向第四种态度靠拢呢？

（1）针对第一个已经很古老的[②]、可以说是缺乏冒险精神的问题，多元主义者并不拒绝面对争议。相反，他参与讨论，并寻找其中的差异所在。他认为，除了尽我们所能做到最好以外我们

① 这是尼古拉斯·雷舍尔［RES 93］所捍卫的立场，他是一个多元主义者。

② 我们已经在 presocratic Xénophane de Colophon［KIR 00］中发现它。

没有任何其他的可能性。我们补充说，其他人相互同意的情况，例如在达成协商一致的情况下，并不足以保证这一点。相反，如果他们意见相左，这并不是一个足够的错误迹象。在某种程度上，怀疑主义者拒绝调查和决策[①]。

（2）与怀疑主义者相对应，融合主义者实际上倾向于接受所有的立场。他通过拒绝采取一种有利于这一种或另一种的立场，从而克服了冲突中的教条之争。通过暂缓执行他的判决，他认为应该保留所有意见，因为它们代表了"我们对这一问题的认识的总和"[②]。相反，融合主义者力图采用一种特定的观点，以协调一个更大和有组织的整体中不和谐的立场。

和怀疑主义一样，融合主义拒绝通过接受所有立场和中止他的判断来参与讨论和争论。相反，多元主义者做出了自己的承诺并做出了选择。单纯地思考不足以解决他遇到的实际问题和认知问题[③]。

更为根本的是，融合主义拒绝不矛盾的原则。这种观点也是历史悠久的。塞涅卡（Seneca），然后是尼古拉斯·德·库塞（Nicolas de Cuse）、阿威罗伊（Averroès）都被发现持有这种观点，并且以各种方式被马克思（Marx）、奥特加·伊·加塞特（Ortega y Grasset）、费耶阿本德（Feyerabend）所吸收。这一立场并非是综合性的，因为它有点像一个大图书馆，一种互联网，由不和谐的书籍组成，每一本书都有自己的内容和结构。它还与

---

① 见［RES 83］和［KEK 76］。

② ［PEP 42］。

③ 与避免局势恶化的实际决定的紧迫性和适当提供科学证据的较长时间有关的预防原则类似于这一紧张局势。

怀疑主义者有着同一种形式的平均主义。

（3）对于这一选择，多元主义和相对主义的区分要微妙得多。这与我们在面临分歧时所遇到的实际情况非常接近，这就意味着我们要采取多种立场。我们可以考虑尼古拉斯·雷舍尔（Nicholas Rescher）提出的对这两个问题的可能的回答。因此，我们可以在第 1 章的模型上增加一元论的立场（5）。我们将再次找到怀疑的立场（1）。首先，我们稍微修改一下他的回答：

问题 1. 在回答一个有争议的问题时，有多少种可能值得考虑，并对协商有用？

问题 2. 在这些可能性中，有多少种是值得商定和**采纳**的[①]？

怀疑主义者对第二个问题[②]的否定回答与融合主义者相反。后者也全盘采纳了第二个问题的答案。绝对主义的一元论者（5）则认为这两个问题中的每一个问题只有一个可能的答案。

另一种可能的立场是非理性优先主义，更多地被称为**相对主义**。他会说，我们必须在立场之间作出选择，但要看权威人士的品位、习惯、倾向和影响。他只是在所有立场之间捍卫一个单一的立场[③]，而不是基于理性因素，而是基于心理、教育或思想因素，甚至是社会习俗。这一立场只是以一种单一的可能性回答了第二个问题。

相反，根据雷舍尔的观点，多元主义只会回答第二个问题，以两个或两个以上的潜在立场。

① 考虑到这两个问题将使我们走得更远，而不是假设查尔斯·泰勒［TAY 94］在他的著名文章中所讨论的价值观是平等的，以及一些关于识别（recognition）的理论。

② 我们可以加上一个虚无主义者，他甚至拒绝回答第一个问题。

③ 此处应当具体说明这一术语，为了后面的内容不过多地减少。

我们相信，正如第一部分所显示的那样，多元主义者也有可能以两种类型的伦理多元主义、价值观和理论来回答第一个问题。两个个体可以在保持理性的同时进行不同的评估。同样，我们希望在协商期间有尽可能多的立场来审视这些立场。

在处理有关充分理由的问题时，多元主义的立场可能被冷漠的相对主义界定为“教条多元主义”[①]。

我认为，雷舍尔所指出的这一限定是不准确的，因为多元主义承认，其他人处于不同的环境中，并得到了理性调查的支持[②]。他们在数据、方法和经验上各不相同。在这方面，它不同于一元论。如果理性主义愿意考虑好的理由，而不是仅仅依靠外部因素——尽管使用不同的经验可以引导理性的人走向不同的方向，这种多元主义就符合理性主义的教条。

因此，我们在科学知识领域和伦理理由领域之一中找到了多元论 / 相对主义 / 一元论的三重区分和伦理辩护的三重区分的相似之处。在两种情况下，相对主义和自然主义一元论将通过依赖于科学和伦理学特有的因素以外的其他东西来解释事物，或者至少在对这两个领域特有的原因进行非常不利的权衡的情况下提出索赔。在两种情况下，相对主义和自然主义一元论将通过依赖于科学和伦理学特有的因素以外的其他东西，或者至少在对这两个领域特有的原因进行非常不利的权衡的情况下来解释事物。那时，我们将几乎只能依靠外部因素。

---

① 见［RES 93，p.100］。

② 反向行动也是正确的。对于理性的人来说，分享的经验会导致不同的结论。对于可以用不同方式解释的相同价值也是相同的，如 Kekes 所示。

6.2 | 源于学科内外多元主义的张力与合作

正如我们已经确定了这些不同的立场，让我们看看我们如何能够具体说明在参与式技术评估和负责任研究与创新中确保和应用认识论或认识论多元主义。我们发现它比其竞争对手——怀疑主义、融合主义、相对主义和一元论更为优秀。

在《基因改造的民主》(*La démocratie génétiquement modifiée*)[①]的结论中，我们已经主张当两位专家相互矛盾时，让公民参与到科学争议中来。第一届法国公民会议小组的一名法国成员甚至使用了这样一个丰富多彩的表达:“根据一些名人［……］的说法，我们不再有任何预期寿命［……］，另一些人告诉我们相反的情况，(对我来说)最好是用枪打自己的头。[②]”

鉴于可能出现的科学上的巨大分歧，而不是一意孤行，反对意见的存在，我们必须在参与式技术评估和负责任研究与创新的二级评价的质量标准下，保证一种双重的认识论多元主义[③]。对我们来说，在这些问题上恳求一个相互矛盾的专门知识和争论是很常见的。对我来说，这似乎是必要的，但考虑到上述经历带来的致命困惑，这似乎还不够。专家们应该更详细地解释他们在提出证据时所作选择的相关性，甚至他们的预测所承担的风险。同样地，他们也应该通过透彻的对比来进行相互争论和反驳。

我将通过发展这一观点来重新强调我的立场。公民在面临属

① 同见［REB 05b］。
② 见［REB 00］。
③ 见［REB 11b］。

于评价的科学组成部分的矛盾时，希望尽可能依靠在各自领域遵守认识规范的专家进行研究、产生结果并加以验证。这是一个必要条件，但还不够充分。如果技术的新颖性使其难以被了解，最为明智的做法是说明能够获得和解释技术后果的条件。对于相互矛盾的争论，必须明确争议主体的研究步骤的各个阶段，从而最终使得各种可能的场景得以展现。

因此，具体到我们正在处理的问题，我们希望增加两个标准：学科内的认识论多元主义和学科间的认识论多元主义，换言之，如果我们更喜欢遵守**双重认识论多元主义的标准**这种说法的话。实际上，它包括要实施的**学科内部和学科间的认识论多元主义**。

我们可以调和**研究各阶段的透明度和为取得科学结果所作的选择**。透明度标准并不是参与式技术评估和负责任研究与创新所特有的。例如，在欧盟委员会（European Commission）概述的设计中，负责任研究与创新就谈到了开放性科学的“支柱”。我们的主要意思是，任何感兴趣的人都应该能够通过互联网获得研究工作的成果，因为通常是在网站或数据库上存档的，这就是一种限制。透明度本身就是一个问题，因为它可能会出现偏差。我们在这里讨论它的一个非常具体的目的。它关注的是取得成果的方式，主要是确保这种透明度与两种认识论多元主义相联系。

第一个标准（学科内）涉及单一学科，我们将在下文看到的，包括其未解决的争议以及微观选择的数量，从假设到结果，但主要是预测。如果今天认识到科学不确定性的程度，更重要的是对有争议或新兴技术的不确定程度，那么与之相关的立场可能会有所不同。这种多元主义加上对透明度的关注，应当主要使公民能够评估专家提供的答案，特别是在后者间发生冲突的情况下。

借助**学科内认识论多元主义**的标准，我们努力确保在学科内出现分歧的情况下能够听到其中不同的说法。生物学不是统一的，物理学也一样。当然，科学可以寻求统一。事实上，我们能够通过消解对立的说明来更好地解释科学。这有时意味着对现有学科进行内部或外部的消解。然而，为了讨论参与式技术评估中的很微妙的案例，以及按照负责任研究与创新的要求进行的研究，我们必须得到一个能够评价关于某个存在分歧的问题的所有可信的建议和解释的理论[①]。在这里，我们再次发现了“假设”，这是预防性元原则定义中的一个重要词汇。

以透明度问题为指导的学科内认识论多元主义必须使公民了解每一学科所处理的问题的类型、为产生和确认结果而选择的研究方案的类型及其不确定性的程度。

从学科内或者跨学科的角度来看，科学并非一个光滑的、一环扣一环的整体，就像拼图碎片甚至是俄罗斯套娃那样的还原论类型。例如，我们应该区分理论物理、化学工程和应用物理，甚至生物分子工程和生态毒理学所处理的耦合的、更复杂的现象。在最后两个例子中，我们有不同的共同体。前者可以分布在更多的理论和实践重心之间，也可以分布在物理和化学两个学科之间；第二个可以分布在生物学的一个分支和一系列学科之间，并

---

① 没有对牛海绵状脑病（BSE）的管理，英国政府依靠专家委员会犯了一个错误，在其报告中没有包括史坦利·布鲁希纳（Stanley Prusiner ）关于朊病毒的理论，因为它代表了一种少数人的观点，事实证明这是正确的，并在 1997 年为他赢得了医学奖，当然比这次危机晚得多。

具有一定的规模变化。我们可以在一定范围内将它与一幅点画进行比较，无论我们仔细地观察这幅画的一小部分，还是广义地看它的整个部分。第二种类型看起来在博物馆中更为常见，但由于专业化，在科学领域很少使用。

在学科共栖的问题上，**学科间的认识论多元主义**可以有着多种形式，并面临着各种具体的困难。首先，我们必须区分这种跨学科的现实程度，它有时集中在参与式技术评估，有时集中在负责任研究与创新。事实上，协商讨论的组织者，例如，根据公民的选择，挑选一名生物学家、一名法学家或一名经济学家，以便每个人都能涵盖按主题划分的问题的一部分，这些主题往往在小组讨论和问题中分类。我们称这种并列为**弱跨学科性**。我们也可以将其命名为多学科。研究人员聚集在同一个论坛的事实表明，他们至少被动地接触到其他学科的知识，因此选择了一种弱跨学科性。在负责任研究与创新中，当项目的计划（**工作分项**）没有太多交互时，一些项目支持弱的跨学科性，但是从长远来看确定了项目的跨学科性。

我们看到以下可能的学科关系：

（1）各学科并列（弱跨学科）的情况，有或无冲突：

①学科可以相互补充和彼此加强。

②学科可能发生冲突。

（2）当学科间存在较强的跨学科性时，学科间的边界和相互之间的转录（transcriptions）存在空隙。

在这里我们同样可以看到以下情况：

①学科可以相互补充和彼此加强。

②学科可能发生冲突。

因此，根据问题的不同，学科之间将会出现紧张或合作的关系。事实上，对于某些问题，一门学科将能够以所有必要的相关性来回答这一问题。例如，法律对法律责任有何规定？或者，转基因增殖的遗传风险是什么？

在其他情况下，这个问题将在不同学科之间进行争论。让我们以转基因植物的有用性为例。经济学家、伦理学家或生物学家会有不同的有用性和过程的概念，由于他们各自的学科规约而产生潜在的分歧。请注意，这也可能发生在同一领域的同僚之间。

在跨学科的争论中，我们也经常发现可能与期望之间的对立。让我们思考生殖技术或脑科学研究的所有可能性以及它们在伦理层面上以不同方式被接受或评估的有效性。在最后两种情况下，也是因为在学科内部的讨论中，出现了反对意见。这一反对意见实际上可能是基于提出者的科学或伦理立场。例如，医生可以有着相反的立场。我们指出，在一些新兴技术领域，往往是学科内部的争论引发了争议，从而导致了以参与式技术评估或负责任研究与创新的名义采取的预防措施。

在关于转基因生物的辩论中或最近关于信息和通信技术的辩论中提出的一些问题表明，单一学科回答所提出的所有问题是有局限性的。我们看不到如何不与现有的参与式技术评估的质量标准相结合，包括一些可用于负责任研究与创新的标准[①]、学科内和学科间认识论多元主义的标准以及科学技术结果的透明性。从实践认识论的角度，他们更好地反映了产生证据的科学实践，我

① [PEL 16]。

们将据此讨论超越科学理论的假设的作用[①]。

6.3 | 论证与对话的类型

如果我们进一步来看那些参与式技术评估和负责任研究与创新有用的研究结构及它们之间可能存在的对立，那么，哪些资源可以构建以至推动学科间的相互作用？对于伦理多元主义或协商民主理论来说一个主要的要求是进行论辩。然而，关于论证的理论和模型是多样的，分析的类型也或多或少地与实证工作相适应。这在凡·爱默伦（van Eemeren）、格罗斯托斯特（Grootendorst）以及汉克曼斯（Hankemans）的著作《论辩理论的基本原理》（*Fundamentals of Argumentation Theory*）[②]一书中。论辩可以以一种斗士甚至是战士的形象。这就是对这一综合的说明所激励的，就像论辩者用右上勾拳瞄准一个向后弯曲进行躲避的人的脸。这一比喻之所以存在，是因为"道德"哲学家所指的绝对性论辩（knock-out arguments）有时会出现在文本或协商中。

参与式技术评估以及最近的负责任研究与创新，应该成为绅士（或淑女）的拳击场吗？就像我们所说的橄榄球一样，是一项伪装成绅士的野蛮运动？它们需要哪些类型的论证和分析，需要做什么？他们是不是"现成"的论点（1）就像武器和简单的"现成的说服"？请注意，在英语中，我们经常用同一个词来表

① 处于不同层次。已经提到的库恩的尝试，他采用了一个好的科学理论的经典标准：准确性、一致性、大规模性、简洁性和衍生性［KUH 77］。不能忘记这一层次，以避免仅仅回顾他著名的范式变化理论，一些参与式技术评估实践者提到了这一理论。

② ［VAN 96］。关于更严格的法国方法，请参见［DOU 04］。

示**论证**、争论或说服。或者，相反，他们的论点“被提出”(2)，以进行共同建构，因为我们没有一个持续的参与式技术评估和负责任研究与创新可以鼓励的解决方案并且我们正在寻求它？但是，在这种情况下，我们应该想象在论证之间有什么样的共栖关系？

仅就伦理和政治领域而言，那些主张道德（或伦理）和政治之间连续性的人之间存在分歧，这一立场由德沃金捍卫，反对像罗尔斯[①]、拉莫尔（Larmore）和内格尔这样的中断论者（discontinuist），后者则请求对工作进行分配。

我们的问题是，在参与式技术评估和负责任研究与创新中，在某种程度上，这种并列是脆弱的。事实上，从学科划界的角度来看，我们必须能够捍卫边界和相关的框架，而这些问题很少属于单一的知识范畴。施腾格甚至拒绝一开始就定性说一个问题首先是科学、伦理、经济或其他方面的[②]。她可能会拒绝拉图尔的“贸易”组织。

在论证问题上，我们找到了一种来自最优秀的权威人士之

---

① 罗尔斯［RAW 10，RAW 71］从晚年出版的著作《罪与信的意义之初探》一书中，从延续主义的立场演变而来，哈佛大学出版社的托马斯·内格尔、约书亚·科恩和罗伯特·梅里休·亚当斯（1942 年），以及贝尔纳普出版社 1971 年版的《正义论》对此作了介绍和评论，在他 50 岁时出版，取自我们在书中所用的文字。

② 她增加了“主观（subjective）”一词。

一——斯蒂芬·图尔明的划界论[1]。然而，这一立场是有问题的，因为共栖的论点并不总是可能的，因为这些论点的力度部分地来源于他称之为“领域”的学科背景。

当然，对他来说，论点“就像一个有机体。它既有大致的解剖结构，又有更精密的生理结构”[2][3]。它可以填满几页纸，而且可能需要“一刻钟时间才能交付”[4]。

尽管有着领域的力量带来的困难以及一个论点的展开所需要的漫长的时间，他依然建议“[……]确定由不同种类的命题来执行的六个好的职能”[5]。他的方法包括以下要素:数据（D）(具体的和一般的)、保证（W）(通常是隐含的)[6]、支援（B）[7]、模态限定词（Q)、例外或反驳条件（R）和结论[8]（C）[9]。他以“小前提、大前提、结论”的形式对微观论证进行分析，使传统的分析

---

① 他的观点当然是出于对简化为分析性论证模型的抵制，特别是对罗斯的抵制。他这样写是为了结束他著名的关于论点布局的一章：“逻辑传统中的许多当前问题都来自于采用分析范式一论点作为一种标准，通过比较，所有其他论点都可以被批评［……］。分析性论证是一种特殊的情况，如果我们把它当作其他任何东西来对待，那么无论是在逻辑上还是在认识论上，我们都在为自己制造麻烦”。图尔明［TOU 58，p.145］。

② 逻辑形式的层次。

③［TOU 58，p.94］。

④ 这一论断要么削弱了辩论的要求，例如在法国全国公共辩论委员会（CNDP）等公共论辩中援引，要么表明时间口径太短，掩盖了论辩的可能性。在我看来，争论是有可能的，但要注意真正发展论点。

⑤［TOU 58，p.142］。

⑥ 例如见［TOU 58，pp.99–100］。他指的是事实与法律之间的法律差异。

⑦［TOU 58，pp.104–105］“[……]认股权证的陈述［……］是假设性的、桥式的陈述，但对认股权证的支持可以用对事实的明确陈述的形式来表达”［TOU 58,p.105］。在这方面，他再次诉诸法律惯例以了解是否颁布了这样的一项法律。

⑧（C）可以是一种结论，一种主张。

⑨［TOU 58，p.101f］。

方法复杂化。

对于其他对话哲学家来说，这种构思是不同的。他们甚至使这一模式更加复杂，他们认为这种模式过于唯我独尊。在弗朗西斯·雅克①（Francis Jacques）或弗洛伦斯·昆切（Florence Quinche）等人的研究中，只有在个体间的互动中，才能在提问和回答的过程中以及在考虑各种选择的同时构建论证。事实上，第一部分通过在论证的每个阶段引入一个问题和一个答案，对图尔明的论证模式进行了对话转换②。因此，它质疑建立在第一个三元组上的方法，这有助于通过法律（B）、规则或保证（W）从数据（D）转移到结论（C），并通过解释建立的数据来赋予论证的力量的第二个互补三元组。通过防止异议和保留（R），以及将一定程度的可能性（Q）归于结论，是过渡法的基础。

他通过虚拟或非虚拟对话者提出的来质疑图尔明方法。

在我看来，它们涉及一种弱的对话性，因为应由同一发言者确定举证责任，而由另一位发言者来验证最初的推测和假设，而另一位发言者则没有太多的主动权。他建议对该模式进行对话扩展，使他在合理的背景下进行某些理性的讨论。据此，我们观察到一个真正的在几乎物质的意义上质疑，使工作回到了原点。

雅克认为，伦理论证的特殊性将与限制的膨胀（R）相适应；在特定情况下，对伦理规则的遵守可能会发生冲突③。当其他

① 我们感到遗憾的是，这位作者缺席了［VAN 96］，或者杜里和莫兰的小册子［DOU 04］。

至于一个清楚的总括的陈述，见［QUI 05，pp.215-221］编制的表格。

② ［JAC 89］；乃至［QUI 05，pp.144f-202f］。

③ 然而，这是罗斯以前的作品，并引用在［TOU 58，p.142］中。

人关心当前的实践时，它们的普遍性就会发生冲突。在这里，他引用了诡辩。他甚至认为，在绝对意义上可以提出的道德（或伦理）思考很少。在他看来，他们几乎总是可能有例外，并可以受到挑战。

在图尔明的“第二哲学”[1]中，他接受了经典逻辑意义上的形式有效性不是一个必要条件也不是一个充分条件的观点，因为论证的有效性取决于问题的性质。所以，它变成了一个领域内的概念。雅克随后建议将科学、人类学、艺术、宗教和哲学的诘难的方式区分开来。

然而，就生物伦理讨论中的应用伦理学而言[2]，伦理论证必须开放这些领土的边界，以便回答其跨学科当局进行的调查，弗洛伦斯·昆切令人信服地表明：“伦理论证将是［……］。比 F. 雅克的演讲更具对话性［……］因为它必须概述多种规范集以及可能设想的世界。[3]”

我们强调，这一有希望的设计并不挑战科学数据。因此，它主要涉及我的书的第一部分。因此，我们可以写道，伦理学不仅暴露，而且也暴露于其他学科的多种规范集或程序，特别是那些提供结果并加以验证的规则集或程序。弗洛伦斯·昆切由此概述了伦理问题的不同阶段[4]：（1）对情况的共同的质疑[5]，（2）问

---

① ［TOU 58，p.412］。

② 见昆切［QUI 05，pp.148–157］中令人信服的发展良好的案例。

③ ［QUI 05，p.155］。她阐述了她所说的多种不同的基础：价值观、道德规范、原则以及法律基础。

④ ［QUI 05，p.102］。另见第 46 页和 405 页 f。

⑤ 如果这一刻与 2，3 和 6 点，满足了我书第二部分的关注点，那么它们就是不确定的，并且正如其余部分所示涉及更通常的意义。

题的重建,（3）可能层面的探索[1],（4）规范层面[2],（5）道义层面[3],（6）实际应用。

她也许过于乐观，因为她在伦理中看到了“一个理想的由有关各方共同决定问题和解决办法的过程。那么，伦理语言就不只是一种愤恨和指责的工具，而已经是走向和解的第一步，甚至是针对争议问题进行变革的共同行动”。

我们并不完全赞同进行仲裁的伦理规范和学科辩论的组织，这似乎是一种垄断。此外，这种垄断坚决地假设一种对数据的可能的集体性重构。

我们注意到，这一姿态类似于罗尔斯对政治的定位，但这一次更倾向于伦理。在这两种情况下，我们都可能受到这些垄断的诱惑，因为这些纪律有能力设想可能的最公平待遇。与罗尔斯不同的是，昆切通过对她正在考虑的问题的评价来使自己与众不同。这个问题是共同定义的。

我们宁愿把道德的所有地位，归还给道德。但只是它的地位，与其他知识相互作用，也就是说，没有绝对的优先性。

在此之前，我们想从一个争议较小的角度来研究论证在协商中的地位。我们认为这样的理论应该是可取的，因为它们允许我们为研究共同构建推理，而不是为所有的理论，因为它们中的许多都把争论简化为策略，以不惜任何代价来说服别人。对话理论更适合作为一种研究来进行论证设计，如我在本章开始时提出的、现在已经发展起来的类型学理论。我们的意思是提出四种方

① 我们可以说“可能性”。

② 她认识到，真正合乎伦理的质疑就是在这里开始的。

③ 她这样称呼义务和最好的行为的实现。

法来处理、测试、讨论和完成的论点，通过整合图尔明式的论证，以提供较少的对话性版本。这将是在协商民主的档案中插入的一份文件，它超越了对论点的尊重，但在经过讨论之后才能看到这些论点被正式拒绝。一方面，在对话的设计上，我们迫切需要明确协商民主理论中的论证要求，我们已经指出，这种要求过于模糊和笼统，在哈贝马斯和他的追随者的版本中这种要求甚至具有过分的合法性。另一方面，我们揭示了一些在这一理论中没有被考虑到的东西，即对话者之间围绕论证的关系①。然后，我们将在论证的构成中研究个人和学科之间的关系。

事实上，这些选择对我们来说是可用的：

（1）从最低限度的形式（A）开始，第一，要正确表达我们准备为我们的立场辩护的论点。在某些情况下，如果我们最终意识到这一论点是成功的，那么它就会成为最成功的形式②。

（2）然而，这一论点应当能够经受其他检验。第二，这一论点不仅受到尊重，而且要经过检验。要做到这一点，可以只考虑（B）这一论点，以检验或驳斥其每一个要素和推论③，或者通过将（B'）一个人的论点（或另一个论证者）与这一论点进行比较。

此阶段已经是第一个对话设计。这种情况（B'）很可能经常发生，因为协商民主理论的格言之一就是主张论点。这两个论

① 关于把论辩的内容和参与者之间的关系联系起来的另一个命题，见Deville优秀的博士论文［DEV 15］。

② 在此，我们暂且不谈前面提到的一种论点，这种论点将以"明显的协商一致"的形式建立起来，在这种形式下，这种论点不经讨论就赢得了支持。这种表面的形式是反思性的。关于"明显的共识"，见Urfalino的［URF 07］。

③ 它们并不总是明确或准确的。

点之间的差距可能会有所不同，这不仅与论点结构中的推论或不同的选择有关，而且与前提和数据有关。后者往往是不同的[①]，而我们没有解释为什么。它代表了分歧的一个主要来源，这些分歧可能被证明是伪造的、荒谬的或扭曲的镜子，因为基本上我们并不真正谈论同样的事情。

（3）第三，我们可以就这一解释和问责制进行协商，以便（C）捍卫这一出发点（前提和数据）。对话主义在这里受到更多的限制。我们试图探寻第一个共同的起始点。

（4）第四，有时我们不能简单地解释出发点和澄清方式，甚至不能简单地说明论证推理的其他步骤[②]。这不仅仅是一个要其他合作伙伴作出澄清并由其他合作伙伴指明的要求。（D）我们和对方都不能回答。这不是解释的问题。这可能意味着他的论点是不完整的，或者在某些联系上过于不确定，甚至意味着如果我和他就两个论点中比较的一个步骤持反对意见，甚至不能作出决定。

现阶段的解决办法各不相同。其中之一是（D’）：如果其中一方或另一方都没有答案或不能给出答案，我们就必须到其他地方去寻找答案，例如从第三方那里寻找答案。后者将回答、完成甚至是利用他的回答重新考虑一个论点。

论证的这一进一步阶段不仅为其他伙伴留出了一些空间，而且也为或多或少适合于论证结构的技巧留出了一些空间。

---

① 在数据、前提或关系中。

② 为了不使演示过于复杂，我们在这里不再深入每个可能的分叉，但我们可以添加不同版本的小“c”，对应于我们选择在一个完整的论点中识别的不同元素。
论辩者们的意见不一致。如果我们考虑图尔明的结构，有些人会添加像雅克这样的步骤或问题，而其他人则会像亚当（Adam）一样将其移除。

在从个人转向他们的技能和他们感兴趣的学科的过程中，我们看到了两个场景。第一个（E'）是以单一学科和简化论的方式来设计论证的。我们可以问一位生物学家为什么以及如何从他的结论中得到他的数据。在第二个（E''）中，我们使用了属于不同领域的论证元素，这些元素是根据它们的相关性而选择的。

在（E'）中，如果问题只是一个生物学问题，那么一切都是好的。如果它涉及几个学科，它则并不令人满意。然后我们必须移步到（E'）。最后，如果它并不真正涉及生物学，而生物学家通过断言他在另一个领域的专业知识来表达自己，这就是有问题的。

因此，我们应该理解，一个学科很难捕捉到现实。再次强调，在参与式技术评估中召集多个专家意味着对跨学科共同讨论的希望。负责任研究与创新也是如此。

在下面的小节中，我们将不那么抽象并将给出结合事实和规范两个方面的论点的简单示例。

哈贝马斯的长篇大论反对“在提出最好的论证之前折腰”。在上述每个阶段，或多或少都是先进的，在协商的背景下，无论是民主的还是不民主的，都对应着辩论一般要求的不同设计。在这些阶段，我们越向前迈进，就越接近始终如一的、多元化的、彻底的参与式技术评估和负责任研究与创新。这些问题的复杂性以及在今天的技术力量和远古时代的预测面前所承担的责任，要求这些论点也要经过彻底的检验。

因此，我们在弗朗西斯·雅克的模型中加入了跨学科的思考，并将弗洛伦斯·昆切的模型与各种方法结合起来，以管理在预防原则影响下遇到的不确定性。因此，我们赞同亚里士多德文学体裁对未来的思考。然而，在参与式技术评估和负责任研究与创新框架内提出的大多数问题都超出了看似合理的范围，因为一开始就无法提供足够有力的证据或数据。**未来**（*futura*）不是**数据**。

6.4 | 伦理论证与科学研究的相互依存

在我们可以称之为横向的水平上，除了几个学科（或它们的代表）的共存，描述性科学[①]和规范科学的共存纵向上相互交叉。在前一章中，我们证明了描述性科学和规范性科学可以相互补充。我们现在要举一个例子。

让我们来看看一个在致力于道德理论的罕见的书籍中发现的经典的案例和它的各种版本：一个溺死于证人眼中的人。我们将对其进行修改，使之稍微复杂一些。这个例子可以在例如卡根[②]的著作中找到，并为其他哲学家所吸纳。例如鲁文·奥吉安[③]的上述文章，甚至是道德哲学家，例如埃里克·福斯（Eric Fuchs）。

第一幕：让我们假设一个人在湖中溺水，布鲁斯·威利斯唯一的可能就是乘湖边的一条船去救他或她。他应该这么做吗？当

① 凭借他们的预测能力。

② 见卡根的［KAG 98，pp.17–18 and 178f］，他以更复杂的方式回到对同一案例的修正。

③ 见［OGI 03a，p. 1608］。他只用了卡根的一种描述。我们还注意到，他简化了后者的立场，声称“为了从道德角度评估这一行为，我们通常必须考虑到这方面的所有相关性质（或其所有方面）”。就卡根而言，他谈到了规范因素之间的相互作用。他为这个问题写了一个引人入胜的章节［KAG 98，177f］。

然，你会回答我，因为这一行为的结果必然是拯救一条生命。

但后果并不是唯一需要考虑的相关因素。

第二幕：例如，如果布鲁斯·威利斯必须偷船，我们可以看到另一个相关因素——产权因素——的出现。

第三幕：让我们假设溺水的是布鲁斯·威利斯的妻子，同时，另一个我们爱的人也溺水了——我们是这艘船的船主。

在竞争中还出现了其他相关因素，例如个人的具体义务和所有权。

第四幕：现在让我们补充一句，不像我，你并不知道布鲁斯·威利斯他不会游泳，而且这里也没有船。然而，他是应该捍卫自己的形象，挺身而出拯救这位可怜的女人，还是干脆不冒生命危险呢？

一个新的因素正在出现，涉及对代理人的义务的优先权。

我们举了道德哲学家经常提到的溺水和船的例子，但我们注意到，由于给予它的长时间的思考，它可能缺乏合理性，而这一切都是关于行为的紧迫性，然后最终就它争论起来了。另一方面，参与式技术评估和负责任研究与创新中讨论的例子更加错综复杂，并产生了更重大的后果，并为集合性思考留出了时间。

幽默一点来讲，我们甚至可以使这些例子变得更加复杂，并将其政治化，增加一些最荒诞的小说情节。让我们想象一下，布鲁斯·威利斯是一个国家的总统，在这个国家，演员比其他国家更容易担任决策职位，他独自面对两名溺水的妇女，而他每天都可以为了隐私而逃避他的保镖，他的船主是一位希望建立新的社会保护制度的竞争对手，而且，**联邦健康监测委员会**（Conseil De Veille Sanitaire）刚刚在一次新闻发布会上公布了一篇重要的科学文章，证明了一种在他的国家非常常见的玉米所构成的风险，同时，在另一条线上，他获悉伊朗将在阿布扎比的索邦发射一枚导弹，而他的国防国务秘书必须给他一个题为“预防原则的使用”（*Du mauvais usage du principe de précaution pour déclarer une guerre préventive*）的会议（关于滥用预防原则宣布预防性战争）。

我们注意到，通常有几个因素可能属于伦理评价的范畴，如第 2 章所详述的那样，而这一点并没有深入到更严肃的问题上。然而，如果我们回到第一个简单的案例，这无疑是太简单了，我们了解了伦理理论可以提供的支持的四个方面以及规范层面和事实层面之间的相互作用。

（1）第一个版本的溺水和船的故事确实可以采取分析和论证以外的其他理论，而不仅仅是结果论。一个“救人一命”的义务论原则就足够了。契约主义的互惠原则[①]也可以证明这一行为是正当的。在这种情况下，如果一个人表现出勇气，甚至是关心、担忧或善良，那么他就不知道一个人在这种情况下必须做些什么，这种美德伦理类型的措辞也可以做到这一点。我们甚至可以在不使用伦理理论的情况下，依靠各种价值观，例如尊严或他人生命的价值，来证明这位救世主的行为是正当的。它也有可能依赖于一些规范，比如帮助处于危险中的人，或者更多的宗教规

① 见关于互惠或共鸣的认知科学研究的验证，这并不能在规范层面上增加任何东西。

范，比如“你爱你的邻居就像你爱你自己一样”[①]。

（2）我们注意到，这些伦理理论中的每一个都选择了我们可以使用的道德生活的不同元素。这些选择并不一定是相反的。它们以不同的方式突出说明了情况，从而也突出了评价工作。它们展开了一个问题的不同方面的评价或规范[②]。

（3）然而，我们将注意到，情况越复杂，从伦理上进行证明的可能性就越小，甚至是不可能的。因此我们从多元主义的现实走向了一个伦理理论之间更强的对立。

（4）我们还可以看到，它们是提供上下文信息的事实要素，每次都是新的，使我们能够从一种情况转到另一种情况，但主要说明了对评价的新的限制。例如，船是不是我的，我们会不会游泳，谁是溺水者等等。

因此，我们在这里主张有必要对这些**背景因素**（取决于事实）进行内部和外部研究，并更严格地研究**道德和伦理**因素。**在事实和规范方面存在着相互依存的关系**。二者并没有谁优先于谁。事实上，通过关注其中一个伦理维度，我们可以继续进行实证研究。但我们也可以反其道而行之。例如，我们看到一艘船，我们可以想知道产权，并试图知道是否是这样的情况。相反，我们**看到这艘船系着一把锁，所以我们假设它一定是属于某个人**

① 按照这个谜一般的比喻，邻居不是一个人的邻居，也不是一个人的近邻。恰恰相反，它涉及撒马利亚人与非其族裔或宗教群体的伤者之间的冲突。另外，介绍这篇文本的问题，就是律师的问题：“谁是我的邻居？”这不是爱谁的问题，而是谁是邻居的问题。它的意思是“谁让一个外国人成为他的邻居”（见文献 Lc 10，29–37）。第一个注释影响到第二个案例，因为它所能创造的接近或具体的职责正在被侵蚀。

② 我们不会详细说明两者之间的区别。

的[①]**。我们从经验论回到了伦理学。**

我的概念回答了第 2 章中提到的丹西[②]（Dancy）的伦理特殊主义的两点，这两点表明，为了使道德哲学中的任何理论无效化，在必须对不同的道德（或伦理）和非道德（或非伦理）因素进行加权时，缺乏一种允许确定在实际情况中应该做什么的算法。并且在复杂的实际情况下，一般原则没有给出适当的解决办法。值得庆幸的是，我们当然没有算法，因为伦理思想不能自动化，也不能被简化为服从，但我们可以在考虑到理论要素的情况下，通过在伦理和经验之间，甚至是在最复杂和不那么直接的情况下，反复地选择和指导一项调查，然后确定和权衡可设想的要素和解决办法，甚至比较一下权重。负责任就是不应用算法。

至于丹西所揭露的一般原则被低估的情况，我们甚至可以希望如此，因为这会为个别人士留下评估和解释的余地。这甚至是他们的责任及其创造性部分的所在。伦理学**看起来更像是音乐意义上的即兴创作，而不是一种排演**。

如果评价研究不是直接的，而是通过一般原则和案例研究，那就不是拒绝任何理论化的理由。

即使是精确的科学也不总是通过算法来完成的。他们使用假设来前进，来进行选择及提供数据，并将其用于他们的解释。然后，我们将进一步研究假设在我们的问题中所起的作用。

---

① 一个有趣的例子是，当我们严格尊重对方的财产，并试图在港口附近搞清楚它属于谁的时候，而在水中挣扎的人是它的主人。

② [DAN 06]。如果我们将他的思想扩展到参与式技术评估和负责任研究与创新的领域，他们的主张就应该向下进行很大的修正。在这些尚未被承认为创新空间的伦理评估层面上，可能已经没有什么可说和分享的了。

6.5 | 假设的对峙

假设在所有科学中都是决定性的，也是至关重要的。我们还发现它们在属于预防原则的情况下。如果可以从风险性质、考虑备选办法或采取措施的角度来讨论后者，也可以从比较有关这些风险的假设和了解所考虑的现象的角度来讨论。

马克・亨亚迪对我们在第 4 章中讨论的预防原则的两项批评实际上集中在假设问题上。他支持**预防性推理**，并指出从逻辑上而不是物质上确定这一原则的方法。这种方法侧重于在假设实现之前对其进行检验[①]。他认为，这种推理应该有助于我们找到最佳的规则。在这里，他受到了皮尔士的溯因（abduction）推理理论的启发。这种方法缘起一个令人惊讶的事实，并用一个猜想来解释它。亨亚迪使用了皮尔士溯因逻辑的一个定义："某条准则如果有效，即作为对被视为有希望的建议的现象的解释，它将使关于假设的可接受性的任何其他规则变得毫无用处。"[②] 亨亚迪声称，我们之后就必须为相反的行动建立类似的姿态。"我们知道先例——我们［……］正在考虑采取的具体行动——但不知道后果，即这一行动会产生什么后果"，因为我们想知道预防原则想要避免的有害后果。然后他提出"生产"（production）这个术语

① ［HUN 04a，p.180］："对于推理逻辑来说，重要的是它本身与假设有关，而不是［……］假设的内在质量。"
② 来自皮尔士［PEI 02，p.431］。

代替皮尔士的“溯因”和“回溯”（retroduction）[①]。“溯因形成了对先例的假设，而生产是为了随后的结果”[②]。预防推理在不同的逻辑阶段是反复的和假设的，构成了预防推理的不同逻辑阶段。评估在前提和结论之间形成一个复杂的链，有助于建立相应的行动规则，即确定假设为计划行动之后可能发生的事件（及其合理性）和可能的后果（及其合理性和可取性），即确定假设为在计划的行动之后可能发生的事件（及其合理性）和可能的后果（及其合理性和可取性）。

他的反思，除了在第4章指出的关于多种假设的局限性，似乎是有趣和受欢迎的。它们确实赞同斯特林等人[③]的《技术风险管理中的科学与防范报告》（*On Science and Precaution in the Management of Technological Risk*）。该报告要求在评估风险时采取多元化的方法，因为该报告清楚地知道，在第一阶段有诸多选项可供选择。

然而，我们建议：（1）看看《预防原则委员会关于预防原则的通讯》是否与亨亚迪的建议有很大不同，然后（2）思考假

---

① 皮尔士更喜欢“回溯”一词［PEI 95，p.193］。根据他对亚里士多德《Analytics》中对“apagonè”译成“还原”或“回溯”的建议，而不是其他译者为了保持文本的一致将其译成“溯因”。见：https://colorysemiotica.files.wordpress.com/2014/08/peirce-collectedpapers.pdf The initial conference is “The first rule of logic”（1898）.

② ［HUN 04a，p.186］。

③ ［STI 99］。
另见原件和摘要介绍［STI 94］。或者，与Callon et alii［CAL 01］的和解更加遥远，Agir dans un monde incertain：“对话或沟通民主确实是最好的环境，预防原则的最佳部署”，摘自亨亚迪［HUN 04a，p.188］。因此，我们应该分解知识并表达探索性假设。

设在生命科学（医学和生物学）[1] 科学家的日常生活中所起的作用。事实上，在我看来，像亨亚迪一样断言在预防性的情境下我们不存在任何假设是不准确的。或许我们拥有更少的假设，甚至只有一个，而其被验证并证明是更真实和比它的竞争性假设更具有希望的。

（1）关于第一点，如果文本的篇幅不像皮尔士的那样冗长，则文献 COM（2000）在其关于实施预防原则的准则中具体规定，科学评价应包括对用于弥补缺乏科学或统计数据的**假设的说明**。当然，我们还没有达到假设的比较，但作者明白，在一个或多个现象的知识是非常不稳定的情况下，假设将发挥至关重要的作用。

然而，我们不接受这种通讯，因为许多哲学批评家似乎对它知之甚少，或者只是谈到预防原则，却没有读过它，因此，我们努力展示这一《通讯》的优点。我们认为，“弥补数据不足”一词在一定程度上是正确的。事实上，正如我们将通过试图解释它们来证明的那样，假设确实与数据联系在一起。它们部分地主导它们的选择和解释。然而，我们不应给人以它们相互取代的印象。它不涉及我们只有假设的情况。在预防性的情况下，我们常常有竞争性的假设，也有接近讨论的问题的知识和数据，或者在接近讨论的问题的条件下收集的数据。即使我们在大规模传播之前谈到事前的事情，例如转基因生物，我们已经在不同的条件下收集了许多其他数据，无论是在实验室还是在密闭空间。

（2）关于第二点，假设组织了一个观察领域的视角。它预先

① 我们这里指的是 Grignon 和 Kordon 的原著［GRI 09b］。

判断了研究对象应该遵循的关系的性质，为研究人员提供了策略，以便在大量可以观察到的对象中识别出重要的元素。因此，这是一个初步的阶段。这是一种先入为主的预期，它将观察限制在被认为是必要的范畴内，从而加快了观察的速度[①]。在这方面，它得益于想象力和直觉知识。它和论证一样，是把一个领域置于一个新的光芒下的艺术。然而，科学上的假设必须尽可能地与所观察到的所有事件和相互作用保持一致。

我们必须认识到，我们不能盲目地进行实验，但与此同时，这一假设可能成为一种解释性偏见，如果不受到质疑，它本身就会自动免疫。在科学实践中，通过与相关领域的类比，在归纳运动和溯因运动中，用不同的数据来讨论假设。这些必要的选择然后呈现出一个随机和任意的[②]部分，这甚至可以是主观的。

这个过程不是线性的。这一假设可以在经验和操作的过程中成熟和重新措辞，而不是像著名的庞加雷（Poincaré）所说的那样，数学解决方案是在睡觉的时候出现的。

测试总是一致的。最后一种方法在以下阶段发挥作用：**数据收集、量化和测量**[③]**、概率计算（统计）、超越所研究案例的数据汇编、数据校准和建模**（确定因果关系并试图描述事件序列的决定论性质、进行**反驳**的试验）。

即使在科学中，解释冲突也找到了它的位置。这可能会使哈

---

① [GRI 09a，p. 83] 和 [GRI 09a，p.252f]。

② 特别是与测量仪器相联系 [GRI 09a，p.254]。

③ 在这方面，我们亏欠技术工具很多。让我们思考生命科学领域中的显微镜（光学、电子、原子）、质谱或核酸分子链聚合技术。事实上有时，当数据不能直接被观察到时，我们必须绕开基于痕迹的演绎。

贝马斯感到惊讶，他谈到了道德领域[1]的这场冲突，甚至对科学使用了“绝对可靠”一词。然而，“与其他知识模式一样，科学也不能追求万无一失。但是，对科学话语标准的承认是对相对主义话语的最好辩护，因为它不利于不确定性的偏见，而**有助于在没有保证**的情况下确定一个**合理肯定**的命题”[2]。在我看来，这种态度似乎完全符合预防元原则。

在研究人员的日常生活中，我们必须检验不止一个假设。这不是预防原则的本质，根据对这一术语的一般性解释，这是一种预防措施。弗里茨·兰格（Fritz Langer）是超导电性的先驱者之一，他主张演绎过程不仅要“从一般到具体，还要从一般到一般”[3]。

其他理论和其他假设的存在以及回到这些理论和假设的可能性，是防止对特定结果进行过度偏颇选择的一种保证。因此，上述方法及其控制阶段以及在这些阶段中假设的作用，是正常科学的一部分。它利用和审查它的假设，试图更好地和更真实地解释这种现象。

我们还可以补充说，经常被要求站在参与式技术评估与负责任研究与创新的立场之上的科学包括流行病学。然而，在这一领域出现了新的信息技术可能性，当我们必须迅速采取行动时，特

---

① 事实上，哈贝马斯发现了他所说的科学与人文科学和社会科学之间的区别。根据哈贝马斯所说［HAB 84，p.140］：“马克思、韦伯、涂尔干、弗洛伊德和米德（.）仍然是我们同时代的人；无论如何，他们没有成为牛顿、麦克斯韦、爱因斯坦或普朗克同样意义上的‘历史’，他们在理论上开发一个单一的基本范式方面取得了进展。”

② ［GRI 09b，pp.89–90］。他的确对医学很在行，但特别是在公共卫生和司法领域的科学专门知识方面。

③ 在 Grignon and Kordon［GRI 09a，pp.252–253］中被提到。

别是在计算流行病学方面，当样本太少，我们面临传染的可能性很大时，这种可能性是非常宝贵的[①]。因此，技术在今天的科学和验证的正常阶段中起着至关重要的作用。因此，他们不仅仅是新危险威胁的主要行为者。它们不仅与可能造成严重和不可逆转损害的风险站在一边[②]。海德格尔又一次引用了荷尔德林的格言："危险之所在，亦是拯救性权力之所兴。"这些新的 IT 工具使我们能够"考虑到所寻求的所有可能的组合"（谁被感染，谁被谁感染，何时被感染）。为了解决一些问题，可以考虑数千万个假设，允许**后验**选择与观测数据最兼容的假设，然后提供对所寻求的参数的最有可能的估计[③]。

最后，亨亚迪在对假设的修正中看到的原创性并不是这样的。让 - 米歇尔·伯特洛（Jean-Michel Berthelot）[④]将这种警惕或"谨慎"称为预防措施的不同名称，这是科学实践的一部分，也是应该成为科学实践的一部分。预防原则的新特点是，必须对多种假设进行必要的思考。

因此，科学总是使用假设，而不仅仅是在预防的情境下。这与马克·亨亚迪的说法相矛盾，他认为预防性推理并不意味着任何假设[⑤]。另一方面，如果我们同意他夸张的言辞，我们可以从这些假设的"本质"中得出一些东西来付诸他所谓的预防性判决，并用一种具体的方式代表波普尔所说的"科学推理的逻

① [CAU 04]。

② [REB 04a]。

③ [VAL 09，p.105]。

④ Berthelot [BER 07] 特别是第 9 章第 165–183 页，受到 C. Granjou. 的工作的帮助。

⑤ [HUN 04a，p.178]。

辑”，事实上，亨亚迪提到了这一点[①]。

到目前为止，科学家通过在同行面前的一系列测试来对他们的发现负责，并在更广泛的法律和工业框架中为他们的技术创新负责。在预防原则下，关于新的不确定可能性的假设以及关于不能撇开的意外情况的假设必须得到考虑。在与日益增加的风险有关的各种要求的压力下，科学家和决策者将不得不探索越来越多的虚拟事物。它将产生更多的信息，这些信息必须得到利用。在参与式技术评估与负责任研究与创新的框架内，公民或利益相关者可以利用对预防原则[②]的严格解释，迫使设计者和生产者提供其“新技术”安全的证据。

随后，文献 COM.（2000）承认，在某些情况下，科学数据普遍不足以有效地应用审慎原则。在这些情况下，没有参数建模不允许任何外推，因果关系是预见的，但没有被证明。但与此同时，在这种情况下，政治决策者面临着行动或不行动的两难境地。这不仅关系到决策者，他们注定要在没有支持的情况下开展工作。在这方面，这些假设确实是具体的。这不仅仅是一个认知的问题，而是防止严重损害的问题，在某些情况下，这种损害甚至可能是出于对认知的关注而造成的。事实上，这种知识包括入侵或操纵的一部分，这可能是致命的和不可逆转的。今天，知识必须承认它导致了本体论的不可逆转性。这不仅仅是单纯地学习一些无意义的东西的问题。

在人类事务中也存在类似的情况。家庭秘密可以改变与他人的关系，甚至可以重新安排精神经济。然而，在环境问题上，损

① [HUN 04a，p.178]。
② 在 [EWA 97] 的指导下。

害的痕迹将更具实质性，并将未来刻上各种各样的烙印。我们甚至可以谈论**未来的痕迹**。

仔细想想，为公司工作的研究人员也会进行研究，有时甚至是先进的，因为他们能够获得在学术上直接的或相关的同事有时不具备的手段。另一方面，宪法的限制在例如法国公共卫生监督研究所（InVS）和为公司提供服务的数量更多的机构之间有所不同。对于这两个世界中的风险的理解，从最小化风险到高估风险，在一定程度上可能是不同的。在这一点上，我们并没有运用不特定于科学的相对主义观点。后者的第一个特点是保持有条理的怀疑和警惕。因此，这两类研究者有着共同的科学遗产。然而，在他们正在进行的两场竞争中，他们的目标是不同的，影响着所承担的风险以及考虑和承担责任的方式。从这个角度看，预防原则主要适用于使我们一部分人感到遗憾的公共当局。即使他们不经常看到预防和防范之间的区别，这些研究人员的视野也将以此为标志①。

6.6 | 结论：基于预防元原则的学科内与学科间多元主义的建构

如第 4 章所述，预防原则不仅仅是关乎利益，以指导共同体的判决者在几个方面或几种价值观之间保持平衡。它发挥着专家

① 对这一领域的研究人员进行的访谈表明，他们对防范很了解，但对预防不太了解，可能是因为预防更具政治性。一个较少慈善的假设是所谓的关于预防原则，例如无所作为的原则的废话，或者恰恰相反，它在不值得的事务中被过度使用。我们还注意到，仅从预防的角度来看，许多做法仍低于预防所规定的措施的要求。

和研究者所期望的不同的作用，具有操作性和互补性。它要求对一项可能的危险活动的授权必须以对风险的尽可能完整的了解为前提，而不限于目前科学知识所能预见的风险[①]。专家的方法和研究者的方法的主要区别在于，第一种方法有助于启发决策者对所讨论的知识作出裁决，而第二种方法通过在假设和研究的各个阶段选择探索最有希望和最令人信服的途径来确定“科学真相”[②]。专家必须根据可能的解释审查事实，包括少数人的解释。

与之相反的是牛海绵状脑病专家委员会的案例，该委员会为英国政府提供建议，但在其报告中没有包括史坦利·布鲁希纳（Stanley Prusiner）[③]的关于朊病毒的理论。

首先，专家和研究人员之间的这种分布关系呼应了学科内部的认识论多元主义。它确实期望一位专家了解在他的学科中关于所讨论的有争议的问题的不同的有效立场、选择和假设。预防原则有助于确保参与式技术评估论坛的这种多元主义。它可以组织负责任研究与创新的进程。事实上，例如，在伦理专门知识领域，我们可以期望被邀请的哲学家努力考虑到迄今已知的所有论点或所有伦理评价，特别是依靠专门的文献。自然科学和工程科学的学科也必须如此。今天，通过计算机化和数据库的更新，这项工作变得更加容易。通常，如果一个专家被选择了，他会被告知在他的子领域中讨论的各种假设、论点或评价。往往令我们感到遗憾的是，在参与式技术评估论坛中，研究人员的作用多于专家，这是在自然科学和工程科学方面得到认可的。对于负责任研

① 见 Naim-Gesbert 的论文［NAI 97，p.694］。

② 见 Noury 的论文［NOU 96，p.172］。

③ 我们已经提到的案例。关于该案例的陈述，见 Foucher［FOU 02，p.62f］。

究与创新来说，这一点将更加突出。因为他们主要是研究人员和工程师，是主要的行为者。我们希望，利益相关者和公民参与的“支柱”以及独立协助团队的体制，将能够对此作出必要的修正。

然而，我们是否应当只邀请确保这种多元主义的专家，而我们明知如此却不在参与式技术评估领域作此区分呢？我们认为，实际上我们必须寻找能够论证这些不同立场的称职人员。不管怎样，但是，我们可以邀请前面提到的研究人员只为一个立场辩护，但为了获得这些不同的立场，论辩必须是针锋相对[①]的。这可能是挑选专家的论辩组织者和公民所关心的问题。

据我所知，一个从未探讨过的建议是由实地专家组成，这些专家不是指导委员会的影子成员，但他们将积极参加论辩，并询问受邀的不同科学家。凭借他们的知识，他们可以推动受邀的研究人员证明他们的立场并展示他们的分歧的力量。

伦理方面的专家而非研究人员应该能够捍卫伦理学的多元主义。我们在结论中建议，把这种多元主义与认识论多元主义及元理论联系起来，这有助于为论辩的参与者和选择程序和规则的人组织专门的知识。这一元理论适用于负责任研究与创新。

专家和研究人员之间的区分适用于第二个标准，即跨学科的认识论多元主义吗？同样是受到预防原则的启发，这一更罕见的结构将要求有关专家能够在进一步后再退一步，以便接受根据不同于其他学科的学科对某一类型的问题进行略有不同的评价。因此，他们不应该被动地把专业知识的一部分委托给别人，而是应

① 这也是这里流行的一种法律模式。Marie-Angèle Hermitte 的确主张将司法专门知识组织的原则纳入政治决策进程领域。见 Hermitte [HER 97]。

该主动地、有意识地把它委托给他们，并对其他科学的工作有一个准确的认识。他们还应该能够在管弦乐队中正确地定位他们的学科，在那里，管弦乐队“只演奏整个乐谱”。

管弦乐队的比喻甚至可以更进一步，因为有时相同的音乐乐句是由不同的乐器轮流演奏的。在这里，我们可以说成是不同的学科。然而，这个乐句有另一种音色，特别是与乐器联系在一起。我们在音乐中产生不同的声音，就好像我们在科学中提取并具体化了世界上的不同元素。

在音乐中，我们有时甚至把一整张乐谱转录成另一种乐器。如果不是风琴演奏家或指挥家，任何音乐家都应该能够听到其他乐器。同样，任何专家至少应该被动地，正如人们所说的一种语言知识，能够听到其他学科的知识。这是能够从多学科并列转移到跨学科的可能性的一个条件，随着各学科代表之间的相互了解的逐步进一步发展，跨学科的领域可以更加丰富和紧凑。

这种跨学科的共栖关系不是和平且和谐的关系[①]。我们将再次发现上一章中关于院系纠纷的仲裁问题。如果从预防原则继承下来的结构有助于放松对学科的依附，我们必须在此更进一步。鉴于能够赞同这一广泛的多元主义的人很少，我们应该更肯定地确保其归功于程序的要求[②]。协商会议的实践表明了应邀参加小组讨论的学科之间的默契的共享，并通过对问题的分解和知识的专门化来解决它。然而，对于某些问题，如果只有一个学科可以

---

① 我们指的是我们在《自然的政治》中对布鲁诺·拉图尔提出的批评，他的形象是集体建造一座我们认为太无趣的房子。

② 关于从论辩讨论的问题转向由机构程序支持的调查部分［REB 11a］。这篇文章与协商有关，但我们可以在这里将其扩展到责任或评估。

回答，那么学科之间的分布和联系并不总是很容易建立起来的。在互补的情况下以及在冲突的情况下，情况确实如此，因为根据所提出的问题，我们有时发现各学科之间存在同样的紧张关系。

通过学科分解的一般提问模式隐含着一种融合的视野，而不是一种综合体，而是本章对这一概念所赋予的意义上的一种融合视野，其目的是将所有关于一个问题的观点联系在一起。

我们有时也可以看到分析者或组织者接近科学和伦理的怀疑论，他们认为我们不能从所寻求的知识中吸取任何东西。在伦理学中，怀疑主义和相对主义更是如此。

无论所施加的命令或采用的设计如何，事实仍然是，公民和/或最后报告的编写者受到各学科截然不同和不断变化的风向的影响。因此，我们不得不将参与式技术评估的标准与产生证据的科学实践以及我们所提出的实践认识论相结合。

当然，我们在结论中向你们建议的这个结构从未被解释过。参与式技术评估的组织方式依然不同，因为公民在内部论辩中的论点首先适用于所提问题的选择和措辞，然后适用于专家但更经常是研究人员在上文所述的具体意义上对其作出的答复和解释的集体回答。

负责任研究与创新的持续时间要长得多，各种科学为实施项目（创新方面的研究或生产）而召开的会议将会有明确的定位，因此，这种跨学科的多元主义可能会更加一致。研究的提出者或创新项目的私人参与者不会随机要求明智地选择这些不同的学科。

预防性元原则本身并非没有学科消解的风险。事实上，对某一特定学科的偏好突出了这一原则的某些要素，因此忘记或隐藏了其他要素。相反，我们必须确保对其中的学科多元主义的平衡感到关切。当我们看到经济学家、道德或政治哲学家以及自然科学和工程科学或医学的研究人员如何根据他们的学科呈现和减少这种平衡时，我们不能想当然地认为这种平衡是理所当然的。

预防原则可能是“ringard（英语‘寒酸的’）”，用弗朗索瓦·米特朗（François Mitterand）的前顾问雅克·阿塔利的贬义形容词来形容。阿塔利是在尼古拉·萨科齐（Nicolas Sarkozy）委托编写的一份关于自由经济增长的报告之后在法国出名的。一时间，我们可以相信他是对的，但只有当我们把“Ringard”这个词作为名词来颠覆这个评论时，我们才能相信他是对的。事实上，在法语中，“ringard”是指一根用来给火加燃料、清洁栏杆和清除炉渣的铁棒。让我们希望，预防原则不仅被用来为论辩火上浇油，而且更多地被用来清理各种习惯、学科之间的某些边界及其所造成的消解，并主要用来审查政治和科学议程中的优先项。

我们在参与式技术评估[①]与负责任研究与创新中具体处理的是各种受众和利益相关者的技术平衡，也包括学科的平衡。这一次，这些学科被召集在一起，不是为了举办著名的专题讨论会，而是因为我们不能这样做。因此，参与式技术评估、负责任研究与创新和预防原则更多的是共同承诺而非使法律合法化的简单补救方法[②]。不幸的是，在评估的结构中没有考虑到元原则的后

① 根据不同的制度设计，以或多或少稳健和稳定的方式，意味着不同的社会本体论，以达到同样不同的目标。

② 例如，与1995年法国的法律一样，该法律被称为Barnier法律，产生了全国公共辩论委员会的第一个版本和一些参与式技术评估的实践。

果[①]。然而，久而久之参与式技术评估甚至是负责任研究与创新为其提供了规划和效率。此外，负责任研究与创新在其中负有责任。因此，它更倾向于体现这种将科学和政治联系在一起的责任形式。在这本书中，我们在两者之间留下了一个伦理学的位置。事实上，这是导致参与式技术评估和负责任研究与创新得以实施的第一线。与其他形式相比，这两种方式实际上更多地涉及道德责任。例如，如果它只涉及法律责任，事情就会在法庭上解决，而负责任研究与创新听起来就像一个矛盾修饰法。责任只会被视为消极的[②]。积极和创造性的责任是由一种关注、一种被充分理解的甚至更好的一种“considération（英语‘思考’）”所激发的。这里使用一个非常古老的法语单词，因为伯纳德·德·克莱沃（Bernard de Clervaux）已经使用过它[③]。最后一个词有助于提高协商的关注力，甚至是一种暗示着审查的深思形式。

---

① 在这里，我们将走得更远，从有关公众和利益相关者的要求，早在风险评估阶段，根据各种参与式技术评估程序，赞成安德鲁·斯特林［STI 99］的呼吁。事实上，他与其他研究人员以及《技术风险管理中的科学和预防问题报告》（On Science and Precaution in the Management of Technological Risk）的合著者明确地将预防原则、参与式技术评估程序和多元主义联系在一起。

② 关于负责任研究与创新中责任的正面和负面版本，我们参考了 Pellé 和 Reber 的［PEL16］。

③ 这本书—或者更确切地说是五本书—题为《思考》（1149–1153），是他的最后一部作品，既是一份精神遗产，也是一份政治遗产。在这个意义上，它呼应了 Valladolid 在我们的书的导言中给出的争议。在写给教皇的信中，文章还讨论了作者的责任问题，其中一些应受责难。例如，他在第七章中写道：“［……］由于时代不好，我们会克制自己，劝你不要完全或不断地沉溺于行动，而是保留一些你的时间和你的心以供思考。”

关于伯纳德的生物伦理学在广义上的当代应用，见［PEL11］。

结论：未来世界的治理——在伦理、政治与科学之间

本书旨在肯定参与式技术评估的价值，该评估方法历经超过30年的实践，并为负责任研究与创新点明了具有启示意义和警示意义的希望之光。这些社会政治经验代表了制度设计的真正创新，特别是在欧洲。这不是偶然的，因为欧洲的社会建制有利于制度创新。一方面，欧洲将制度创新视为一项其自身所必需的政治工程，另一方面，由于其制度常因缺乏民主而受到批评，反而促进了越来越具有包容性的参与形式。这是负责任研究与创新在研究领域的情况，也是利益相关者和广大公民能够进行参与的第一个“支柱”。

然而，我们并不希望将自己置于密涅瓦的猫头鹰般的哲学庇护之下，它只会在夜幕降临时飞行，而这对现实来说太迟了。我们不想成为那些新的治理模式和集体协商模式的卫道士。在《转基因民主：争议性技术评估的社会伦理学》中，我们给出了评价它们的方法[①]。我们试图列出一些问题，这些问题着重于对于参

① 亦可参见佩尔和雷伯文献［PEL 16］。

与式技术评估和负责任研究与创新提出的禁令的回答的发展情况。面对一些哲学家就哈贝马斯提出的理性个体的伦理评估的可能性，抑或是在罗尔斯提出“判断的负担”之前，所持有的怀疑论态度（见第3章和第1部分的结论），我们提出了一些解决方案。我们还想要更加深入下去，以预测这些用德勒兹的话说[①]，作为微观政治权力形式的经验，所囊括的内容。我们或许应该从参与式技术评估转向一种“协商式技术评估”。而鉴于我们能够掌握的经验，后者尚百废待兴。后者的实际状况同预期的效果相比较，仍相去甚远。事实上，那些对效果的描述往往语焉不详，甚至含糊其辞。这一评价同样适用于致力探寻盎格鲁-撒克逊人所谓“故事”或“叙事”的负责任研究与创新。我们认为故事的讲述本身并非发散式逻辑唯一必需的要素，甚至并非说服或赢得认同的唯一可能形式。我们尝试进行论辩，同时我们确信我们还能够进行诠释，而非仅仅讲述。

然而，在打造舆论群体和创建参与式技术评估主要程序的过程中，我们又似乎感受到了同样的草率和冒进。事实上，以通过一般民众来确定全部相关领域的专家人选（范围横跨从法学家到生态毒理学家甚至人类学家），取代民众舆论群体直接充任专家的传统形式，并无异于以委任其他更专门化的医生来取代一般医生的差别。当然，我们可以将人们聚集在一起，促动开展比新闻工作者[②]在电视上的表现效果略佳的辩论，制定游戏规则[③]并从

---

① 参见［REB 06b］。

② 哪怕常常正是这些新闻工作者在直接导演那些辩论。在这里我们主要想强调的是参与式技术评估的务实性，以及我们这些辩论对肤浅和哗众取宠的超越。我们所面对的挑战并非尽最大努力使观众不要跳过广告。

③ 但又并非强制辩论者刻板遵守。

旁监督，而不去考虑情境是否吸引眼球。而无论从知识交换的视角还是从人际关系的角度来看，这样的辩论总会产生有趣的结果。

至此，就参与式技术评估，我们谈到了辩论，不过专家给出的答案通常会偏离公众提出的疑问。我们假定专家意见必然是多元化的，并不存在单一学科的规定形式。如果说一般民众通常被赋权发声的意见范围主要集中在道德意见，那么道德专家几乎从来难以专门化，其他学科的专家也会毫不犹豫地逾越其专业边界来发表道德意见。在这种情况下，我们可以对道德的讽刺性和道德的自反性加以探讨。因此，在尚未决定须要采取什么具体行动之前，我们首先应力图为这些知识留下足够的空间，这些知识当中就蕴藏着解决问题的办法，特别是涉及伦理多元主义（见第 1 章和第 2 章）。

本书的论述由历史上发生在巴拉多利德的关于对新发现世界的殖民是否合理的著名论辩揭开序幕。今天，我们正在面临对新发现世界的殖民问题，但不是在为了发现或接管其他陆地这一层面上[①]，而是为了我们所有人共享其中的地球未来的命运。我们目眩神迷般见证了所谓“辅助生育技术”，这简直相当于对《圣经·新约》中使徒保罗在其《罗马书》里描述的画面[②]的刷新，使其在我们今天的问题中重现。

如果我们认真对待参与式技术评估对科学、政治和道德诸领

---

① 哥伦布并没有发现美洲，这不仅因为他相信他所发现的是印度，而且主要还因为从当地人的视角看，美洲等于仍未被发现。我们可以姑且抛开历史上关于亚美利哥·韦斯普奇和哥伦布二人到底是谁先发现新大陆的争论，但却无法忽略包括瓦尔德泽米勒在内的孚日圣迪耶地图制作师们，是他们最早在世界地图上确认了美洲的存在。

② 天启的语调，不是消极和恐怖，而是充满希望。见“罗马书”8:22。

域产生的解域化效果，那么关于最优化未来的集体协商所牵涉的困难就能够以一种更具哲学性的方式缩减到如下的质询范围：

> 既然创新活动和各种争议性技术存在造成严重的和/或不可逆的负面后果的不确定性风险，那么当围绕创新活动和各种争议性技术的风险挑战真正形成时，我们该如何与大量具有参差不齐的能力和各不相同的专业背景的参与者（因为我们将普罗大众和各利益相关者都囊括进了参与者范围之内）共同就某一由参与者预先确定的评估项目，遵循衍生自各种民主理论的辩论规则展开协商？

有人会说，这个难题是无法人为掌控的，也不可能被克服。我们承认，任务很艰巨，要做的工作恰如参与式技术评估一般，需要跨学科交叉研究与合作。负责任研究与创新如果要从真正意义上履行负责任的承诺，也同样需要如此。

事实上，我们可以尝试遵循汉斯·乔纳斯的实现其“逻辑哲学—技术—伦理学”目标的律令：“带有极大风险的技术冒险需要极致的反思。[①]”沿着这条思路，我们给出这样的答案：

> 预防的元原则使我们有可能在参与式技术评估和负责任研究与创新的实践当中，整合多种道德层面的和认知层面的多元主义。这有助于我们评估不确定性情境，并根据每一学科领域自身的相关要求，以每一学科领域的方法论

① 参见乔纳斯文献［JON 84.91，p.14］德国和法国版前言。

资源和知识储备，以及每一学科领域面向未来的“本体论划分”，来综合考量来自每一学科领域的论据后作出决策。

这是我们在第 6 章中提出的一个结论，即预防原则不是一块招牌或一种合法化的外部资源，而是构建参与式技术评估和负责任研究与创新的原则。它在公共政策层面和对科学不确定性与伦理多元主义的评估方面，都远远超越了乔纳斯的贡献，更不用说它在不同语境中就乔纳斯仅在元伦理学层面初步厘定的方法展开实验并获得进步的事实。

如果问题涉及共同协商，我们便不希望将自己小心谨慎地限制在问题的局部。既然法语的丰富性可以被用作承载“陆地”之另一种意义的工具，那么“总体”（在英语中表示共同、全部、广泛的意思）作为一个名词还可以意指：一件艺术作品的整体效果，同各种要素之间的平衡性与和谐性直接相关。用福楼拜的话说：“一切都是为了统一。所谓整体性，就是今天人人都在丧失的意识。[①]”因此，我们希望通过解决同参与式技术评估固有的内在一致性及与其相关的问题，促进和实现一种真正意义上面向总体的解决方案。

这里，我们可以再次使用在第 1 部分的结论和第 4 章中出现的引自《修辞学》的补充引述：“修辞术的功能在于……针对有些听众不能总览演说论证的众多步骤或不能领会复杂的推理过程的情况。[②]”

---

① [FLA，p.201]。

② 此处使用了苗力田主编、颜一和秦典华翻译的《亚里士多德全集》（第九卷）（中国人民大学出版社 1994 年版）第 341 页的译文。（译者注）

诚然，对论证众多步骤的总览和复杂推理过程的领会采取忽视态度的诱惑，让人很难抗拒。在参与式技术评估当中这种忽视更为常见，情况仿佛是在用一个不精准的罗盘航海，风从四面八方吹来，地图成了废纸一张。[①]

所以，我们必须采取一种两步走的方法，首先解决（1）伦理多元主义同政治哲学之间的冲突问题（在第1部分的引言和结论及第1—3章中），然后解决（2）将讨论范围扩大到自然科学和工程科学当中（在第2部分的引言及第四至六章中）。

首先，我们支持接受苏格拉底在《尤西弗罗》中对科学的统一性的看法，甚至还接受罗尔斯或哈贝马斯对此的看法。在第1部分，我们仿佛置身于预防情境当中一般。通常，一些参与式技术评估和负责任研究与创新方面的经验在讨论技术问题时只关注预防，而科学领域得出的结论都会得到充分验证，能够提供可靠的统计数据。然而，即使是在这些情况下，在道德层面上仍存在争议。因此本书的第一部分探讨了这些灰色地带，以便提供一种区别于一元论和相对主义立场的多元化道德规范（见第1章）。还包括价值观的伦理多元主义和伦理理论的伦理多元主义（见第2章），我们已经将其在政治哲学中重新进行整合，特别是在协商民主理论的框架之下。个体的道德反思暴露出了其他个体在参

① 这里我们还可以用哥伦布的航海之旅打个比方，假设在这个通向未知的旅途中，某一时刻将会到达地图上的某个位置，那么在这个位置上会有什么新发现这一未知的问题，就一定会成为争议的焦点。在参与式技术评估中，如果一种专有技术被加以应用，就会像上面的航海过程，其目标有时正如等待那些欧洲探险家发现的陆地一样模糊不定，或者压根就不存在既定目标。让我们祈祷负责任研究与创新能够尽量远离这种盲目状况，或者更好的情况是，能够从参与式技术评估的经验当中多多获益。

与和协商过程中存在的风险，这个问题已经成为摆在参与式技术评估和负责任研究与创新面前的首要困难。在书的第一部分所提出的全部困难和解决方案，对书的第二部分内容同样有效。除了要面对数据的不确定性，还必须要作出决定。

在判断的负担“中间”的政治

再一次，我们借用德勒兹“中间的哲学家”的说法。在协商和共同协商的对抗中，这一入口在相互作用的层次上就像一位政治哲学家的思想投射一样，他更专注于一个基本的、抽象的和理想的结构——这里我们想到了罗尔斯。请注意，政治哲学家只是认为社会政治集合的秩序是复杂的个人。此外，正是通过他的直觉，他定义了集体审议，并辅以他的判断知识，他可以预见和期望从其他个人，例如面对可能的多元评价。我们想要少一些金字塔和制度，从多中心的角度出发，在互动的层面把伦理放在首位。我们成功地在《DGM》中观察并复制了一些。在此，我们建议借助伦理理论，根据最大的可能规范因素集来探索实际的讨论。

这种新的道德与政治的分类，将前者定位在我们刚刚描述的层面，对参与式技术评估和负责任研究与创新产生了影响。更加突出的政治参与将促进伙伴之间的尊重与合作。如果有必要，它们可能会让人失望，因为辩论将把冲突、学习、论点的强化放在一边，它们甚至可能解构表面的分歧。

我们在第一部分讨论了判断的负担，通过采取罗尔斯的道路，这一术语的作者在相反的意义上。首先，我必须遵守我的研究课题，因为在参与式技术评估中，他们是个别评估问题的个人、科学家和公民。那么，这个问题在我的研究中所占的位置就不同了。这不仅是我在论证中赞成“合理多元主义的事实”的论点，是一种过渡，而且实际上也是一个哲学问题本身的场景，需要耐心地加以解决，而不只是偷偷地讨论它。

我们没有忽视的是，普通人在道德上，而且在哲学上的判断，往往在伦理问题上采取一元论的立场，假装捍卫最好的解决方案。因此，伦理学理论的多元主义并不是很普遍。然而，对于伦理判断来说，情况就不是这样了，伦理判断更具反思性和深思熟虑，根据被评估实体的多重路径、规范因素和解释它们的规则，根茎中的组织比树木中的更多（第 2 章的结论）。这些集体审议是参与式技术评估经验的成果之一，也是负责任研究与创新的一项要求。此外，对于一些主角来说，他们是第一次有机会思考和体验对其他人的规范性评价可能与他们的不同，同时仍然是理性的。

我们还呼吁道德哲学家的多元主义不要被政治哲学家过分强调或压制。后者的多元主义受到更多的限制（结论见第 3 章）。即使对他们来说只是一个黑匣子，他们也害怕会变成潘多拉的盒子。伦理多元主义被认为是不可战胜的，因为它被认为是不妥协的，在这些政治哲学中，最好的发展莫过于一元论的政治哲学，它具有一些普遍的规范、权利或价值观，或者仅仅是一个需要优先考虑的问题。潘多拉不需要担心。我们已经证明，伦理理论不一定是对立的来源（第 6 章），通过集体审议而变得不那么模糊的冲突肯定不如内部冲突（第 1 章结论）。

正是因为评估困难，参与式技术评估才得以落实，判断的负担不能作为排斥剂。公平合作只是参与式技术评估和负责任研究与创新计划发挥的作用的先决条件，是必要的，但还不够。它必须在评价过程中得到维持，但我们不应忘记，评价是优先事项。负责任研究与创新甚至将其与责任的必要性联系起来[①]。

建立合作之前世界的脆弱性

苏格拉底在《尤西弗罗》中和罗尔斯笔下，像大多数政治和道德哲学家一样，假设科学有快速和有效的方法来解决冲突。然而，我的书的第二部分耐心地表明，来自自然和工程科学的科学家在他们的实践中面临着不确定性，依赖于假设，有时甚至在研究过程中对它们进行审查。

那么，为什么要选择《预防原则、多元主义与协商》作为我的书名，并将第一部分发展为伦理多元主义，第二部分发展为预防主义，包括跨学科和跨学科的知识多元主义？我们进行这种比较有两个主要原因。

第一个原因是，正在出现的和 / 或有争议的技术问题可能使世界变得脆弱，并造成严重和 / 或不可逆转的损害，使决策者处于一种他们必须在许多科学不确定性的情况下作出决定的情况，早在假设的水平上就是如此。然而，这些不确定性只能作为不采取行动的借口。这是预防原则所带来的一种新鲜感。与某些技术可能产生影响的时间相比，科学时间（包括所有必要的验证）是非常缓慢的。知识是诀窍的基础。我们确实必须采取行动。因

① 多元主义本身。见 Pellé 和 Reber［PEL 16］。

此，预防原则恢复了伦理思想，并将其推到了前列。这种新鲜感与那些认为政治和法律是新技术背后的人是背道而驰的。如果情况经常是这样的话，例如，当一些人大胆地谈论“可生物降解的法律”时，预防原则就显示出一种新的关系。

当然，在2000年2月2日的《预防原则》中，委员会的沟通是高度不对称的，对科学的处理是高度不对称的，这是有充分记录的，与其中的一个决定相比较，这是一个模糊的决定，它是一个模糊的决定，它的作用是遵守一个更高级别的安全措施，以便为欧洲人保留。因此，我们必须在第一部分讨论伦理多元化的复杂性和作为一种资源的问题。我们在第二部分用不确定情况下的政治决策模型认识了某些形式，有义务论版本或功利主义版本（第4章）。

第二个原因是，如果世界是脆弱的，它鼓励我们重新考虑在自由与平等之间保持公平合作的优先事项。由于对环境的关切和一些新技术，一个有把握的世界的问题，即重新讨论巴拉多利德争端的问题，打乱了优先事项，而且，委婉地说，表明合作本身的局限性，而对这一要讨论的公共利益的重要性却没有把握，这是多余的。它不仅仅是通过一种看似认知型的禁欲的补救措施，简单地涉及对合作伙伴的虚假尊重[①]，而是关注世界公地的安全。在这里，我们可以谈论公共资源，只要我们增加未来世界的维度，将其视为项目，而不是简单地以物质的方式或作为共享的知识。

① 对于罗尔斯，我们主要处理的是一种认知性的禁欲，因为科学似乎逃避了判断的负担，如果我们忘记了他最初断言的内容与“判断的负担”的措辞之间的矛盾。Cf。第1章。

在这些常常是公开的空间里，参与式技术评估的组织者在大多数情况下召集必须代表自己表达自己意见的公民。因此，我们可以假设，前者主要希望依赖后者的判断，后者首先暴露在对世界上这些公地没有明确影响的情况和问题的伦理评价条件下。因此，罗尔斯的合作与尊重不应限制其真实的伦理评价。对于协商民主理论的一些倡导者来说，真实性是主要标准之一[①]。我们补充说，真实性应该帮助我们成为免疫伦理相对主义的路径，这将有利于太多的影响，如团体、利益或偏好。这些公民不是政党、游说团体或意识形态团体的成员，而是首先作出判断的。协商民主理论甚至希望他们能够修改，考虑到最好的论据的力量。

如果参与的“支柱”首先针对利益相关者或有关各方，则负责任研究与创新必须考虑到这一关切。后一个术语在研究协商民主理论的学术界引起了争论。在某些情况下，包括我书中提到的一些情况下，兴趣可以在那里找到它们的位置。目前还不清楚是否只有利益相关方的数量才算数，如果我们考虑一下欧盟委员会可以持有的指标，如果它只能持有一个的话。我们将不得不利用它们所保证的独立性和 / 或它们所表现出的多元化。

论证的共构与解构

在说我们必须辩论，我们最终将看到最好的论点的力量在起作用之前，我们仍然需要知道哪些论点是必要的。例如，罗尔斯

① 它甚至超出了哈贝马斯的这个框架。如果各方在其主张的方式上不真实，他所有的讨论道德都会受到威胁。在那里，哈贝马斯会看到病态。

对哈贝马斯关于这一点非常怀疑[①]，因为可以使用的论证形式并不是由德国哲学家明确确立的，而他们应该在很大程度上决定结果[②]。哈贝马斯声称和罗尔斯属于同一个思想家族，这一事实并没有改变这件事。

民主理论，我们给出了六个标准（第3章），并没有更大的帮助，即使辩论的要求是以此为中心。如果它促进了大量的实证和政治理论的著作，论证的要求是非常模糊的[③]。因此，我们两次试图提出与参与式技术评估中预期的论点类型有关的区别，这可以成为参与式技术评估的一部分。抗辩、调解或调查（介绍第六章）。

（1）从某种角度看，参与式技术评估往往像是一种公开的恳求。专家或有关各方的问题是在公众或听众被说服之前捍卫自己的立场。实际上，最后这个术语的选择是针对佩雷尔曼和奥布莱茨－泰特卡[④]的观众，这当然不是虚拟的。这些论点是完整的、有力的、最终的、无懈可击的，甚至是权宜之计。

（2）在具有不同认识和（或）道德参照的群体之间的调解情况下，他们遵循另一条规则，因为对话者必须相互说服，必要时同意审查其立场。如果我们不想在争论之间继续正面对立，我们就必须进一步发展这种分歧，即进行更仔细的调查，而不是加强争端。我们必须认真对待这一争端，以了解其构成，并检查各个

---

① 我们在第3章中证实了这些疑问，并在DGM的介绍中更详细地证实了这些疑问。

② [RAW 95b，p.177]。

③ [REB 07]。

④ [PER 88]。事实上，哈贝马斯批评了佩雷尔曼这一点。见哈贝马斯 [HAB 84，27]。除了对佩雷尔曼的批评和对图尔明不那么明显的批评之外，他没有提出任何建议来更好地界定这一论点。

层面的论点的强度：数据、依据、基础、模态限定词、例外和反驳条件，甚至是结论[①]。我们转到辩论的对话版本。每个伙伴都没有掌握所有的数据，他必须询问其他人，才能知道他们的推理所依据的是什么。

（3）更接近一致的参与式技术评估，使用召集的经验和知识的权力，共同构建的调查论点有助于发现新的因素，超越了以前版本的隐含因素。我们确实可以希望，这一问题本身及其未知因素的各个层面都需要多方面的专门知识。

负责任研究与创新也可从这些区别中获益，特别是在管理利益攸关方的参与方面。考虑到持续时间和在一个动态和更具包容性的研究项目中的整合，第三种类型很可能是最相关的。

最后两个命题（2 和 3）甚至更进一步，重新整合了协商民主理论中更为明确的论证形式。我们可以或多或少地考虑几个阶段，这些阶段符合在审议民主框架内进行辩论的不同要求。（1）最基本的要求是恰当地概述一个论点，以证明一个人的立场。（2）更高级的版本超越了尊重他人的观点，以便对其进行审查。（3）我们可以反驳他们的每一个论点，用他们的要素和推论，（3'）或将他们的每一个论点与我们的论点进行比较。此阶段已经是第一个对话设计。这两个论点之间的差距可能会有所不同，不仅涉及论点结构中的推论或不同的选择，而且还因为前提和数据的关系。（4）更完善的版本甚至要求对起点（前提和数据）进行辩护。在这里，对话性受到了更多的限制。我们努力确保我们有一个共同的起点。（5）第五个版本甚至超越了对起点的解释或对模

① 采用图尔明的方法（第 6 章）。

式的澄清，甚至对论证推理的其他步骤的解释，但并不涉及其不完整性或其某些联系的不确定性，甚至不涉及其作出决定的可能性。正是在这个最发达的阶段的论证，其他技能是寻求。这种对话性超越了弗朗西斯·雅克在第 6 章中提出的问答逻辑。后者用对话者可以提出的质疑来打断图尔明的做法，要求对方确定举证责任和最初提出的假设。这样一来，伦理论证的具体性就会涉及可提出的限制措施的膨胀。

另一位伦理对话主义哲学家弗洛伦斯·昆切继续进行这一真正的提问，但其地域范围内的提问方式不如他，它区分了科学、人类学、艺术、宗教和哲学特有的五种提问模式。她认为，伦理上的论点比雅克的表述更具对话性，因为它必须揭示规范集的多元主义以及可以想象的可能世界。

我们支持另一种设计，即伦理不是用来重建一个共同的世界，以便把问题暴露在一起，而是暴露在其他学科的多种规范集或程序中，特别是那些提供用作数据并加以验证的结果的规范集或程序。它不需要通过这一共同措施来仲裁关于能力的潜在争论（第 5 章）。

我们还在书的第一部分补充道，伦理是一个“褶皱”[1]或“折叠”[2]的世界，由于其形式的多元主义、伦理价值和理论，而不是一元论。

随着从个人到引导他们兴趣的技能和学科的转变，我们可以

---

① 这个形容词呼应了耶稣会训诫保罗·波尚（Paul Beauchamp）谈论基督教时所说的“皱巴巴的一神论”。
例如，参见 Beauchamp［BEA 91］。

② 参照德勒兹的莱布尼茨褶皱理论［DEL 88］。

找到足够多的单一学科和简化论证。如果预期的答案只取决于单一类型的专业知识，则是可能的。有时，它会发生在参与式技术评估上。同样正确的是，法律和政治往往凌驾于其他领域，甚至能够召唤它们。然而，我们将会忘记我们必须拥有的关于额外的知识、技术、动物甚至环境的知识，这些知识与其他知识有关。现实很少能由一门学科来评价。在参与式技术评估和负责任研究与创新中召集多个专家意味着希望进行跨学科的共同讨论。然后，集体必须进行一个由属于不同学科的元素共同构建的论证，这些元素是根据它们的相关性来选择的。

这种共建工作也可以促进解构论点的逆向运动。它可以防止虚假的分歧，有时还有助于化解分歧。论证成为一座更加坚实的桥梁，不仅是为了超越冲突中的解释，而且也是为了更接近其他观点，因而也就是现实。

伦理学与科学假设

当我们在书中接受了这两个领域之间的区分，将其分成两个不同的部分，又不想使其成为一种二分法，希望以此把伦理学与科学假设联系起来，这种想法是不是过于大胆？

事实上，我们不应给人一种以牺牲科学研究为代价而给予伦理学过于重要的地位的印象。然后，我们会发现自己站在亨利·方达（Henry Fonda）在《十二怒汉》（1958 年）中扮演的角色的对立位置上。刑事陪审团必须对一个儿子对可能犯下的谋杀其父一事作出裁决。他面临着死刑。在第一次投票中，只有一名陪审员（H. Fonda）认为他无罪。这部电影的开头提醒我们注意这些经常发生的情况，在这种情况下，道德印象或伦理主张，以及更多的政治主张占了上风，并被用作解决办法，而不是对问题进行透彻的分析[①]。我们甚至需要一个反面分析，这是在这部电影中进行的，并根据讨论改变其他9名陪审员的立场，使他们意识到并未进行过很好的调查[②]。

首先是预防情况使我们能够把伦理与科学联系起来。它使“预防之书”标题中的秩序合法化，然后是多元主义。事实上，科学是不确定的，然而，我们必须在世界变得脆弱之前作出决定。因此，我们捍卫了认知价值（和规范）与伦理价值（和规范）之间的互补性（第5章）。事实上，对于参与式技术评估和负责任研究与创新来说，必须同时处理描述性预测知识和规范知识是一个特殊的困难。它包括科学评价和规范评价（总论）两个部分。我们讨论了第一个困难本身（第6章），以便将其与跨学科问题（第5章和第6章）结合起来。

然后，我们请求在事实和规范要素之间建立相互依存关系（第6章）。事实上，正是由于加入了新的事实要素，才产生了对所研究案例的重置，从而为语境提供了信息并对其进行了重塑。它们是伦理评估的新的制约因素。因此，我们主张有必要交叉检查上下文中的事实元素，以及更严格的道德和伦理元素。我们说过，通常情况下，事实方面和规范方面之间的这种相互依存关系并不优先考虑前者或后者。事实上，通过把我们自己放在一个伦

① 因此，分析公共政策和认真评估的重要性。决策者在政治和社会科学领域使用不足的报告这一事实并不令人信服。

② 这部电影是詹姆斯·菲什金（James Fishkin）深思熟虑的民意调查的预演，这种调查更简单，也成为一项真正的业务。

理的维度上，我们可以继续在一个特定的方向上进行实证研究。然而，反之亦可。

然后，我们可以很好地确定可想象的元素和解决方案，然后对它们进行加权，甚至比较权重。

然而，如果假设在正确地属于预防原则（第 6 章）的情况下发挥突出作用，我们认为，伦理假设是由于理论的多层次伦理多元主义的总体情况，在合理的背景下进行伦理评价的可能途径（第 2 章的结论），这样做的好处是确保我们审视所有可能的调查，然后有选择地进行。

同时，我们揭露了不对称的方式，即预防原则详细处理科学上的不确定因素，在不确定情况下作出决定的手段微乎其微。前面提到的内容更广泛地发展了第 4 章中提出的现有决策模型的类型。

由于这种在没有必要知识的情况下作出决定的双重限制，这一假设更加生动地阐释了皮尔斯在他的文本中用法语给出的特征："（…）c' est plus fort que moi（它比我更强大）。它是不可抗拒的；它是必要的。我们必须敞开我们的大门，至少暂时承认这一点。[①]"

当它不仅仅是一个认知（knowing）的问题，而是知道如何做正确的事情时，它就更真实了。然后，我们发现由技术提供的改进之间的竞争，每一种技术都有它们自己的伦理含义（一般介绍）。

对这些问题的讨论不仅仅是罗尔斯式的反思平衡（reflective

① [PEI, 581]。

equilibrium）理论中的假设。事实上，除了重叠共识（cross-checking consensus）之外，罗尔斯还提出了这种方法，它包括我们在一个人的所有直觉程度之间，从最实际的到似乎最可信的哲学论题，从抽象的原则到具体的判断，在反思平衡中，在几个普遍的层次上的信念。我们可以像诺曼·丹尼尔斯（Norman Daniels）那样改进这个方法[①]。对他来说，这种反思平衡相当于一种深思熟虑，甚至是一种更为复杂的伦理理论。他认为，伦理理论包括一套道德判断和一套有助于产生这些判断的原则[②]。此方法试图在特定人员持有的有序三重信念集中创建一致性：

（a）一套经过深思熟虑的判决；

（b）一套道德原则；

（c）一套背景相关理论。

事实上，一个人首先列出他或她最初的道德判断，并过滤他们只留下那些他或她信任的，以避免判断错误。然后，这个人就可以接触到不同的原则，这些原则或多或少地与他或她的道德判断相一致。然后，他或她进一步调整他或她的深思熟虑的判断原则。

在此之前，我们只是在有限的反思平衡的框架内。要达到罗尔斯理论中也存在的广泛的反思平衡，我们必须像在科学中所做的那样，确保理论与其他理论是相互关联的。它是为了防止将经过深思熟虑的判断系统化的伦理原则成为“偶然的概括”（accidental generalizations）。我们必须防止背景理论重新表述同样的具体判断。罗尔斯这么做是为了其正义理论。然而，它也适用

---

① [DAN 96]。

② 这导致在伦理认识论中进行了大量的讨论，以了解一些人称之为直觉的伦理判断的地位，以及明显的或先验的原则。我们把这个困难留给一种伦理理论去解决。

于个人理论、程序正义理论、一般社会理论以及道德和伦理在社会中的作用。

当我们希望在特定的判断、原则和背景理论之间找到平衡时，这种连贯的方法是有趣的。然而，这种方法在过大的一部分上认同了某种哲学人类学，而它希望被看作是科学[①]，并与哲学，特别是哲学人类学分离开来。这也是社会学和人类学开始时争论的主要问题。

我们建议不仅是一个人际审议（第3章），而且有更详细和更完整的介绍伦理理论（第2章）。

此外，在当代版本的审议民主和接受限制和广泛的反思平衡，未来和科学的层面，及其不确定性，在我看来是缺失的。我们用审议民主作为未来关注的一种文学体裁的新概念来捍卫第一个维度（第3章和第4章）。对于第二个维度，我们应该设想一个特别大的反思平衡，其中包括科学上的不确定性。

如果参与式技术评估和负责任研究与创新暗示着几门科学的共存，则它们并未考虑到这一点。像伊莎贝尔·施腾格这样的科学哲学家对这种可能性持怀疑态度，称其为“容忍诅咒”（tolerance curse）。至于布鲁诺·拉图尔，如果他发明了新的“交易”，在人类和非人类的议会中，他主要考虑的是知识的协作，以建立一个美好的共同世界[②]（第5章）。我们已经表明，在某些方面，这种陈述缺乏争议性。

---

① 随着风俗、道德和伦理理论在作品中的呈现，有着非常不同的认识论和方法论。参见 Reber［REB 11b］的介绍。

② 在共同的世界和共同的利益之间寻求平衡。据他说，这是为了避免陷入柏拉图所谓的“宇宙”。

学科间的和谐与冲突

在参与式技术评估或负责任研究与创新中选择制度设计的最常见的假设是科学之间相互补充的假设。它通常是含蓄的融合，因为我们认为我们可以彻底地研究这个问题（第 6 章），或者建造一个相同的房子来引用拉丁语的隐喻。

的确，必须保证的第一个认知多元主义是这种共同存在的多元主义，以便使所有的专门知识能够澄清同一问题的不同方面。然而，如果在所有可能的世界中，一切都是最好的，我们就不必召集所有这些人了。这不仅仅是一个知识分散的问题，也是一个有争议的问题。后者首先涉及内部纪律及其无止境的争论，即对第 4 章的不确定性所采取的立场，从而使公民能够评估在专家发生冲突时给出的答案。

跨学科的认识论多元主义当其学科间是并列关系的时候可能很弱，而当学科间的交叉关系及互译性较强时有可能很强。根据所提出的问题，届时我们不仅将进行学科间的合作，而且在发生冲突时也将出现紧张局势。

预防原则不仅具有确保在几个维度或几个值之间保持平衡的优点（第 4 章）。它构成并使专家的方法和研究者的方法之间的关键区别成为可能。第一个角色是告知决策者，它必须根据所有可能的解释审查事实，包括那些属于少数的解释，而第二个选择调查最令人信服的路径，无论是在假设的水平上，还是在每个研究阶段。专家为多元主义服务，而不是为学科融合服务，因为他提出了为数不多的现有立场，以及这些立场的具体一致性和紧张关系，而不是试图对它们进行过多的调和。

预防原则将有助于保证参与式技术评估或负责任研究与创新进程中的这种多元主义，即便是如上文所述的令我们常常会感到遗憾的情况，也就是参与式技术评估没有更多的研究人员（结论见第6章）。

一项尚未审议的建议将包括让该领域的专家像某种调解人一样积极参加辩论，并对邀请的各位专家提出质疑，敦促他们为自己的立场和分歧的力度辩护。

由于专家和研究者之间的区别，在跨学科的认识论多元主义的情况下，我们再次发现了第4章中关于学科争议的仲裁问题。鉴于能够赞同这一广泛多元主义的人很少，我们当然应该根据程序要求来确保这一点，因为根据所提出的问题，我们有时会再次发现各学科之间同样的紧张关系。

由于我们必须确保学科内的多元主义，而且可能会出现跨学科之争的情况，因而这里出现了几种类型的冲突。我们同意施腾格关于不执行任何预先排序的要求。然而，我们相信，我们将不得不利用这两个认识多元主义的要求，来认识她所指的科学战争的分歧或代沟在哪里。

无论如何，无论是学科、学科间的边界还是边界的跨越，世界都是超越知识的。世界本体论并不局限于认识论上的争论，即使在不和谐的情况下也是如此。事实上，"认知失调"[①]（cognitive

① 在这里，我们更多的是借用音乐，而不是引用社会心理学，社会心理学以不同的方式使用这个术语，或者是认知和行为之间的扭曲。这一现象正好反映出伊索的寓言"狐狸和葡萄"的隐喻，他认为他够不着的葡萄太绿了，从而减少了与他的批评的不和谐。

dissonance）这个术语似乎忽略了演奏这些不和谐的当代音乐。与其总是希望达成协议（或深思熟虑的分歧）或共识，不如有时在参与式技术评估，甚至在负责任研究与创新中想象默许与不和谐[①]。我们可以满足于政治生活中有限的差异，在选择有意义而不是无动于衷的情况下，多元地承认不同的立场。心胸开阔不是头脑空空。认识多元主义与理性主义的承诺是相容的。

处在不同背景下或来自不同认知社群的人每次以不同的方式解决他们的问题，这一事实并不能使理由无效，相反，这是其中的一项要求。一个多元主义者可以同意，而其他人则有不同的意见，但不会接受他们的意见，也不会放弃他的立场。承认伦理和认知的多元主义，使公民和来自不同认知社群的专家不仅可以检验他们的论点，以便有时达成共识，而且还可以审查他们的立场或信仰。关于这一点，我们建议争取多元化，以抵制不惜一切代价达成共识的压力，后者在很大程度上反映在要求公民在太短的时间内提出一份联合最后报告。这种多元化可以依赖四个标准：承认合法的多样性、限制不和谐、默许差异以及尊重他人的自主权和（或）纪律。这将使在无法达成协商一致的情况下面临分歧的情况成为可能。这种非相对主义的多元立场的优势在于，在一个特定的科学争议点上揭示出不同的明智立场，而不是局限于一个平均、一个较小的公分母，甚至更糟的是，局限于一次投票。

① Rescher 将这种协议模式称为接受差异。见 Rescher［RES 93］。

建立一种新的元理论，以应对新兴技术和有争议的技术带来的挑战

当然，关于图尔明，我们了解到一个论点需要几页才能被重述（第 6 章）。从这个角度来看，要求对参与式技术评估或负责任研究与创新进行争论是没有意义的，或者我们应该以通货紧缩的方式对争论的要求进行大量的审查，甚至接受其他交流能力，如叙述或解释，吸纳它们特有的优点并防止它们转变。

在第 2 章中，我们与伦理理论的专家之一谢尔利·卡根（Shelly Kagan）一起，学到了我们在伦理理论上应该表现出的谦逊，然而，在图尔明的论证方法中，这些都是“支柱”或保证。

最后，我们提出了一种元伦理的贡献，即我们已经定义为一种超大的反思平衡，它应该管理许多集体选择，在科学和伦理评估的两端都有必要的指导。我们认为伦理元理论是一种论证，就像 Hare（第 3 章）那样认为是一种伦理理论，但在一位道德的、有时是政治的哲学家留给我们的理论（第 2 章）方面，我们得到了更大的发展。同样，我们提到图尔明的方法[①]：数据（D）（明确和一般）、保证（W）（通常是隐含的）、基础（F）、模态限定符（Q）、例外或反驳的条件（R）和结论（C）。伦理争论主要集中在 W、F 和 R 三个方面。

根据我们所说的事实和规范之间的相互依赖，我们应该考虑到我的元理论首先是关于：

---

① 这在 Hare 和那些想把分析性论点作为所有论点的形式的人的作品中也受到质疑。

（a）可能使数据标准化的预防背景（D 和对 Q 的影响）或，

（b）预防背景，这方面的不确定性要大得多，在这种情况下，（Q）根据预防原则所列的不确定因素而有所不同。

除了从我的书的第二部分中得出的这些最初的选择之外，我们现在可以加上我的命题，对理论的多层次伦理多元主义进行全面的描述，以便在合理的背景下进行伦理评价的可能途径，我们可以这样做：

（1）从规范的伦理角度评价的实体类型〔状况、行为、人格特征、感情、制度、行为规范（个人或集体）、规则和基础理论〕；

（2）规范因素，如善、公平、平等、公平（有待促进）或邪恶（有待避免）；评价中的乐观或悲观；后果和结果；对允许和禁止的东西的相对限制（与道德相一致的权利）；一般义务和契约（关于所有或具体的）；承诺；原则；规范；价值观；美德。

（3）以一元论或多元主义的方式[①]，从个人、非个人或集体的角度，解释在冲突情况下证明、概括和管理因素的规范性因素的解释规则；旨在促进或最大限度地促进因素；可选的或强制性的。同样，评价将能够以不同的方式考虑到取得成就的可能性。因此，我们将对做好事或做坏事的可能性持乐观和悲观态度。这些规则有助于捍卫一个因素的优点、它的伦理特性、它在更广泛的元伦理中的整合，例如，在指明解释它的途径的同时进行

① 强一元论，捍卫单个因素和单一类型的被评估实体；弱一元论，捍卫单个因素和几种类型的被评估实体；弱多元论，捍卫多个因素和单一类型的被评估实体；强多元论，捍卫多个因素和几种类型的被评估实体。在一元论的情况下，我们必须解释哪条规则能使我们始终只保留一个要评估的单一实体和一个单一因素（简单一元论）或将它们分类在其他（复杂一元论）之前。

反思。

因此，我们将有一种伦理选择的指南，用来指导被要求为所作决定辩护的个人所作的评价。这一重构可以指导一个目标远大和一贯而终的参与式技术评估和负责任研究与创新，当我们说它们必须是多元主义的时候。如果治理的参与者、组织者或担保人被鼓动提出观点的理由，甚至鼓动他们进行审查，这一要求就会得到强调。如果参与者不是感兴趣的一方，而是代表自己发言的“普通公民”，那就更容易了。

这一问题超出了参与式技术评估和负责任研究与创新的框架，因为它将伦理多元主义问题适用于政治哲学，进而适用于改进我们的体制程序，根据这些程序，有些人假装是民主的。在这方面，民主生活的改善岌岌可危。

因此，“对于什么是最好世界的协商”（这本可以作为本书的标题）并不仅仅是一份理论问题清单，根据预期的作用、机构设计的选择和跨学科集体评价的组织，对参与式技术评估程序或限制负责任研究与创新的治理模式进行选择。本书并不仅仅提出了使这些社会政治实验更加一致的路径，这些实验源于面对技术时的合法混淆，这些技术代表了对某些人的创新承诺，以及对他人的严重和/或不可逆转的损害。这些问题来自社会学的调查和对参与式技术评估和负责任研究与创新的反思努力，在更广泛的道德和政治哲学的背景下重新提出，帮助我勾勒出一种新的伦理元理论的界线，包括笼罩在论证所依据的数据之上的不确定性。一种伦理元理论由此被建构，用以作为在预防和多元主义的联合语境之下展开协商的理论工具。

参考文献

［ADA 04］ADAM J.-M., “Une approche textuelle de l’argumentation: ‘schéma’, séquence et phrase périodique”, in DOURY M., MOIRAND S. (eds), *L’argumentation aujourd’hui*, Presses Sorbonne Nouvelle, Paris, 2004.

［ANS 58］ANSCOMBE E., *Intention*, Blackwell, Oxford, 1958.

［ARI 26］ARISTOTLE, *Art of Rhetoric* (trans. Freese J.H), Harvard University Press, Cambridge, 1926.

［ARI 91a］ARISTOTLE, *La Rhétorique* (trans. Dufour M. and Wartelle A), Gallimard, Paris, 1991.

［ARI 91b］ARISTOTLE, *La Rhétorique* (trans. Ruelle C.-E), Le livre de Poche, Paris, 1991.

［ARI 92］ARISTOTLE, *Rhetoric* (trans. Hugh Lawson-Tancred), Penguin, London, 1992.

［ART 09］ARTHUS-BERTRAND Y., *Home*, EuropaCorp, available at: https://www.youtube.com/watch?v=NNGDj9IeAuI, accessed 7 July 2016, 2009.

［AUD 04］AUDI R., *The Good in the Right. A Theory of Intuition and Instrinsic Value*, Princeton University Press, 2004.

［AUS 69］AUSTEN J., *Sense and Sensibility*, Penguin, Harmondsworth, 1969.

[AZO 02] AZOR J., *Institutionum Moralium in Quibus Universae Quaestiones ad Conscientiam Recte aut Prave Factorum Pertinentes, Breviter Tractantur*, Aloysium Zanettum, Roma, 1602.

[BAI 58] BAIER K., *The Moral Point of View*, Cornell University Press, Ithaca, 1958.

[BAR 97] BARON M.W., PETTIT P., SLOTE M., *Three Methods of Ethics. A Debate*, Blackwell-Wiley, 1997.

[BAS 99] BASU S., "Dialogic ethics and the virtue of humour", *Journal of Political Philosophy*, vol. 7, pp.378–403, 1999.

[BEA 91] BEAUCHAMP P., "Chemins bibliques de la révélation trinitaire", in BEAUCHAMP P., BOBRINSKOY B., CORNÉLIS E. *et al.* (eds), *Monothéisme et trinité*, Publications des Facultés Universitaires Saint-Louis, Brussels, 1991.

[BEC 92a] BECK U., *Risk Society. Towards a New Modernity*, (trans. Mark Ritter), Sage, London, 1992.

[BEC 92b] BECHMANN G., "Folgen, Adressaten, Institutionalisierungs– und Rationalitätsmuster: Einige Dilemmata der Technikfolgenabschätzung", in PETERMAN TH. (ed.), *Technikfolgen-Abschätzung als Techikforschung und Politikberatung*, Campus, Frankfurt, 1992.

[BEC 92c] BECKER L.C., "Places for pluralism", *Ethics*, vol. 102, no. 4, pp.707–719, 1992.

[BEC 93] BECHMANN G., "Ethische Grenzen der Technik oder technische Grenzen der Ethik?", *Geschichte und Gegenwart. Vierteljahreshefte für Zeitgeschichte, Gesellschaftsanalyse und politische Bildung*, vol. 12, pp.213–225, 1993.

[BER 98] BERNSTEIN M., JASPER J.M., "Les tireurs d'alarme dans les conflits sur les risques technologiques. Entre intérêts particuliers et crédibilité",

Politix, vol. 11, no. 44, pp.109–134, 1998.

[BER 07] BERTHELOT J.-M., *L'emprise du vrai. Connaissance scientifique et modernité*, Presses Universitaires de France, Paris, 2007.

[BER 12] BERNARD DE CLERVAUX, *De la considération. Suivi de l'architecture de Saint Bernard*, Cerf, Paris, 2012.

[BOH 97] BOHMAN J., REHG J. (eds), *Deliberative Democracy. Essays on Reason and Politics*, MIT Press, 1997.

[BOL 91] BOLTANSKI L., THÉVENOT L., *De la justification. Les économies de la grandeur*, Gallimard, Paris, 1991.

[BOU 95] BOUDON R., *Le Juste et le vrai, Etudes sur l'objectivité des valeurs et de la connaissance*, Fayard, Paris, 1995.

[BOU 99] BOUDON R., *Le sens des valeurs*, Presses Universitaires de France, Paris, 1999.

[BOU 07] BOUVIER A., "Démocratie délibérative, démocratie débattante, démocratie participative", *Revue Européenne des Sciences Sociales*, vol. XLV, no. 136, pp.5–34, 2007.

[BOY 00] BOY D., DONNET-KAMEL D., ROQUEPLO P., "Un exemple de démocratie participative: la *conférence des citoyens* sur les OGM", *Revue Française de Science Politique*, vol. 50, pp.779–809, 2000.

[BRA 27] BRADLEY F.H., *Ethical Studies*, Oxford University Press, 1927.

[CAL 01] CALLON M., LASCOUMES P., BARTHE Y., *Agir dans un monde incertain. Essai sur la démocratie technique*, Seuil, Paris, 2001.

[CAN 01] CANTO-SPERBER M., *L'inquiétude morale et la vie humaine*, Presses Universitaires de France, Paris, 2001.

[CAU 04] CAUCHEMEZ S. *et al.*, "A Bayesian MCMC approach to study transmission of influenza: application to household longitudinal data", *Statistics in*

Medicine, vol. 23, pp.3469–3487, 2004.

[CAV 96] CAVELL S., *The Claim of Reason. Wittgenstein, Skepticism, Morality and Tragedy*, Oxford University Press, 1996.

[CAZ 86] CAZES B., *Histoires des futurs. Les figures de l'avenir de Saint Augustin au XXI ème siècle*, Seghers, Paris, 1986.

[CHA 99] CHATAURAYNAUD F., TORNY D., *Les sombres précurseurs. Une sociologie pragmatique de l'alerte et du risque*, Editions des hautes études en sciences sociales, Paris, 1999.

[CHA 03] CHAMBERS S., "Deliberative democracy theory", *Annual Review of Political Science*, vol. 6, pp.307–326, 2003.

[CHA 09] CHARDEL P.-A., KEMP P., REBER B. (eds), *L'Eco-éthique de Tomonobu Imamichi, coll. Bibliothèque de philosophie contemporaine*, Sandre, Paris, 2009.

[CHA 14] CHARDEL P.-A., REBER B., (eds), *Ecologies sociales. Le souci du commun*, Parangon/Vs, Lyon, 2014.

[CHE 96] CHESNEAUX J., *Habiter le temps. Passé, présent, futur : esquisse d'un dialogue politique*, Bayard, Paris, 1996.

[CLA 89] CLARKE S.G., SIMPSON E. (eds), *Anti-Theory in Ethics and Moral Conservatism*, State University of New York Press, 1989.

[CLI 79] CLIFFORD W.K., "The ethics of belief", in STEPHEN L. and POLLOCK F. (eds.), *Lectures and Essays*, 2nd edition, MacMillan London, 1979.

[COH 89] COHEN J., "Deliberation and democratic legitimacy", in HAMLIN A., PETTIT P. (eds), *The Good Polity. Normative Analysis of the State*, Basil Blackwell, Oxford, 1989.

[COH 93] COHEN J., "Moral pluralism and political consensus", in COPP D., HAMPTON J., ROEMER J. (eds), *The Idea of Democracy*, Cambridge University Press, 1993.

[COO 08] COOK W.A., *Issues in Bioethics and the Concept of Scale*, Peter Lang, New York, 2008.

[CRO 02] CROWDER G., *Liberalism and Value Pluralism*, Continuum, London, 2002.

[DAN 96] DANIELS N., *Justice and Justification: Reflective Equilibrium in Theory and Practice*, Cambridge University Press, 1996.

[DAN 06] DANCY J., *Ethics without Principle*, Oxford University Press, 2006.

[DAQ 96] D'AQUIN T., *Summa Theologica*, vol. 4, Cerf, Paris, 1996.

[DAQ 08] D'AQUIN T., IV *Sententiarum*, available at: http://docteurangelique.free.fr/ bibliotheque/sommes/SENTENCES4.htm, 2008.

[DAR 92] DARWALL J., GIBBARD A., RAILTON P., "Toward 'Fin de Siècle' ethics. Some trends", *The Philosophical Review*, vol. 101, pp.115–189, 1992.

[DAV 95] DAVIDOFF F., HAYNES R.B., SACKETT D.L. *et al.*, "Evidence-based medicine", *British Medical Journal*, vol. 310, pp.1085–1086, 1995.

[DAV 98] DAVID G., "La médecine saisie par le principe de précaution", *Bulletin de l'Académie Nationale de Médecine*, vol. 182, no. 6, pp.1219–1230, 1998.

[DE 02] DE CHEVEIGNÉ S., BOY D., GALLOUX J.-C., *Les Biotechnologies en débat. Pour une démocratie scientifique*, Balland, Paris, 2002.

[DEL 80] DELEUZE G., GUATTARI F., *Capitalisme et schizophrénie 2. Mille Plateaux*, Editions de Minuit, Paris, 1980.

[DEL 87] DELEUZE G., GUATTARI F., *A Thousand Plateaus. Capitalism and Schizophrenia*. Continuum, London, 1987.

[DEL 88] DELEUZE G., *La Pli – Leibniz et le baroque*, Editions de Minuit,

Paris, 1988.

[DEM 03] DEMEULENAERE P., *Les normes sociales entre accords et désaccords*, Presses Universitaires de France, Paris, 2003.

[DER 83] DERRIDA J., *D'un ton apocalyptique adopté naguère en philosophie*, Galilée, Paris, 1983.

[DER 96] DERRIDA J., "Foi et savoir. Les deux sources de la 'religion' aux limites de la simple raison", in DERRIDA J., VATTIMO G. *et al.* (eds), *La religion*, Seuil, Paris, 1996.

[DEV 15] DEVILLE M., "*Débat politique: quelle(s) rationalité (s)? Différenciation méthodologique entre le contenu et le relationnel*", Débat sur l'extension des droits politiques des étrangers dans le cadre de l'Assemblée Constitutante de Genève et de délibérations citoyennes expérimentales, Université de Genève, January 2015.

[DEW 27] DEWEY J., *The Public and its Problems: an Essay in Political Inquiry*, Holt, New York, 1927.

[DEW 38] DEWEY J., *Logic: The Theory of Inquiry*, Holt, Rinehart and Winston, New York, available at: http://unitus.org/FULL/DewLog38.pdf, 1938.

[DEW 67] DEWEY J., *Logique. La théorie de l'enquête*, (trans. by Deledalle G.), Presses Universitaires de France, Paris, 1967.

[DEW 03a] DEWEY J., *Le public et ses problèmes*, (trans. by Zask J.), Publications de l'Université de Pau, Pau, 2003.

[DEW 03b] DEWEY J., *Reconstruction en philosophie*, (trans. by Di Mascio, P.), Université de Pau Farrago/Léo Scheer, Paris, 2003.

[DEW 12] DEWEY J., *The Public and its Problems. An Essay in Political Inquiry*, (1927), Penn State University, 2012.

[DON 70] DONAGAN A., *The Theory of Morality*, Chicago University

Press, 1970.

[DOU 04] DOURY M., MOIRAND S. (eds), *L'argumentation aujourd'hui*, Presses Sorbonne Nouvelle, Paris, 2004.

[DRA XX] DRATWA J., *From Governing Innovation to Instituting Europe: Cosmopolitics, Precaution and the Paradox of Ethics*, ISTE, London and John Wiley & Sons, New York, forthcoming.

[DRE 06] DREIER J. (ed.), *Contemporary Debates in Moral Theory*, Blackwell, 2006.

[DRY 10] DRYZEK J.S., *Foundations and Frontiers of Deliberative Governance*, Oxford University Press, 2010.

[DUH 01] DUHAMEL A., TREMBLAY L., WEINSTOCK D. (eds), *La démocratie délibérative en philosophie et en droit: enjeux et perspectives*, Thémis, Montreal, 2001.

[DUM 95] DUMONT J., *La vraie controverse de Valladolid. Premier débat des droits de l'homme*, Dalloz, Paris, 1995.

[DUM 06] DUMITRU S., "La raison publique: une conception politique et non épistémologique?", in REBER B., SÈVE R. (eds), *Le pluralisme, Archives de philosophie du droit*, vol. 49, Dalloz, Paris, 2006.

[DUP 01] DUPUY J.-P., *Pour un catastrophisme éclairé. Quand l'impossible est certain*, Seuil, Paris, 2001.

[DUP 04] DUPUY J.-P., GRINBAUM A., "Living with uncertainty: toward the ongoing normative assessment of nanotechnology", *Technè*, vol. 8, no. 2, pp.4–25, 2004.

[DWO 78] DWORKIN R., "Liberalism", in HAMPSHIRE S. (ed.), *Public and Private Morality*, Cambridge University Press, 1978.

[DWO 13] DWORKIN R., *Justice for Hedgehogs*, Belknap University Press,

Cambridge, 2013.

[DWO 15] DWORKIN R., *Justice pour les hérissons. La vérité des valeurs*, Labor et Fides, Genève, 2015.

[DZI 98] DZIEDZICKI J.-M., *La médiation environnementale: une comparaison internationale*, ESA-EDF-DER, Rapport HN-55/98/046, 1998.

[EDW 82] EDWARDS J., *Ethics without Philosophy*, University Presses of Florida, Tampa, 1982.

[EIS 94] EISLER R., *Kant-Lexikon*, Gallimard, Paris, 1994.

[ELL 54] ELLUL J., *La Technique ou l'enjeu du siècle*, Armand Colin, Paris, 1954.

[ELS 95] ELSTER J., "Strategic uses of argument", in ARROW K. *et al.* (eds), *Barriers to Conflict Resolution*, Norton, New York, 1995.

[ENG 87] ENGELHARDT H.T., CAPLAN A.L., *Scientific Controversies. Case Studies in the Resolution and Closure of Disputes in Science and Technology*, Cambridge University Press, 1987.

[ENG 03] ENGEL P., MULLIGAN K., "*Normes éthiques et normes cognitives*", Presses Universitaires de France, 2003.

[EUR 00] EUROPEAN COMMISSION, *Communication de la Commission sur le recours au principe de précaution*, 2 February 2000.

[EWA 97] EWALD F., "Le retour du malin génie", in GODARD O. (ed.), *Le principe de précaution dans la conduite des affaires humaines*, MSH/INRA, Paris, 1997.

[FER 91] FERRY J.-M., *Les puissances de l'expérience*, Cerf, 1991.

[FER 00] FEREJOHN J., "Instituting deliberative democracy", in SHAPIRO I., MACEDO S. (eds), *Designing Democratic Institutions*, New York University Press, 2000.

［FER 02］FERRY J.-M., *Valeurs et normes. La question de l'éthique*, Presses de l'Université de Bruxelles, 2002.

［FIS 00］FISCHER F., *Citizens, Experts and the Environment: The Politics of Local Knowledge*, Duke University Press, Duhram, 2000.

［FLA 14］FLAUBERT G., *Correspondances*, Arvensa, Paris, 2014.

［FOU 02］FOUCHER K., *Principe de précaution et risque sanitaire. Recherche sur l'encadrement juridique de l'incertitude scientifique*, L'Harmattan, Paris, 2002.

［FRA 78］FRASER J.T., *Time as Conflict*, Birkhäuser Verlag, Bâle, 1978.

［FRE 03］FREEMAN S. (ed.), *The Cambridge Campanion to Rawls*, Cambridge University Press, 2003.

［GAL 99］GALSTON W., "Expressive liberty, moral pluralism, political pluralism: three sources of liberal theory", *William and Mary Law Review*, vol. 40, pp.864–907, 1999.

［GAR 06］GARDINER S., "A core precautionary principle", *Journal of Political Philosophy*, vol. 14, no. 1, pp.33–60, 2006.

［GAU 86］GAUTHIER D., *Morals by Agreement*, Oxford University Press, 1986.

［GIA 16］GIANNI R., *Responsibility and Freedom: the Ethical Realm of RRI*, ISTE, London and John Wiley & Sons, New York, 2016.

［GOD 03］GODARD O., HENRY C., LAGADEC P. *et al., Traité des nouveaux risques*, Gallimard, Paris, 2003.

［GRI 82］GRIZE B., *De la logique de l'argumentation*, Droz, Lausanne, 1982.

［GRI 09］GRIGNON C., KORDON C., "Spécificité de la science et diversité des sciences: l'option démarcationniste", in GRIGNON C., KORDON C. (eds),

Sciences de l'homme et sciences de la nature, Sciences de l'homme et sciences de la nature, Maison des sciences de l'homme, Paris, 2009.

[GRI 09c] GRISON D., *Le principe de précaution, un principe d'action*, L'Harmattan, Paris, 2009.

[GRU 99] GRUNWALD A., "Technology assessment or ethics of technology? Reflections on technology development between social sciences and philosophy", *Ethical Perspectives. Journal of the European Ethics Network*, vol. 6, pp.170–182, 1999.

[GRU 16] GRUNWALD A., *The hermeneutical Side of Responsible Research and Innovation (RRI). Concepts, Cases, and Orientations*, ISTE, London and John Wiley & Sons, New York, 2016.

[GUR 49] GURVITCH G., *Les tendances actuelles de la philosophie allemandes*, Vrin, Paris, 1949.

[GUR 61] GURVITCH G., *Morale théorique et science des mœurs. Leurs possibilités et leurs conditions*, Presses Universitaires de France, Paris, 1961.

[GUT 96] GUTMANN A., THOMPSON D., *Democracy and Disagreement*, Harvard University Press, 1996.

[GUT 00] GUTMANN A., THOMPSON D., "Why deliberative democracy is different?", *Social Philosophy and Policy*, vol. 17, no. 1, pp.161–180, 2000.

[HAB 73]HABERMAS J., *La technique et la science comme idéologie*, (trans. by Ladmiral J.-R), Gallimard, Paris, 1973.

[HAB 84] HABERMAS J., *The Theory of Communicative Action, Reason and the Rationalization of Society*, (trans. by McCArthy Thomas), Beacon Press Boston, 1984.

[HAB 86] HABERMAS J., *Morale et communication. Conscience morale et activité communicationnelle*, (trans. by Bouchindhomme C), Cerf, Paris, 1986.

[HAB 87a] HABERMAS J., *Lifeworld and System: A critique of functionalist Reason*, vol. 2, Beacon Press, 1987.

[HAB 87b] HABERMAS J., *Théorie de l'agir communicationnel. Rationalité de l'agir et rationalisation de la société*, vol. 1; *Pour une critique de la raison fonctionnaliste*, vol. 2 (trans. by Ferry J.-M. (vol. 1) and Schlegel J.-L. (vol. 2)), Fayard, Paris, 1987.

[HAB 90] HABERMAS J., *Moral Consciousness and Commuunicative Action* (trans. Christian Lenhardt and Shierry Weber Nicholsen), Polity Press, Malden, 1990.

[HAB 97a] HABERMAS J., *Droit et démocratie. Entre faits et norme* (trans. by Rochlitz R. and Bouchindhomme C.), Gallimard, Paris, 1997.

[HAB 97b] HABERMAS J., RAWLS J., *Débat sur la justice politique* (trans. by Audard C. and Rochlitz R), Cerf, Paris, 1997.

[HAB 02] HABERMAS J., *L'avenir de la nature humaine. Vers un eugénisme libéral* (trans. by Bouchindhomme C), Gallimard, Paris, 2002.

[HAB 03] HABERMAS J., *The Future of Human Nature*, Polity Press, Cambridge, 2003.

[HAB 11] HABERMAS J., RAWLS J., in FINALYSON J., FREYENHAGEN F. (eds), *Disputing the Political*, Routledge, New York and London, 2011.

[HAB 15] HABERMAS J., *Between Facts and Norms: Contributions to a Discourse Theory of Law and Democracy*, Wiley, New York, 2015.

[HAC 99a] HACKING I., *The Social Construction of What?*, Harvard University Press, Cambridge, 1999.

[HAC 99b] HACKING I., *Entre science et réalité. La construction sociale de quoi?* (trans. by Jurdant B.), La Découverte, Paris, 1999.

[HAN 71] HANKE L., *Aristotle and the American Indians*, Indiana University Press, Bloomington, 1971.

[HAR 63] HARE R.M., *Freedom and Reason*, Oxford University Press, 1963.

[HAR 81] HARE R.M., *Moral Thinking. Its Level, Method and Point*, Oxford Clarendon Press, 1981.

[HAR 98] HARE R.M., "A moral argument", in RACHELS J. (ed.), *Ethical Theory*, Oxford University Press, 1998.

[HAU 01] HAUPTMANN E., "Can less be more? Leftist deliberative democrats' critique of participatory democracy?", *Polity*, vol. 33, pp.397–421, 2001.

[HEI 68] HEIDEGGER M., "La question de la technique" in *Essais et Conférences*, (trans. by André Préaud), Gallimard, Paris, 1968.

[HEI 77] HEIDEGGER M., *The Question Concerning Technology* (trans. Lovitt W), Harper, New York, 1977.

[HEN 99] HENNEN L., "Participatory technology assessment: a response to technical modernity?", *Science and Public Policy*, vol. 26, no. 5, pp.303–312, 1999.

[HER 97] HERMITTE M.-A., "Expertise scientifique à finalité politique, réflexions sur l'organisation et la responsabilité des experts", *Justices*, vol. 8, pp.79–103, 1997.

[HIL 92] HILL T., "Kantian pluralism", *Ethics*, vol. 102, pp.743–762, 1992.

[HIN 98] HINMANN L.M., *Ethics. A pluralistic Approach to Moral Theory*, Harcourt Brace & Company, Orlando, 1998.

[HOW 80] HOWARD R.A., "On making life and death decisions", in SCHWING R.C., ALBERS W.A. (eds), *Social Risk Assessment: How Safe is Safe Enough?* Plenum Press, New York, 1980.

[HUB 97] HUBER G., "Prudence et précaution en biomédecine", in GODARD O. (ed.), *Le principe de précaution dans la conduite des affaires humaines*,

MSH/INRA, Paris, 1997.

[HUM 96] HUME D., *A Treatise of Human Nature*, Clarendon Press, Oxford, 1896.

[HUM 61] HUME D., *An Enquiry Concerning the Principles of Morals*, Clarendon Press, Oxford, 1961.

[HUM 83] HUME D., *Traité de la nature humaine* (trans. by Leroy A.), Aubier, Paris, 1983.

[HUN 04a] HUNYADI M., *Je est un clone. L'éthique à l'épreuve des biotechnologies*, Seuil, Paris, 2004.

[HUN 04b] HUNYADI M., *Les usages de la précaution*, Seuil, Paris, 2004.

[HUX 13] HUXLEY A.L., *Le meilleur des mondes* (trans. by Castier J.), Plon, Paris, 2013.

[ICA 05] ICARD P., "Le principe de précaution façonné par le juge communautaire", *Revue du droit de l'Union européenne, Clément Juglar, Overijse (B).*, no. 1, pp.91–111, 2005.

[JAC 89] JACQUES F., "Dialogisme et argumentation: le dialogue argumentatif", *Verbum*, vol. XII, no. 2, pp.221–237, 1989.

[JAM 56] JAMES W., "The will to believe" in *The Will to Believe and other Essays*, Dover, New York, 1956.

[JOL 02] JOLY P.-B., MARRIS C., Que voulons-nous manger? Les Etats généraux de l'alimentation: enseignement d'une expérience de mise en débat public des politiques alimentaires, Report, Direction Générale de l'Alimentation, Paris, 2002.

[JON 84] JONAS H., *The Imperative of Responsibility: in Search of An Ethics for the Technological Age* (trans. by Hans Jonas and David Herr), Chicago University Press, 1984.

[JON 88] JONSEN A.R., TOULMIN S., *The Abuse of Casuistry a History of Moral Reasoning*, University of California Press, 1988.

[JON 91] JONAS H., *Le principe responsabilité. Une éthique pour la civilisation technologique* (trans. by Greisch J.), Cerf, Paris, 1991.

[JON 98] JONAS H., *Pour une éthique du futur*, Payot, Lausanne, 1998.

[JON 00] JONAS H., *Puissance ou impuissance de la subjectivité. Le problème psychophysique aux avant-postes du Principe responsabilité* (trans. by Arnsperger C.), Cerf, Paris, 2000.

[JOS 95] JOSS S., "Evaluating consensus conferences in Europe: necessity or luxury?", in JOSS S., DURANT J. (eds), *Public Participation in Science: The Role of Consensus Conferences in Europe*, The Science Museum, London, 1995.

[JOS 99] JOSS S., BROWLEA A., "Considering the concept of procedural justice for public policy–and decision-making in science and technology", dossier "Special issue on public participation in science and technology", *Science and Public Policy*, vol. 26, no. 5, pp.321–330, 1999.

[KAG 98] KAGAN S., *Normative Ethics*, Westview Press, Boulder, 1998.

[KAH 02] KAHANE D., "Délibération démocratique et ontologie sociale", in LEYDET D. (ed.), *La démocratie délibérative, Philosophique*, vol. 29, 2002.

[KAN 75] KANT E., *D'un ton grand Seigneur adopté naguère en philosophie* (trans. by Guillermit L.), Vrin, Paris, 1975.

[KAN 97] KANT E., *Le conflit des facultés* (trans. by Gibelin J), Vrin, Paris, 1997.

[KEE 76] KEENEY R.L., RAIFFA H., *Decisions with Multiple Objectives: Preferences and Value Tradeoffs*, Wiley, New York, 1976.

[KEK 76] KEKES J., *A Justification of Rationality*, Albany, Princeton University Press, 1976.

[KEK 89] KEKES J., *Moral Tradition and Individuality*, Princeton University Press, 1989.

[KEK 93] KEKES J., *The Morality of Pluralism*, Princeton University Press, 1993.

[KEK 98] KEKES J., *A Case for Conservatism*, Cornell University Press, 1998.

[KEM 97] KEMP P., *L'irremplaçable. Une éthique technologique* (trans. by Rusch P.), Cerf, Paris, 1997.

[KIR 00] KIRK G.S., RAVEN J.F., SCHOFIELD M., *The Presocratic Philosophers*, Cambridge University Press, 2000.

[KLE 00] KLEINMAN D.L. (ed.), *Science, Technology & Democracy*, State University Press of New York, 2000.

[KLÜ 03] KLÜVER L., "Project management. A matter of ethics and robust decision", in JOSS S., BELLUCCI S. (eds), *Participatory Technology Assessment. European Perspectives*, Centre for the Study of Democracy and Swiss Centre for Technology Assessment, London/Bern, 2003.

[KOR 09] KORDON C., "Les critères de validation des sciences de la vie aux différentes étapes de leur évolution", in GRIGNON C., KORDON C. (eds), *Sciences de l'homme et sciences de la nature*, Maison des sciences de l'homme, Paris, 2009.

[KOU 00] KOURISLKY P., VINEY G., *Le principe de précaution*, La Documentation française, Paris, 2000.

[KUH 73] KUHN T.S., "Objectivity, value judgment and theory choice", in *The Essential Tension: Selected Studies in Scientific Tradition and Change*, University of Chicago Press, Chicago, 1977.

[KUH 77] KUHN T.S., *The Essential Tension: Selected Studies in Scientific*

Tradition and Change, Chicago University Press, 1977.

[KUH 83] KUHN T.S., *La Structure des révolutions scientifiques* (trans. by Mayer L), Flammarion, Paris, 1983.

[KUH 90] KUHN T.S., *La tension essentielle. Tradition et changement dans les sciences* (trans. by Biezunski M., Jacob P., Lyotard-May A., Voyat G.), Gallimard, Paris, 1990.

[KÜN 91] KÜNG H., *Projet d'éthique planétaire. La paix mondiale par la paix entre les religions*, Seuil, Paris, 1991.

[KÜN 95] KÜNG H., *Manifeste pour une éthique planétaire*, Cerf, Paris, 1995.

[LAT 84] LATOUR B., *Les Microbes, guerre et paix*, Métaillé, Paris, 1984.

[LAT 96] LATOUR B., *Petite réflexion sur le culte moderne des dieux Faitiches*, Les Empêcheurs de penser en rond, Paris, 1996.

[LAT 97] LATOUR B., *Nous n'avons jamais été modernes. Essai d'Anthropologie symétrique*, La Découverte, Paris, 1997.

[LAT 99] LATOUR B., *Politiques de la Nature. Comment faire entrer les sciences en démocratie*, La Découverte, Paris, 1999.

[LAT 04] LATOUR B., *Politics of Nature. How to Bring the Sciences into Democracy* (trans. by C. Porter), Harvard University Press, Cambridge, 2004.

[LAT 05] LATOUR B., WEIBEL P. (eds), *Making Things Public. Atmospheres of Democracy*, MIT Press, 2005.

[LAT 07] LATOUR B., "Quel cosmos? Quelles cosmopolitiques?", in LOLIVE J., SOUBEYRAN O. (eds), *L' Émergence des Cosmopolitiques et la refondation de la pensée aménagiste*, La Découverte, Paris, 2007.

[LE 42] LE SENNE R., *Traité de morale générale*, Presses Universitaires de France, Paris, 1942.

[LEC 96] LECA J., "La démocratie à l'épreuve des pluralismes", *Revue Française de Science Politique*, vol. 46, no. 2, pp.225–279, 1996.

[LEN 15] LENOIR V.C., *Ethical Efficiency. Responsibility and Contingency*, ISTE, London and John Wiley & Sons, New York, 2015.

[LEY 02] LEYDET D. (ed.), "La démocratie délibérative", *Philosophiques*, vol. 29, no. 2, pp.175–370, 2002.

[LOU 90] LOUDEN R.B., "Virtue ethics and anti-theory", *Philosophia*, vol. 20, pp.93–114, 1990.

[LOU 92] LOUDEN R.B., *Morality and Moral Theory*, Oxford University Press, 1992.

[MCD 79] MCDOWELL J., "Virtue and reason", *The Monist*, vol. 62, pp.331–335, 1979.

[MCD 99] MCDOWELL J., "Valeurs et qualités secondes", in OGIEN R. (ed.), *Le réalisme moral, Le réalisme moral*, collection Philosophie morale, Presses Universitaires de France, Paris, 1999.

[MER 04] MERLLIÉ D., "La sociologie de la morale est-elle soluble dans la philosophie? La réception de *La morale et la science des mœurs", Revue Française de Sociologie*, vol. 45, no. 3, pp.415–440, 2004.

[MER 06] MERRILL R., "Pluralisme et libéralisme: incompatibles?", in REBER B., SÈVE R. (eds), *Le pluralisme, Archives de philosophie du droit*, vol. 49, Dalloz, Paris, 2006.

[MER 08] MERRILL R., *Neutralité politique et la pluralité des valeurs*, Ecole des Hautes Etudes en Sciences Sociales, 2008.

[MIL] MILL J.S., *On Liberty*, University of Adelaid Press, Adelaid, 2014.

[MIS 73] MISHAN E.J., *Economics for Social Decisions: Elements of Cost-Benefit Analysis*, Praeger, New York, 1973.

［MOR 98］MORGAN M.G., HENRION M., *Uncertainty. A Guide to Dealing with Uncertainty in Quantitative Risk and Policy Analysis*, Cambridge University Press, 1998.

［MOR 00］MORRIS J. (ed.), *Rethinking Risk and the Precautionary Principle*, Butterworth Heinemann, Oxford, 2000.

［MOU 99］MOUFFE C., "Deliberative democracy or agonistic pluralism?", *Social Research*, vol. 3, pp.745–758, 1999.

［MYE 06］MYERS N.J., RAFFENSPERGER C. (eds), *Precautionary Tools for Reshaping Environmental Policy*, MIT Press, 2006.

［NAG 79］NAGEL T., *Mortal Questions*, Cambridge University Press, 1979.

［NAG 89］NAGEL T., *The View from Nowhere*, New York University Press, 1989.

［NAG 93］NAGEL T., "Moral luck", in STATMAN D. (ed.), *Moral Luck*, State University of New York Press, 1993.

［NAI 97］NAIM-GESBERT E., Les dimensions scientifiques du droit de l'environnement. Contribution à l'étude des rapports de la science et du droit, Thesis, Lyon III, Lyon, 1997.

［NOU 96］NOURY A., La notion d'expertise dans le droit de l'administration, Thesis, University of Nantes, 1996.

［NUS 98］NUSSBAUM M., *Cultivating Humanity, A classical Defense of Reform in Liberal Education*, Harvard University Press, 1998.

［OBA 06］OBAMA B., *The Audacity of Hope: Thoughts on Reclaiming the American Dream*, Crown Publishers, New York, 2006.

［OGI 99］OGIEN R. (ed.), *Le réalisme moral. Avec des essais de Charles Larmore, John McDowell, Thomas Nagel, Fabrice Pataut, Mark Platts, Geoffrey Sayre-McCord, Christine Tappolet, Stelios Virvidakis, David Wiggins*, Presses Universitaires de France, Paris, 1999.

[OGI 03a] OGIEN R., "Théories anti-théories", in CANTO-SPERBER M. (ed.), *Dictionnaire d'éthique et de philosophie morale*, 3rd ed., Presses Universitaires de France, 2003.

[OGI 03b] OGIEN R., *Penser la pornographie*, Presses Universitaires de France, Paris, 2003.

[OGI 04] OGIEN R., *La Panique morale*, Grasset, Paris, 2004.

[OGI 07] OGIEN R., *L'éthique aujourd'hui. Maximalistes et minimalistes*, Gallimard, 2007.

[OGI 08] OGIEN R., TAPPOLET C., *Les concepts de l'éthique. Faut-il être conséquentialiste?*, Hermann, Paris, 2008.

[PAR 86] PARFIT D., *Reasons and Persons*, Oxford University Press, 1986.

[PAR 96] PARIZEAU M.-H., "Ethique appliquée. Les rapports entre la philosophie morale et l'éthique appliquée", in CANTO-SPERBER M. (ed.), *Dictionnaire d'éthique et de philosophie morale*, Presses Universitaires de France, Paris, 1996.

[PAR 00] PAREKH B., *Rethinking Multiculturalism. Cultural Diversity and Political Theory*, Harvard University Press, 2000.

[PAR 12] PARKINSON J., MANSBRIDGE J. (eds), *Deliberative Systems. Deliberative Democracy at the Large Scale*, Cambridge University Press, 2012.

[PAT 47] PATON H.J., *The Categorical Imperative*, Hutchinson University Library, London, 1947.

[PEI 92] PEIRCE C.S., *Reasoning and the Logic of Things*, Harvard University Press, 1992.

[PEI 94] PEIRCE C.S., *The Collected Papers of Charles Sanders Peirce*, vol. 5, Harvard University Press, 1994.

[PEI 95] PEIRCE C.S., *Le raisonnement et la logique des choses*, (trans. by Chauviré C., Thibaud P., Tiercelin C.), Cerf, Paris, 1995.

[PEI 02] PEIRCE C.S., *Pragmatisme et pragmaticisme, Œuvres I* (trans. by Tiercelin C.), Cerf, Paris, 2002.

[PEI 03] PEIRCE C.S., *Pragmatisme et sciences normatives* (trans. by Tiercelin C., Thibaud P., Cometti J.-P), Cerf, Paris, 2003.

[PEL 11] PELLUCHON C., *Eléments pour une éthique de la vulnérabilité. Les hommes, les animaux, la nature*, Cerf, Paris, 2011.

[PEL 15] PELLÉ S., REBER B., "Responsible Innovation in the Light of Moral Responsibility", *Journal on Chain and Network Science*, vol. 15, no. 2, pp.107–117, 2015.

[PEL 16] PELLÉ S., REBER B., *From Ethical Review to Responsible Research and Innovation*, ISTE, London and John Wiley & Sons, New York, 2016.

[PEP 42] PEPPER S.C., *World Hypotheses*, Berkeley University Press, 1942.

[PER 88] PERELMAN C., OLBERECHTS-TYTECA L., *Traité de l'argumentation*, Editions de l'Université de Bruxelles, 1988.

[PER 90] PERELMAN C., *Ethique et Droit*, Presses de l'Université de Bruxelles, 1990.

[PER 91] PERELMAN C., OLBERECHTS-TYTECA L., *The New Rhetoric: A Treatise on Argumentation* (trans. J. Wilkinson and P. Weaver), University of Notre Dame Press, Chicago, 1991.

[PER 00] PERELMAN C., OLBERECHTS-TYTECA L., *Traité de l'argumentation*, Presses de l'Université de Bruxelles, 2000.

[PHA 92] PHARO P., *Phénoménologie du lien civil, sens et légitimité*, L'Harmattan, Paris, 1992.

[PHA 04] PHARO P., *Morale et sociologie. Le sens et les valeurs entre na-*

ture et culture, Gallimard, Paris, 2004.

[PIC 96] PICAVET E., *Choix rationnel et vie publique*, Presses Universitaires de France, Paris, 1996.

[PLA 20] PLATON, "Euthyphron" (trans. by Croiset M), in *Oeuvres complètes*, Les Belles Lettres, Paris, 1920.

[PLA 86] PLATO, *Euthyphro*, available at: http://www.indiana.edu/~p374/Euthyphro.pdf, p. 7, text retrieved 4 July 2016.

[PUT 02] PUTNAM H., *The Collapse of the Fact/Value Dichotomy and Other Essays*, Harvard University Press, 2002.

[PUT 04]PUTNAM H., *Fait/valeur. La fin d'un dogme et autres essais* (trans. by Caveribère M. & Cometti J.-P), L'Eclat, Paris, 2004.

[QUI 05] QUINCHE F., *La délibération éthique. Contribution du dialogisme et de la logique des questions*, Kimé, Paris, 2005.

[RAC 98] RACHELS J. (ed.), *Ethical Theory*, Oxford University Press, 1998.

[RAI 92] RAILTON P., "Pluralism, determinacy, and dilemma", *Ethics*, vol. 102, p. 720, 1992.

[RAI 03] RAILTON P., *Facts, Values and Norms. Essays towards Morality of Consequence*, Cambridge University Press, 2003.

[RAI 06] RAILTON P., "Moral factualism", in DREIER J. (ed.), *Contemporary Debates in Moral Theory*, Blackwell, Oxford, 2006.

[RAW 71] RAWLS J., *Theory of Justice*, Belknap Press of Harvard University Press, Cambridge, MA, 1971.

[RAW 95a] RAWLS J., *Libéralisme politique* (trans. by Audard C.), Presses Universitaires de France, Paris, 1995.

[RAW 95b] RAWLS J., "Reply to Habermas", *The Journal of Philosophy*, vol. 92, pp.132– 180, 1995.

[RAW 03] RAWLS J., *Justice as Fairness. A Restatement*, Belknap of Harvard University Press, 2003.

[RAW 10] RAWLS J., *A Brief Inquiry into the Meaning of Sin and Faith*, Harvard University Press, 2010.

[RAY 03] RAYNAUD D., *Sociologie des controverses scientifiques*, Presses Universitaires de France, Paris, 2003.

[REB 99] REBER B., *Ethique des "nouvelles" technologies. Les techniques confrontées à l'exigence apocalytique*, Ecole des hautes études en sciences sociales, Paris, 1999.

[REB 00] REBER B., "Mise en procès de l'apocalypse des techniques", *Quaderni, Automne*, pp.95–107, 2000.

[REB 01a] REBER B., "Religions et nouveaux territoires : l'invention du dialogue interreligieux comme politique pour un espace partagé", in PAGÈS D., PELLISSIER N. (eds), *Territoires sous influences*, vol. 2, L'Harmattan, Paris, 2001.

[REB 01b] REBER B., "Théorie politique et représentation. Une autre histoire du progrès", *Raisons politiques, Etudes de Pensée Politique*, no. 4, pp.188–198, November 2001.

[REB 03] REBER B., Les nouvelles technologies de l'information et de la communication (NTIC) dans les processus politiques de concertation et de décision. De multiples façons d'articuler sciences humaines et sociales et NTIC, Report, Direction des Etudes Economiques et de l'Evaluation Environnementale du Ministère de l'Aménagement du Territoire et de l'Environnement, 2001–2003.

[REB 04a] REBER B., "L'éthique au défi des 'nouvelles technologies'", in PHARO P. (ed.), *Année Sociologique*, dossier *Sociologie morale*, vol. 54, no. 2, 2004.

[REB 04b] REBER B., “Ethique et technologie. Le problème psychophysique aux avant-postes du *Principe responsabilité*”, in PHARO P. (ed.), *L'homme et le Vivant. Sciences de l'Homme, Sciences de la vie*, Presses Universitaires de France, Paris, 2004.

[REB 05a] REBER B., “Théories éthiques et *Cosmopolitiques*. L'épreuve de l'évaluation technologique participative”, in LOLIVE J., SOUBEYRAN O. (eds), *Émergence des Cosmopolitiques et refondation de la pensée aménagiste*, Centre Culturel International de Cerisy-la-Salle, La Découverte, Paris, 2005.

[REB 05b] REBER B., “Technologies et débat démocratique en Europe”, *Revue Française de Science Politique*, vol. 55, pp.811–833, 2005.

[REB 06a] REBER B., “Technology assessment as policy analysis: from expert advice to participatory approaches”, in FISCHER F., MILLER G., SIDNEY M. (eds), *Handbook of Public Policy Analysis. Theory, Politics and Methods*, CRC Press, New York, 2006.

[REB 06b] REBER B., “Evaluation et Déterritorialisation dans la Mécanosphère”, in REGNAULD H., ANTONIOLI M., CHARDEL P.-A. (eds), *Gilles Deleuze, Félix Guattari et le politique*, Editions du Sandre, Paris, 2006.

[REB 06c] REBER B., “Influence des facteurs institutionnels sur la délibération comme action politique”, *Revue Française de Science Politique*, vol. 56, no. 6, pp.1040–1045, 2006.

[REB 06d] REBER B., “Les controverses scientifiques”, *Encyclopaedia Universalis, La Science au présent*, Paris, pp.156–159, 2006.

[REB 06e] REBER B., SÈVE R. (eds), *Le pluralisme, Archives de philosophie du droit*, vol. 49, Dalloz, Paris, 2006.

[REB 07] REBER B., “Entre participation et délibération, le débat public et ses analyses sont- ils hybrides du point de vue des théories politiques?”, *Klesis. Re-*

vue philosophique, Philosophie et sociologie, vol. 6, no. 1, pp.46–78, available at: http://revueklesis.org/ index.php?option=com_content&task=view&id=45&Itemid=63, 2007.

[REB 08a] REBER B., "De la pluralité au pluralisme: éthique, religions et politique dans l'espace public", in VINCENT G. (ed.), *La partition des cultures. Droits culturels et droits de l'Homme*, Presses Universitaires de Strasbourg, Strasbourg, 2008.

[REB 08b] REBER B., "L'éthique est-elle soluble dans la démocratie?", *Diacritica*, vol. 22, pp.267–275, 2008.

[REB 08c] REBER B., "Quand la nouveauté technique oblige à penser autrement. Lecture de Hans Jonas, John Dewey et Gilbert Simondon", in SCHMIT P.-E., CHARDEL P.-A. (eds), *Phénoménologie et technique (s)*, Editions Cercle Herméneutique/Vrin, Paris, 2008.

[REB 09] REBER B., "L'éco-éthique n'est pas une nouvelle théorie éthique, mais une proposition méta-éthique", in CHARDEL P.-A., KEMP P., REBER B. (eds), *L'Eco-éthique de Tomonobu Imamichi, coll. Bibliothèque de philosophie contemporaine*, éditions du Sandre, Paris, 2009.

[REB 10a] REBER B. (ed.), "La Bioéthique en débat", *Archives de philosophie du droit*, vol. 53, pp.274–510, 2010.

[REB 10b] REBER B., BROSSAUD C. (eds), *Digital Cognitive Technologies. Epistemology and Knowledge Economy*, ISTE, London and John Wiley & Sons, New York, 2010.

[REB 11a] REBER B., "Argumenter et délibérer entre éthique et politique", in REBER B. (ed.), *Vertus et limites de la démocratie délibérative, Archives de Philosophie*, vol. 74, pp.289–303, 2011.

[REB 11b] REBER B., *La démocratie génétiquement modifiée. Sociologies éthiques de l'évaluation des technologies controversées*, Presses de l'Université Laval, Québec, 2011.

[REB 12] REBER B. (ed.), "Vertus et limites de la démocratie délibérative", *Archives de Philosophie*, vol. 74-C.2, pp.219–303, 2012.

[REB 14] REBER B., "De l'écologie sociale à l'écologie institutionnelle", in CHARDEL P.-A., REBER B. (eds), *Ecologies sociales. Le souci du commun*, Parangon, Lyon, 2014.

[REB 16a] REBER B., "Dworkin est-il un réaliste moral et un adversaire sérieux du pluralisme moral?", in POLICAR A. (ed.), *Ronald Dworkin. L'empire des valeurs*, Classiques Garnier, Paris, 2016.

[REB 16b] REBER B., "Sens des responsabilités dans la gouvernance climatique", in REBER B. (ed.), *Ethique et gouvernance du climat, Revue de Métaphysique et de Morale*, Presses Universitaires de France, no. 1, 2016.

[REB XX] REBER B., *From Deliberative to Responsible Democracy*, ISTE London and Wiley, New York, forthcoming.

[REM 00] REMER G., "Two models of deliberation: oratory and conversation in ratifying the convention", *Journal of Political Philosophy*, vol. 8, pp.39–64, 2000.

[RES 83] RESCHER N., *Scepticism*, Oxford University Press, Oxford, 1983.

[RES 88] RESCHER N., *Rationality*, Clarendon Press, Oxford, 1988.

[RES 93] RESCHER N., *Pluralism. Against the Demand for Consensus*, Oxford University Press, Oxford, 1993.

[RIC 90] RICOEUR P., *Soi-même comme un autre*, Seuil, Paris, 1990.

[RIP 95] RIP A., MISA T.J., SCHOT J. (eds), *Managing Technology in Society – The Approach of Constructive Technology Assessment*, Pinter, London, 1995.

[ROR 81] RORTY R., *Contigency, Irony, and Solidarity*, Cambridge University Press, Cambridge, MA, 1981.

[ROR 90] RORTY A., "Varieties of pluralism in a polyphonic society", *The Review of Metaphysics*, vol. 44, pp.3–20, 1990.

[ROS 49] Ross D., *Foundations of Ethics*, Clarendon, Oxford, 1949.

[ROS 75] ROSENER J., "A cafeteria of techniques and critiques", *Public Management*, vol. 57, pp.16–19, 1975.

[ROS 78] ROSENER J., "Citizen participation: can we measure its effectivness?", *Public Administration Review*, vol. 38, pp.457–463, 1978.

[ROW 04] ROWE G., FREWER L.J., "Evaluation Public-Participation Exercises: A Research Agenda", *Science, Technology, & Human Values*, vol. 29, no. 4, pp.512–557, 2004.

[SAI 07] SAINT-SERNIN B., *Le rationalisme qui vient*, Gallimard, Paris, 2007.

[SAN 97] SANDERS L.M., "Against deliberation", *Political Theory*, vol. 25, pp.347–375, 1997.

[SCA 82] SCANLON T.M., "Contractualism and utilitarianism", in SEN A., WILLIAMS B. (eds), *Utilitarianism and Beyond*, Cambridge University Press, 1982.

[SCH 55] SCHELER M., *Le formalisme en éthique et l'éthique matériale des valeurs. Essai pour fonder un personnalisme éthique* (trans. by Gandillac M.), Gallimard, Paris, 1955.

[SCH 58] SCHELER M., *L'homme du ressentiment*, Gallimard, Paris, 1958.

[SCH 73] SCHELER M., *Formalism in Ethics and Non-Formal Ethics of Values: A New Attempt toward the Foundation of an Ethical Personalism* (trans. by Manfred S. Frings and Roger L. Funk), Northwestern University Press 1973.

[SCH 91] SCHOPENHAUER A., *Le Fondement de la morale* (trans. by

Burdeau A.), Le Livre de Poche, Paris, 1991.

[SCH 93] SCHELER M., *Problèmes de sociologie de la connaissance* (trans. by Mesure S.), Presses Universitaires de France, Paris, 1993.

[SCH 94] SCHEFFLER S., *The Rejection of Consequentialism*, Clarendon Press, Oxford, 1994.

[SCL 95] SCLOVE R., *Democracy and Technologies*, Guilford Press, New York, 1995.

[SHA 85] SHAPIN S., SCHEFFER S., *Leviathan and the Air-Pump. Hobbes, Boyle, and the Experimental Life*, Princeton University Press, Princeton, NJ, 1985.

[SHA 99] SHAPIRO I., "Enough of deliberation. Politics is about interests and power", in MACEDO S. (ed.), *Deliberative Politics. Essays on "Democracy and Disagreement"*, Oxford University Press, 1999.

[SID 77] SIDGWICK H., *The Methods of Ethics*, Macmillan, London, 1877.

[SIN 91] SINGER P. (ed.), *A Companion to Ethics*, Blackwell, Oxford, 1991.

[SLO 03] SLOCUM N., *Participatory Methods Toolkit. A Practitioners's Manual*, United Nations University, Bruges, 2003.

[STE 44] STEVENSON C., *Ethics and Language*, Yale University Press, 1944.

[STE 97] STENGERS I., *Pour en finir avec la tolérance. Cosmopolitiques*, Les Empêcheurs de penser en rond, Paris, vol. 7, 1997.

[STE 01] STENGERS I., *La guerre des sciences aura-t-elle lieu? Scientifiction*, Les empêcheurs de penser en rond, Paris, 2001.

[STE 04] STEINER J., BÄCHTIGER A., SPÖRNDLI M. *et al.*, *Deliberative Politics in Action. Analysing Parliamentary Discourse*, Cambridge University Press, 2004.

[STE 07] STENGERS I., “La proposition cosmopolitique”, in LOLIVE J., SOUBEYRAN O. (eds), *L' Émergence des Cosmopolitiques et la refondation de la pensée aménagiste*, Centre Culturel International de Cerisy-la-Salle, La Découverte, Paris, 2007.

[STI 94] STIRLING A., “Sciences et risques: aspects théoriques et pratiques d'une approche de précaution”, in ZACCAÏ E., MISSA J.-N. (eds), *Le principe de précaution. Significations et conséquences*, Presses universitaires de Bruxelles, 1994.

[STI 99] STIRLING A., ORTWIN R., KLINKE A. *et al.*, *On Science and Precaution in the Management of Technological Risk*, Commission Européenne–JRC Institute Prospective Technological Studies, Seville, 1999.

[STO 90] STOCKER M., *Plural and Conflicting Values*, Clarendon Press, Oxford, 1990.

[SUN 97] SUNSTEIN C.R., “Deliberation, democracy, disagreement”, in BONTEKOE R., STEPANIANTS M. (eds), *Justice and Democracy: Cross-Cultural Perspectives*, University of Hawaï Press, Hawaï, 1997.

[SUN 02]SUNSTEIN C.R., “The law of group polarization”, in FISHKIN J.S., LASLETT P. (eds), “Special issue on debating deliberative democracy”, *Journal of Political Philosophy*, vol. 10, pp.175–195, 2002.

[SUN 05] SUNSTEIN C.R., *Laws of Fear. Beyond the Precautionary Principle*, Cambridge University Press, 2005.

[TAY 94] TAYLOR C., “The politics of recognition”, in GUTMAN A. (ed.), *Multiculturalism and Politics of Recognition*, Princeton University Press, 1994.

[TOU 58] TOULMIN S.E., *The Uses of Argument*, Cambridge University Press, 1958.

[TOU 90] TOULMIN S.E., *Cosmopolis: The Hidden Agenda of Modernity*,

Chicago University Press, 1990.

[TOU 93] TOULMIN S.E., *Les usages de l'argumentation* (trans. by De Brabanter), Presses Universitaires de France, Paris, 1993.

[URF 05] URFALINO P., "La délibération n'est pas une conversation", *Négociations*, vol. 2, pp.99–114, 2005.

[URF 07] URFALINO P., "La décision par consensus apparent. Nature et propriétés", *Revue Européenne des Sciences Sociales*, vol. XLV, no. 136, pp.34–59, 2007.

[VAL 09] VALLERON A.-J., "La modélisation en épidémiologie", in GRIGNON C., KORDON C. (eds), *Sciences de l'homme et sciences de la nature*, Maison des sciences de l'homme, Paris, 2009.

[VAN 96]VAN EEMEREN F.H., GROOTENDORST R., HENKEMANS F.S. *et al.*, *Fundamentals of Argumentation Theory. A Handbook of Historical Backgrounds and Contemporary Developments*, Lawrence Erlbaum Associates Publishers, 1996.

[VEC 99] VECA S., *Ethique et politique*, Presses Universitaires de France, Paris, 1999.

[VOE 87] VOEGELIN E., *The New Science of Politics. An introduction*, University of Chicago Press, 1987.

[VOE 00] VOEGELIN E., *La nouvelle science du politique. Une introduction* (trans. by Courtine-Denamy S.), Le Seuil, Paris, 2000.

[WAL 83] WALZER M., *Spheres of Justice*, Basic Books, New York, 1983.

[WAT 98] WATSON J.D., *The Double Helix*, Scribner, New York, 1998.

[WAT 03] WATSON J.D., *La double hélice*, Robert Laffont, Paris, 2003.

[WEI 05] WEINSTOCK D., *Group Rights: Reframing the Debate, séminaire Pluralisme et démocratie*, CERSES, 2004–2005.

[WEI 06a] WEINSTOCK D., "Fausse route: Le chemin vers le pluralisme politique passe-t-il par le pluralisme axiologique?", in REBER B., SÈVE R. (eds), *Le pluralisme, Archives de philosophie du droit*, Dalloz, Paris, vol. 49, 2006.

[WEI 06b] WEINSTOCK D., *Profession Ethicien*, Presses de l'Université de Montreal, Montréal, 2006.

[WIL 81] WILLIAMS B., "Conflicts of values", in *Moral Luck*, Cambridge University Press, 1981.

[WIL 85] WILLIAMS B., *Ethics and the Limits of Philosophy*, Harvard University Press, 1985.

[WIL 93] WILLIAMS B., "Moral luck", in STATMAN D. (ed.), *Moral Luck*, State University of New York Press, 1993.

[YOU 01] YOUNG I.M., "Activist challenges to deliberative democracy", *Political Theory*, vol. 29, pp.670–690, 2001.